IDEC 교재개발 시리즈 39

시스템 집적 반도체 설계검증 환경과 기법

SoC Design and Verification: Methodologies and Environments

기 안 도 저

홍릉과학출판사

머리글

시스템집적반도체를 설계할 때 많은 어려움을 겪게 되지만 이러한 어려움은 난해한 것과 차이가 있다. 그 어려움은 불확실성에 의한 것과 다양성에 의한 것이라 설명할 수 있다. 불확실성이란, 이론적으로 확신할 수 없는 무엇인가에 기인하는 것으로 상황 의존적인 것이 많기 때문이다. 예를 들면 개별 소자나 블록들이 완벽하다는 것이 전체 시스템이 완벽하게 동작하는 것을 보장해주진 못한다. 즉, 필요조건은 되지만 충분조건이 되지 못한다. 다양성이란, 많은 지식, 기술, 도구, 사람 등이 종합적으로 연관되기 때문이다. 예를 들면 하드웨어를 담당하는 설계자가 소프트웨어와 밀접한 관련이 있는 하드웨어의 문제를 어떻게 찾고 어떻게 해결하는지 그 방법을 알아야 된다. 즉, 더 이상 소프트웨어가 하드웨어와 구별될 수 없다.

0과 1로만 표현되는 디지털 세계도 동작 속도가 높아지면 아날로그적 분석이 필요한 것과 같이 계획대로 만들면 완벽해야 될 시스템이 설계자의 미묘한 손길에 따라 다양한 변화를 보이게 된다는 점은 마치 예술 작품을 만드는 것과 유사하다. 경지에 이른 예술가가 남다른 심미안을 갖고 있으면서 동시에 그 심미안을 표현할 수 있는 재능을 갖추는 것과 같이, 시스템집적반도체를 다루는 설계자에게는 시스템을 꿰뚫는 안목과 아주 사소한 것도 제대로 된 방법으로 다룰 수 있는 기능이 필요하다.

이 책에서는 시스템집적반도체를 설계하면서 매일 생각하게 될 불확실성과 다양성에 대한 어려움을 다루고자 한다. 즉, 불확실성에 의한 어려움을 해소하기 위해 개별 소자나 블록을 전체의 관점에서 어떻게 다루어야 하는지 설명하고, 다양성에 의한 어려움을 해소하기 위해 전체 설계에 대한 안목을 갖도록 설명한다. 이렇게 함으로써 전체와 부분을 넘나드는 비법을 이해하게 될 것이다.

이 책은 시스템집적반도체를 설계와 검증의 관점에서 다룬다. 제1장에서 시스템집적반도체를 설계하고 검증하는 것에 관해 개론적으로 설명함으로써 전체적인 안목을 갖도록 하고, 제2장에서 개별 기능 블록을 전체 시스템 관점에서 설계하고 검증하는 것에 대해 설명한다. 제3장에서 시스템집적반도체에서 많이 사용되는 프로세서와 버스에 대해 설명하고, 제4장에서 고수준의 시험 계획과 실제 설계 사이의 추상화 수준을 맞추는 방법들을 설명한다. 제5장과 제6장에서 소프트웨어를 시뮬레이션 하기 위해 필요한 환경인 크로스컴파일러와 명령어집합시뮬레이터에 대해 설명한다. 제7장과 제8장에서 하드웨어와 소프트웨어를 동시에 다루는 방법과 환경에 대해 설명한다. 이후 장들에서는 앞서 설명한 방법을 적용하여 설계하고 기능을 검증하는 예제들을 다루고, 제13장에서 시스템집적반도체를 모델링하고 실시간 운영체제를 이식하여 시뮬레이션 하는 예를 통해 전체적인 안목이 정리되도록 한다. 마지막 장에서 시스템집적반도체 통합설계에 대해 이 책에서 다룬 내용과 연결하여 간략하게 정리한다. 통합설계는 심도 있게 다루지 못했지만 활발한 연구와 개발이 이루어지고 있는 분야이므로 향후 실제 설계 분야에 널리 적용되는 더 좋은 내용이 정리될 것으로 기대한다.

이 책을 통해 독자들이 시스템집적반도체의 설계와 검증에 대해 전체를 이해하는 안목과 설계 검증 과정에서 구사할 수 있는 여러 기법 들을 이해하고 배우게 되길 바란다.

2008년 11월
기안도

감사의 글

이 책의 출간 기회를 주신 KAIST '경종민' 교수님과 IDEC 관계자 분들께 감사드립니다. 아울러 출판을 위해 많은 도움을 주신 홍릉과학출판사 관계자 분들께 감사드립니다. 다이나릿시스템(Dynalith Systems)에서 연구와 개발을 하는 과정에 다양한 지식과 경험을 얻도록 기회를 주신 '김종석' 대표이사님과 동료 연구원들께 감사드립니다. 이 책에서 사용한 많은 것들이 공개 소프트웨어이며, 이런 공개 소프트웨어를 개발한 분들께 감사드립니다. 이 책의 원고를 읽어 주고, 좀 더 부드럽고 자연스러운 표현이 되도록 많은 도움을 준 아내 '김복희'에게 감사합니다. 바쁘다는 이유로 소홀한 점이 많은 아빠를 이해하는 '영진'과 아빠와 수학문제 풀기를 즐기는 '노현'에게 아빠의 힘이 되었다는 말을 전합니다.

기안도

책의 목적과 구성 그리고 선수지식

이 책은 시스템집적반도체가 무엇이며 이를 설계하는 과정이 어떤 것인지를 이해하는 데 도움을 주는 것이 첫째 목적이고, 시스템집적반도체 설계에 필요한 다양한 기법과 환경을 소개하고 이를 활용할 수 있도록 도움을 주는 것이 두 번째 목적이며, 하드웨어와 소프트웨어를 같이 다루는 것을 소개하고 이를 이해하도록 도움을 주는 것이 셋 번째 목적이며, 활용 가능한 예제를 통해 시스템집적반도체의 설계와 검증을 직접 경험할 수 있도록 하는 것이 네 번째 목적이다.

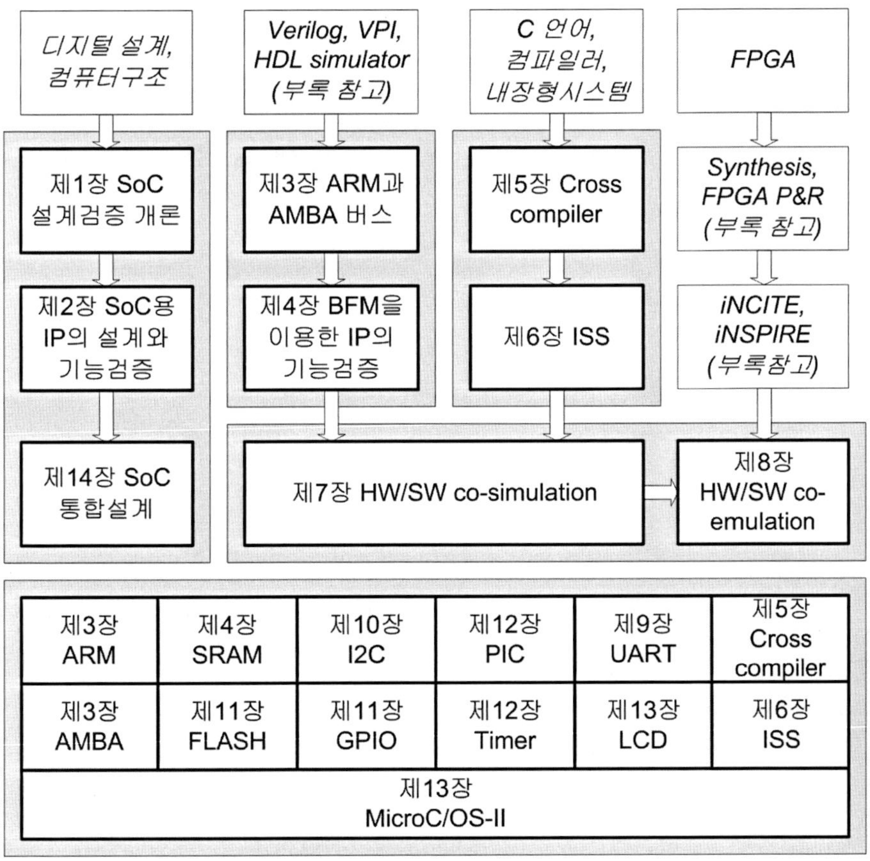

이 책의 내용은 개론, 하드웨어 설계, 소프트웨어 개발, 하드웨어-소프트웨어 통합시뮬레이션과 통합에뮬레이션, 설계검증 예제 등으로 구분된다. 개론 편에서는 시스템집적반도체의 설계와 검증에 대해 소개하고 (제1장), 시스템집적반도체를 위한 설계자산을 설계하고 기능을 검증하는 것에 대해 정리하고 (제2장), 하드웨어-소프트웨어 통합설계에 대해 소개한다 (제14장).

하드웨어 설계 편에서는 시스템집적반도체에 주로 사용되고 있는 ARM 프로세서와 AMBA 버스에 대해 소개하고 (제3장), 시스템 관점에서 설계자산을 검증하는 방법에 대해 살펴본다 (제4장).

소프트웨어 개발 편에서는 ARM용 크로스 컴파일러를 소개하고 GNU 환경에서 만드는 방법을 소개하고 (제5장), ARM 프로세서의 기능모델인 명령어집합 시뮬레이터에 대해 소개하고 만들어 본다 (제6장).

하드웨어 설계 편과 소프트웨어 개발 편에서 다룬 기본 지식을 바탕으로 하드웨어-소프트웨어 통합시뮬레이션에 대해 정리하고 (제7장), FPGA를 이용한 하드웨어-소프트웨어 통합에뮬레이션을 소개한다 (제8장).

설계검증 예제 편에서는 시스템집적반도체에서 필수적인 직렬통신제어기인 UART를 살펴보면서 소프트웨어를 이용하여 하드웨어를 어떻게 제어하는지 살펴보고 (제9장), 시스템집적반도체의 내부와 외부 기능블록들을 제어하는 데 주로 사용되는 I2C 버스에 대해 살펴보고 (제10장), 크로스 컴파일 된 실행 이미지를 저장하는 데 주로 사용되는 FLASH 메모리 용 제어기와 이를 지원하기 위한 주소공간 재배치에 대해 살펴보고 (제11장), 실시간 커널에서 필요한 기능을 제공하는 인터럽트 제어기와 타이머에 대해 살펴본 후 (제12장), 시스템집적반도체 플랫폼 예제를 설계하여 실시간 커널인 MicroC/OS-II를 이식하고 멀티 태스크 프로그램을 실행해 본다 (제13장).

이 책의 내용은 전자공학과 컴퓨터공학에 대한 기초지식이 있는 설계자가 이해할 수 있는 수준으로 준비되었으므로, 독자는 Windows XP와 PC Linux를 다룰 수 있고, 이러한 환경에서 프로그램을 개발하고 디지털 로직 설계와 시뮬레이션을 해본 경험이 있다고 가정한다. 즉, C 언어로 프로그래밍 하여 실행할 수 있고, Verilog로 디지털 로직을 설계, 시뮬레이션, 합성 등을 할 수 있고, 마이크로 프로세서가 어떤 것이며 프로세서가 어떻게 프로그램을 실행하는지를 이해한다고 가정한다. 그러나 Verilog에 익숙하지 않은 독자를 위해 Verilog에 대해 소개하고 정리한 자료가 부록으로 첨부된 CD에 있으므로 참고한다. 이 책을 이해하는 데 Verilog와 C 프로그램의 연동에 사용되는 PLI/VPI 지식이 필요하다. 이들에 익숙하지 않은 독자를 위해 VPI에 대한 소개 및 예제 자료를 부록으로 첨부된 CD에 수록하였다. 이 책에서 활용하는 EDA 도구(HDL simulator, logic synthesizer for FPGA, waveform viewer 등)들은 대부분 무료로 구할 수 있는 것이며, 어떻게 구하고 설치하며 사용하는지는 부록으로 첨부된 CD에 있는 자료를 참고한다.

차례

Ch1 시스템집적반도체 설계검증 개론

Ch2 시스템집적반도체용 설계자산의 설계와 기능검증

Ch3 ARM 프로세싱 코어와 AMBA 버스

Ch4 BFM을 이용한 설계자산의 기능검증

Ch5 크로스컴파일러

Ch6 명령어집합 시뮬레이터

Ch7 HW/SW 통합시뮬레이션

Ch8 HW/SW 통합에뮬레이션

Ch9 직렬통신 제어기 검증

Ch10 I2C 버스 마스터와 슬레이브 검증

Ch11 NOR FLASH 제어기 검증

Ch12 인터럽트 제어기와 타이머 검증

Ch13 MicroC/OS-II 이식

Ch14 시스템집적반도체 통합설계

부록

찾아보기

CHAPTER

01

시스템집적반도체 설계검증 개론[1]

하드웨어와 소프트웨어가 공존하는 시스템집적 반도체를 설계하고 기능을 검증하는 설계흐름과 설계환경에 대해 개론적으로 살펴본다.

[1] Introduction to System-on-Chip design and verification

1 배 경

1980년대까지 반도체 소자를 설계하는 방법은 하드웨어를 설계하는 것에 초점이 맞추어져 있었다. 이는 대부분의 반도체 소자가 외부 프로세서의 제어를 받는다는 환경을 가정하였기 때문이다. 이러한 이유로 반도체 소자 설계는 크게 프로세서(Processor) 설계와 주문형반도체(ASIC: Application Specific Integrated Circuit) 설계로 구분되었다.

1990년대부터는 반도체 소자로 구현할 기능들이 복잡해지고, 하나의 반도체 소자로 다양한 응용에 활용할 수 있도록 프로세서가 내장되는 시스템집적반도체(SoC: System-on-Chip)[2] 소자들이 주류를 이루게 되었다. 그러나 프로세서가 중요한 역할을 하는 시스템집적반도체 소자를 효율적으로 설계하고 기능을 검증하는 설계방법론과 환경이 아직 제대로 자리 잡지 못하였기 때문에 기존의 주문형반도체 설계 방법론에 소프트웨어설계와 전체 시스템 기능 검증 부분이 단순하게 추가된 형태가 주로 사용되었다.

시스템집적반도체 설계의 특성을 제대로 반영하지 못한 방법은 [그림 1]과 같이 하드웨어설계주도형(Hardware design leading approach) 방법으로 특징지을 수 있다. 시스템을 분석하고 설계한 후, 하드웨어로 구현할 부분에 대한 것이 결정되면 하드웨어를 설계한다. 하드웨어는 하드웨어기술언어(HDL: Hardware Description Language - Verilog 또는 VHDL)를 이용하여 설계하여 로직 시뮬레이션이 가능하도록 하고, 이것을 시뮬레이션하여 기능을 검증한다. 이후, 로직 합성이 가능한 수준으로 설계를 개선하게 된다. 로직 합성이 가능한 수준이 되면 재설정가능반도체 소자(FPGA: Field Programmable Gate Array)를 이용하여 물리적인 프로토타입(Physical Prototype) 보드를 만든다. 이후, 소프트웨어를 적용하여 설계한 시스템집적반도체 소자의 설계가 동작하는지 확인하게 된다. 여기서 물리적 프로토타입 보드란 구현할 반도체 소자와 그 주변을 실소자를 이용하여 하드웨어로 만드는 것으로 FPGA 프로토타입 보드가 대표적인 예가 된다.

---

2 SoC를 단일칩시스템, 시스템집적반도체, 시스템반도체, 다기능복합반도체 등으로 표기할 수 있는데, 이들 중, 시스템집적반도체를 사용한다.

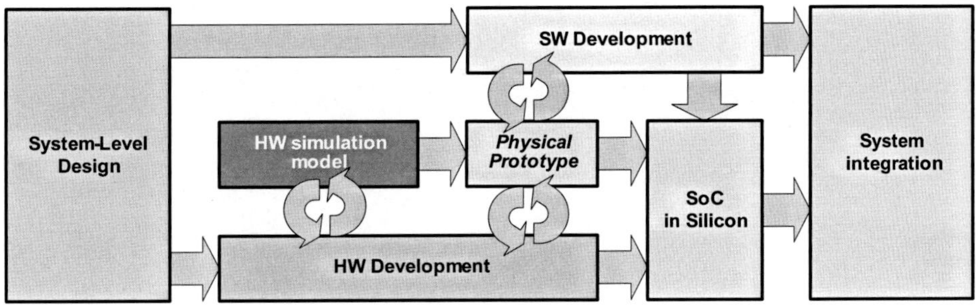

그림 1 하드웨어설계주도형(hardware design leading approach)

[그림 1]에 보인 하드웨어설계주도형 방법에는 다음과 같은 단점이 있다.

- 첫째, 하드웨어 설계와 소프트웨어 설계가 동시에 진행되기 어렵다. 즉, 충분한 속도로 동작하는 하드웨어 모델이 준비될 때까지 소프트웨어를 효과적으로 시험하기 어렵다. 따라서 소프트웨어는 프로토타입 보드가 나온 후부터 실질적인 설계와 검증이 이루어진다.
- 둘째, 하드웨어의 기능을 검증하는 데 해당 하드웨어에서 수행할 소프트웨어를 사용할 수 없다. 즉, 하드웨어에 대한 기능 검증이 제한적이다.
- 셋째, 설계가 진행되는 과정에서 발견된 문제를 시스템 측면에서 다시 고려하여 검증하기 어렵다.
- 넷째, 전체 시스템 통합이 설계의 후반부에만 가능하므로 전체 설계 및 검증 시간이 길어진다.

하드웨어설계주도형 설계 방법이 갖는 근본적인 문제는 하드웨어 설계와 소프트웨어 설계를 동시에 할 수 없다는 것에 그 원인이 있다. 따라서 이러한 문제들을 해결하기 위해서는 하드웨어와 소프트웨어를 동시에 다룰 수 있는 환경이 필요하다.

[그림 2]에서와 같이 가상프로토타입(Virtual Prototype)을 중심으로 설계를 진행한다면 하드웨어와 소프트웨어를 동시에 다룰 수 있게 되어 설계생산성을 크게 높일 수 있다. 이는 하드웨어를 설계하고 검증하는 데 소프트웨어를 활용하고, 동시에 소프트웨어를 설계하고 검증하는 데 하드웨어 모델을 사용하는 방법이다. 여기서 가상프로토타입이란 구현할 반도체와 그 주변을 프로그래밍 언어 또는 하드웨어 기술언어로 모델링한 것으로 시뮬레이션 가능한 시스템 모델이다.

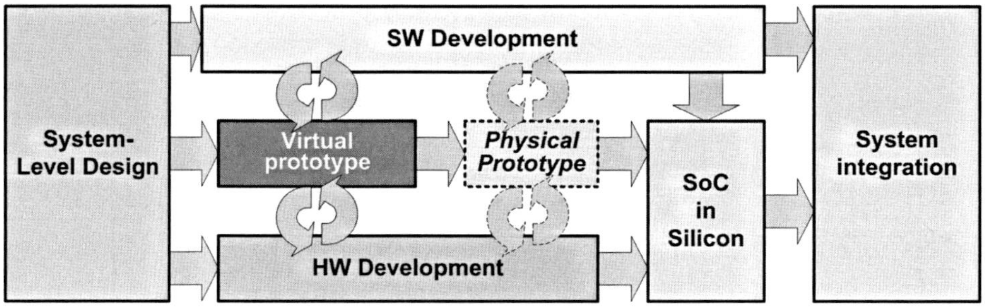

그림 2 Virtual prototyping approach

2 시스템집적반도체와 플랫폼

시스템집적반도체(SoC: System-on-Chip)는 최종제품의 중요기능이 반도체에 통합된 집적회로(IC: Integrated Circuit)라고 설명할 수 있다[1]. 즉, 시스템집적반도체에는 시스템을 구성하는 중요 기능블록들이 집적되고, 여기에는 프로세싱코어(processing core)와 이 프로세싱코어에서 수행될 소프트웨어가 포함된다. 따라서 시스템집적반도체를 하드웨어 부시스템(hardware sub-system)과 소프트웨어 부시스템(software sub-system)으로 구분할 수 있다.

하드웨어 프레임(hardware frame)을 소프트웨어가 수행될 수 있는 가장 기본적인 구성을 갖는 하드웨어 모델이라 한다면, 프로세서와 메모리 그리고 필요최소한의 입출력 블록으로 구성할 수 있다. 하드웨어 프레임에 기능블록들을 추가함으로써 특정응용에 용이하게 활용될 수 있도록 한 구성을 플랫폼이라 한다. 즉, 플랫폼(platform)은 특정응용을 위한 제품을 신속하게 만들 수 있도록 제한조건(constraints)과 요구조건(requirements)을 만족하는 구조라 할 수 있다.

[그림 3]에 비교적 간단한 하드웨어 프레임의 일례를 보였다. ARM 프로세싱 코어를 내장하고 AMBA 버스로 각종 기능블록들이 연결되었고, 소프트웨어가 수행되기 위해 필요한 메모리 블록, 입출력을 위한 블록들로 구성되었다. 따라서 이 구성에서는 실시간 운영체제(RTOS: Real-Time Operating System)를 포함한 기본적인 소프트웨어가 수행될 수 있다.

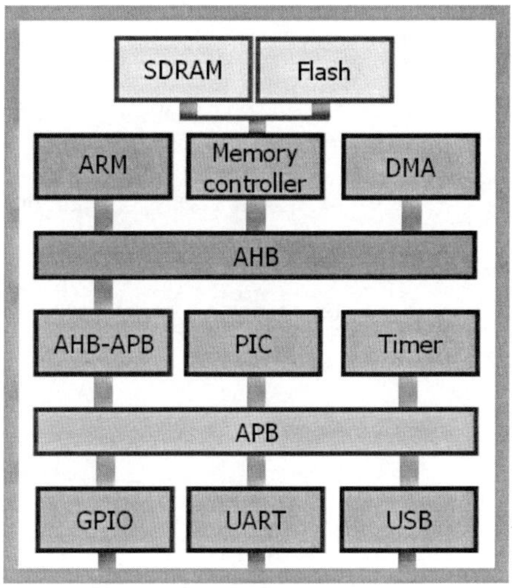

그림 3 하드웨어 프레임 예시

[그림 3]의 하드웨어 프레임에 정지영상을 처리하는 데 필요한 여러 기능블록들을 추가하여 플랫폼을 구성한 예를 [그림 4]에 보였다. 영상입력 및 출력 장치와 영상정보 압축과 복원에 관련된 중요 기능블록들이 있으므로, 쉽게 디지털 카메라와 같은 정지영상 처리용 시스템집적반도체로 활용이 가능하다.

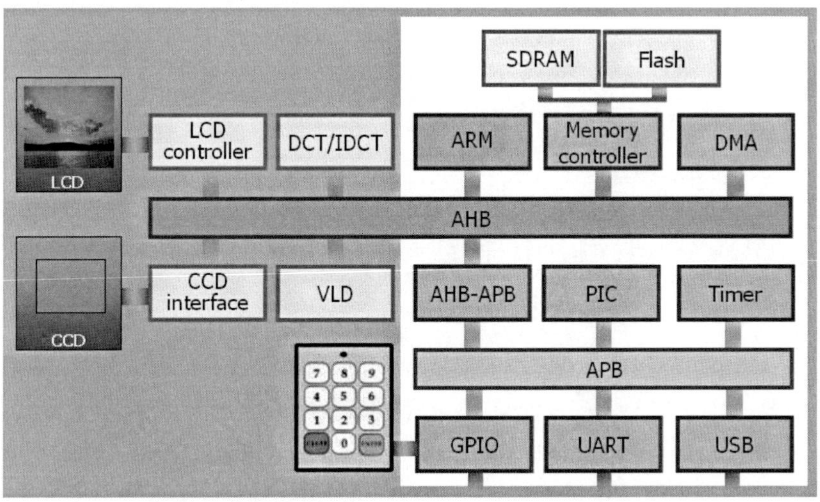

그림 4 시스템집적반도체 정지영상 처리용 플랫폼 예시

3 시스템집적반도체의 설계

앞에서 설명한 바와 같이 시스템접적반도체에는 하드웨어와 소프트웨어가 공존하므로 설계 과정에서도 이들 둘을 동시에 다루는 것이 필요하다. 일반적으로 채택되고 있는 시스템집적반도체의 설계흐름은 [그림 5]와 같다.

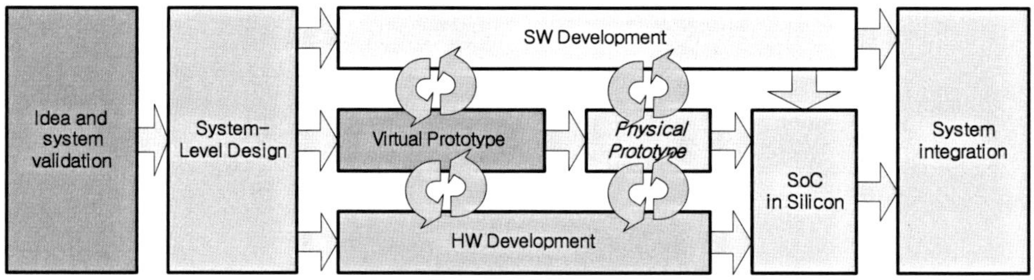

그림 5 시스템집적반도체 설계 흐름도

- 첫째, 구현할 시스템에 대한 아이디어가 실현 가능한 것인지 확인한다.
- 둘째, 시스템수준 설계를 통해 하드웨어로 구현할 부분과 소프트웨어로 구현할 부분을 구분한다.
- 셋째, 하드웨어 구현과 소프트웨어 구현을 동시에 진행한다.
- 넷째, 하드웨어를 반도체로 구현하고,
- 다섯째, 만들어진 반도체로 시스템을 구성하고, 소프트웨어를 이식하여 최종시스템으로 통합한다.

이런 일련의 과정에서 하드웨어와 소프트웨어를 동시에 설계하고 검증하는 것이 무엇보다 중요하다.

[그림 5]에서 가상프로토타입(Virtual Prototype)이라고 표시된 부분은 앞 장에서 설명한 플랫폼을 중심으로 구축된 시뮬레이션이 가능한 시스템 모델이다. 이 가상프로토타입을 이용하여 하드웨어 개발과 소프트웨어 개발이 동시에 이루어지고, 또한 하드웨어와 소프트웨어를 동시에 검증하게 된다.

4 시스템집적반도체 설계환경

[그림 5]에서 개념적으로 제시한 시스템집적반도체의 설계흐름은 [그림 6]과 같이 설계 환경 측면에서 좀 더 구체적으로 세분화 할 수 있다. 시스템 수준 설계 단계에서는 규격에 맞도록 시스템의 구조를 결정하게 되고, 하드웨어 설계와 소프트웨어 개발을 통합하여 동시에 다루는 환경으로 검증한다. 상세한 것은 '제14장 시스템집적반도체 통합설계'에서 다룬다.

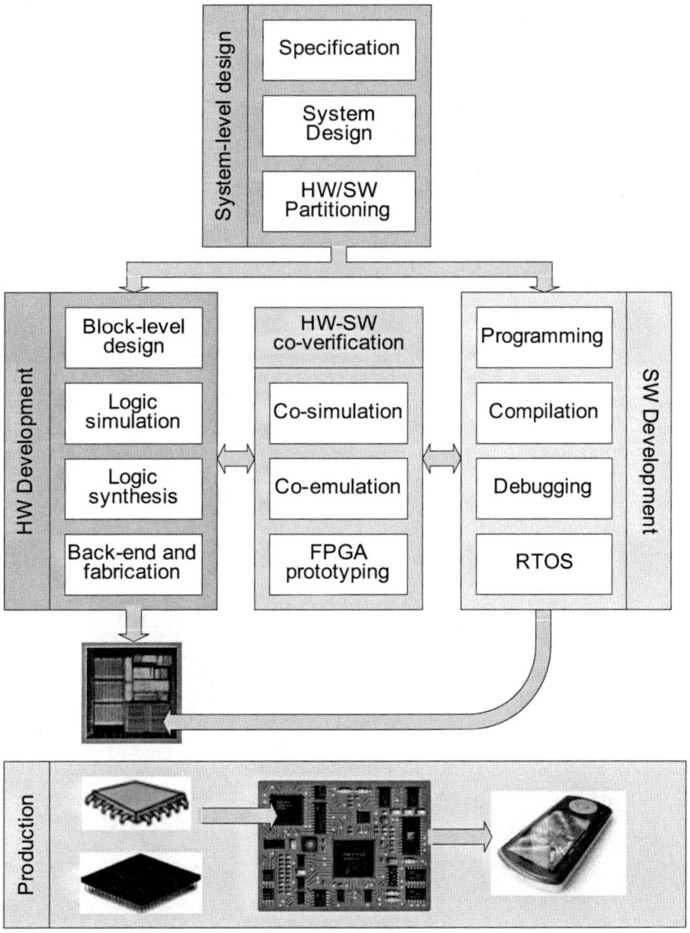

그림 6 시스템집적반도체 설계 흐름과 환경

시스템집적반도체의 설계와 검증을 어렵게 하는 요인은, 소프트웨어 프로그램이 특정 하드웨어에서 수행되어야 한다는 점이다. 하드웨어에서 실행될 소프트웨어를 만들려면 컴파일러(compiler), 라이브러리(library), 디버거(debugger) 등으로 구성되는 소프트웨어 개발환경이 필요하다. 일반적인 경우, 설계환경과 실사용환경이 같지 않으므로 소프트웨어 개발에 특별한 환경이 필요하다. 예로서, ARM 프로세싱 코어를 내장하는 시스템집적반도체를 설계하지만, 소프트웨어 개발이나 하드웨어 설계는 SUN 또는 PC 환경에서 하는 경우가 여기에 해당한다. 따라서 특정 아키텍처('타겟아키텍처, target architecture'라 함)에서 수행될 실행이미지(executable image)를 생성하는 환경이 필요하고, 이런 것을 '크로스아키텍처 컴파일러(cross architecture compiler)'라하고 줄여서 '크로스컴파일러(cross compiler)'라 한다. 상세한 내용은 '제5장 크로스컴파일러'에서 다룬다.

[그림 7]은 일반적인 하드웨어-소프트웨어 동시개발환경을 나타낸 것으로, 크게 소프트웨어 개발환경과 하드웨어 시뮬레이션 환경으로 구성된다. 크로스컴파일러는 타겟환경용 라이브러리와 응용프로그램을 컴파일하여 실행이미지를 생성한다. 이 실행이미지는 하드웨어의 메모리에 저장되고, 이것은 하드웨어의 프로세싱 코어에 의해 실행된다.

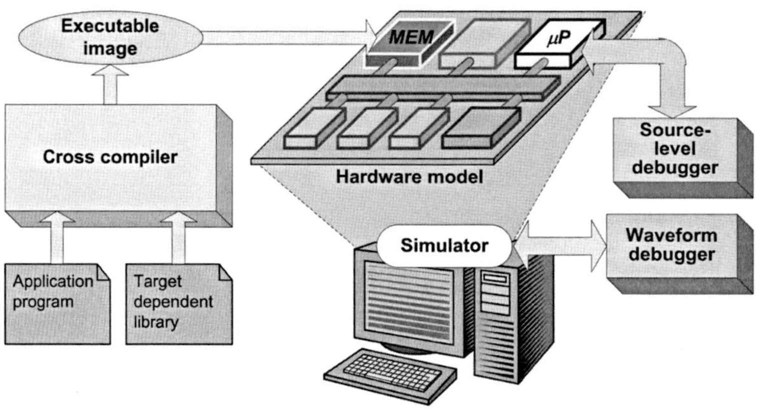

그림 7 시스템집적반도체의 HW-SW 동시개발환경

5 HW/SW 통합검증

시스템집적반도체는 하드웨어 부시스템(sub-system)과 소프트웨어 부시스템으로 구성되므로 이들 둘을 연동시키면서 기능을 검증하는 HW/SW 통합검증(HW-SW Co

-Verification)[3]이 필요하다. HW/SW 통합검증에 대한 것은 참고자료 [2]를 살펴본다.

5.1 HW/SW 통합시뮬레이션

하드웨어 프레임 중 프로세싱 코어는 그 자체가 매우 복잡하여 독자적으로 설계하거나 모델링 하는 것은 바람직하지 않기 때문에 명령어집합시뮬레이터(ISS: Instruction Set Simulator)를 사용하는 것이 일반적이다. ISS는 프로세싱 코어의 기능을 모델링한 프로그램이며 보통 C 언어로 되어 있다.

C 언어 프로그램으로 된 블록과 하드웨어기술언어로 된 설계블록을 같이 시뮬레이션하기 위해서는 특별한 인터페이스 기법이 필요하며, 이를 위해 Verilog의 경우 PLI(Procedural Language Interface)/VPI(Verilog Procedural Interface)[3]가 있고, VHDL[4]의 경우 FLI(Foreign Language Interface)/VHPI(VHDL Procedural Interface)가 있다. 이들의 역할은 사건구동 시뮬레이터(event-driven simulator)에서 C 언어로 된 프로그램 함수를 불러서 수행시킬 수 있도록 하는 것이다. PLI/VPI는 CD에 수록된 부록에서 상세하게 다룬다.

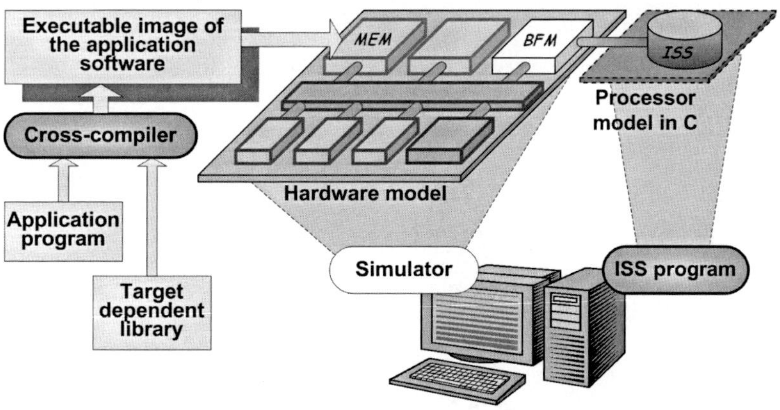

그림 8 HW-SW co-simulation using HDL simulator

[그림 8]과 같이 하드웨어 모델과 ISS를 연동하여 소프트웨어를 하드웨어 시뮬레이션 모델에서 수행시키는 것을 하드웨어-소프트웨어 통합시뮬레이션(HW/SW co-

[3] 이 책에서 다루는 내용에서 'co-'로 표시되는 접두어는 시간적인 의미로 동시(同時)라는 뜻과 특정 목적을 위해 서로 협조(協助)하여 연동한다는 뜻이 있다. 따라서 통합(統合), 동시, 협조, 동시협조 등으로 표기할 수 있다. 이들 중, 국내에서 주로 사용하고 있는 '통합'으로 표기한다.

simulation)이라 한다. 이때 활용할 수 있는 각 구성요소는 성능과 정확도 그리고 활용의 유연성 등의 관점에서 분류할 수 있다. ISS는 그 구현방법에 따라 인터프리터방식(interpreter-based ISS)과 컴파일방식(compiled-code ISS)으로 크게 분류할 수 있다. 그리고 ISS는 정확도에 따라 명령어수정확도(instruction-count accurate), 사이클정확도(cycle-accurate), 타이밍정확도(timing-accurate) 등의 큰 범주로 구분하고 이들 사이에 정확도 차이에 따라 좀 더 구체적으로 구분할 수 있다. 또한 ISS가 독립적인 프로그램으로 수행되는 것도 있고, 라이브러리 형태로 되어 특정 시뮬레이터에서 함수 호출형태로 사용될 수도 있다. 상세한 것은 '제6장 명령어집합 시뮬레이터'에서 다룬다.

ISS가 메모리에 있는 실행이미지를 수행하기 위해서는 명령어인출(instruction fetch)과 피연산자(operand) 참조 등 기본적인 버스 동작을 수행해야 된다. BFM (Bus Functional Model)은 이러한 버스 동작을 하드웨어적인 버스 통신규약(bus protocol)에 맞게 수행한다.

ISS와 하드웨어 모델을 연결하여 통합시뮬레이션 하는 방법에는 통합형(integrate)과 분리형(decoupled)으로 구분할 수 있고, 전자는 라이브러리 형태로 된 ISS를 하드웨어 프레임을 시뮬레이션하는 시뮬레이터에 내장하는 것이고, 후자는 ISS 프로그램과 하드웨어 프레임 시뮬레이터가 IPC(Inter-Process Communication) 통신 채널로 연결되는 것이다. 상세한 것은 '제7장 HW/SW 통합시뮬레이션'에서 다룬다.

5.2 HW/SW 통합에뮬레이션

HW/SW 통합시뮬레이션 환경은 하드웨어 모델을 로직 시뮬레이션하지만 HW/SW 통합에뮬레이션(HW/SW co-emulation)에서는 로직 시뮬레이터 대신 하드웨어인 FPGA를 사용한다. 즉, 프로세서 모델인 ISS는 호스트컴퓨터에서 수행되고 나머지 대부분의 하드웨어는 FPGA에서 동작한다. [그림 9]는 다이나릿시스템의 iPROVE[5], iTUTOR, iNEXT, iNCITE[4]를 사용한 HW/SW 통합에뮬레이션 환경이다. 이 경우 프로세서를 제외한 하드웨어가 FPGA에서 동작하므로 매우 정확도가 높은 기능검증이 가능하며, FPGA 보드를 만드는데 필요한 활동을 하지 않아도 된다는 장점이 있다. 상세한 것은 '제8장 HW/SW 통합에뮬레이션'에서 다룬다.

4 아이프루브(iPROVE), 아이넥스트(iNEXT), 인싸이트(iNCITE)

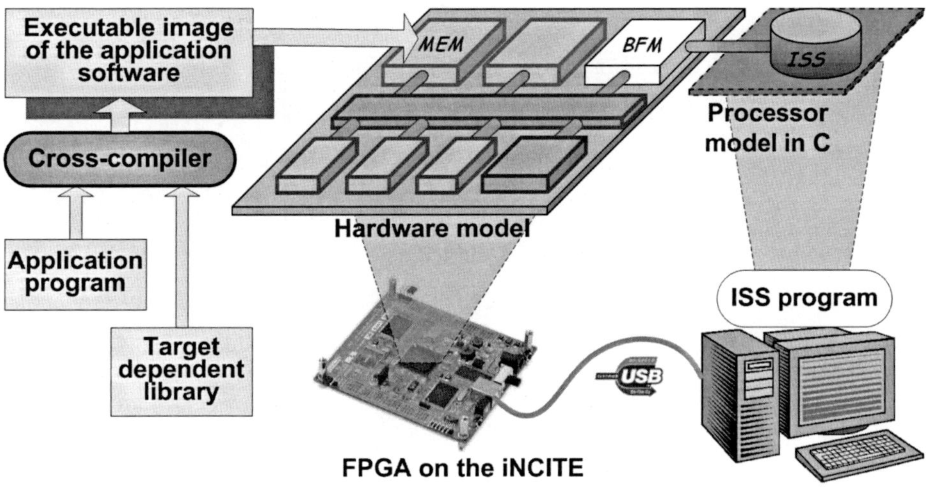

그림 9 HW/SW co-emulation using FPGA

5.3 호스트 프로그램을 이용한 통합검증

이제까지 ISS를 이용한 경우에 대해 설명하였는데, ISS를 이용하지 않고 호스트컴퓨터에서 직접 프로그램을 수행함으로써 하드웨어 부시스템의 기능을 검증하는 방법이 있다. 이 방법은 ISS가 없어도 하드웨어 부시스템을 프로그램으로 기능을 검증할 수 있으므로 설계의 초기단계나 시뮬레이션 속도를 높일 목적으로 사용할 수 있다.

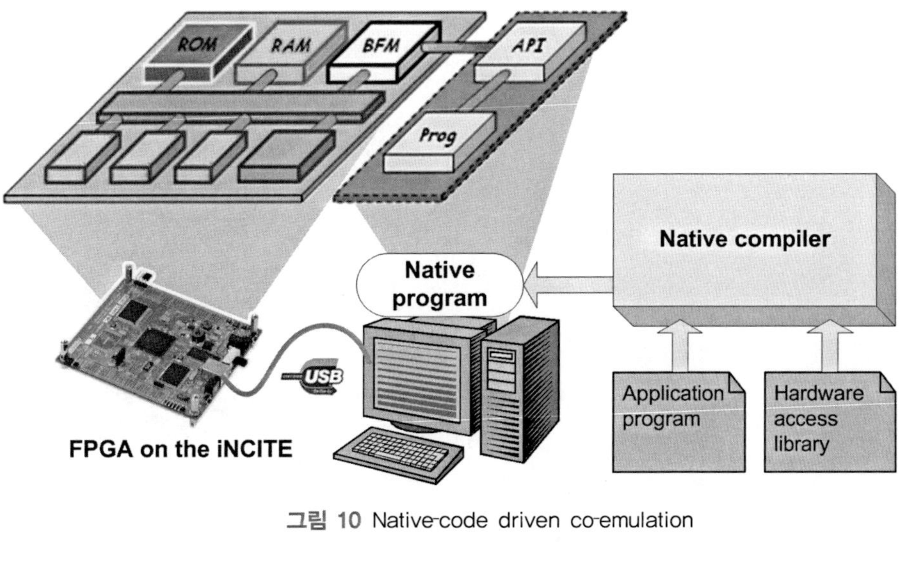

그림 10 Native-code driven co-emulation

[그림 10]에 호스트 프로그램(host program, 원프로그램, native code program)을 이용한 통합에뮬레이션의 예를 보였다. 즉, 시스템집적반도체 부분은 iPROVE, iTUTOR, iNTUITION, iNEXT, iNCITE의 FPGA에 맵핑되고, 이를 시험할 응용프로그램은 호스트 컴퓨터의 원래 컴파일러로 컴파일하여 사용한다. 따라서 컴파일된 결과는 ISS 도움 없이 호스트 컴퓨터에서 곧 바로 수행된다. 이때 응용프로그램에서 FPGA에 맵핑된 하드웨어를 참고하기 위해서는 특별한 API(응용프로그램 인터페이스, Application Program Interface) 함수를 사용한다. 상세한 것은 '제4장 BFM을 이용한 설계자산의 기능검증'에서 다룬다.

6 종 합

프로세서를 내장하는 시스템집적반도체가 반도체 설계의 주류가 되고 있으므로, 시스템집적반도체를 설계하고 기능을 검증하는 효율적인 방법과 유용한 환경이 필요하다. 하드웨어를 소프트웨어 관점에서 검증하기 위해 프로세서 모델이 필요하며, 이 모델과 하드웨어 모델을 연동하는 환경과 기법이 필요하다. 더 나아가 하드웨어를 직접 이용하여 기능을 검증하는 방법도 필요하다.

시스템집적반도체를 설계하고 검증하는 데 적합한 환경은 하드웨어와 소프트웨어를 동시에 다룰 수 있어야 하며 그 목적은 소프트웨어 관점에서 하드웨어를 설계하고 검증하며, 소프트웨어는 하드웨어 환경에서 프로그래밍하고 실행하기 위함이다. 이를 위해서는 체계적인 설계검증 흐름과 설계검증환경이 필요하며 그 핵심은 하드웨어/소프트웨어 통합검증이라 할 수 있다.

7 참고자료

[1] H. Chang, et. al., "Surviving the SOC Revolution - A guide to platform-based design", Chapter 1. Moving to System-on-Chip Design, Kluwer Academic Pub., 1999.

[2] Jason R. Andrews, "Co–Verification of Hardware and Software for ARM SoC Design", Chapter 4, Hardware/Software Co–Verification, Elsevier, 2005.

[3] IEEE Std. 1364-2001, "IEEE Standard Verilog Hardware Description Language", Chapter 26 Using VPI routine", IEEE Computer Society, 2001.

[4] IEEE Std. 1076-2002, IEEE Standard VHDL Language Reference Manual, IEEE Computer Society, 2002.

[5] iPROVE User Manual, Dynalith Systems, 2005. (www.dynalith.com)

CHAPTER

02

시스템집적반도체용 설계자산의 설계와 기능검증[1]

설계자산을 통합하는 방법으로 시스템집적반도체를 설계는 경우, 통합할 각 설계자산의 기능이 완벽하게 검증되어야 가능하다. 이를 위해서는 설계자산의 기능검증환경이 잘 구축되어야 하며, 여기에서는 이를 위한 방법으로 능동적이고 지능적인 시험환경에 대해 소개하고, 설계자산의 기능검증에 대해 분석하고 정리한다.

[1] Design and functional verification of IP for SoC

1 서 론

디지털 시스템 설계의 변천을 ADD(Area-Driven Design), TDD(Timing-Driven Design), BBD(Block-Based Design), PBD(Platform-Based Design)으로 구분할 수 있다[1]. BBD와 PBD가 시스템집적반도체를 효율적으로 설계하는 방법론으로 받아들여지고 있고, 이들은 설계자산(IP: Intellectual Property)을 재사용(Reuse)하는 것이 핵심이다.

재사용은 디지털 설계의 초기부터 그 예를 찾을 수 있고, 여러 가지 수준으로 구분해 볼 수 있다. 예로서, TTL(Transistor-Transistor Logic)을 PCB(Printed Circuit Board)에 납땜하여 시스템을 만들 경우, 각 TTL이 재사용되는 설계라 할 수 있고, 이때 TTL 소자 안에 있는 로직 게이트는 AND, OR, NAND, NOR, Flip-Flip 등과 같은 매우 단순한 것부터 곱셈기(multiplier), 덧셈기(adder) 등과 같은 정도의 기능이 전부였다. 이후, ASIC 설계에서는 다양한 기능 블록들을 라이브러리 형식으로 사용할 수 있게 되었다.

다기능/고성능/고집적의 복잡한 시스템집적반도체를 설계하는 데 설계자산의 재사용은 반드시 적용될 수 밖에 없는 설계 방법이 되었다. 즉, 가능한 미리 준비된 기능블록들을 사용함으로써 개발 노력을 최소화하는 것이 가능하기 때문이다. 그러나 재사용을 위해서는 각 기능블록의 설계과정에서 고려해야 될 것이 많이 있으며 대표적인 예로 RTL 코딩 가이드라인[2][3]을 정하고 이를 지키는 것이다.

따라서 시스템집적반도체를 위해 설계되는 모든 기능블록들은 재사용을 고려하여 설계되어야 하며, 이를 위해서는 기능검증이 무엇보다 중요하다. 여기에서는 이런 관점에서 시스템집적반도체용 설계와 기능검증에 대해 설명한다.

2 능동적이고 지능적인 시험환경

[그림 1]은 일반적으로 채택되고 있는 반도체 칩 개발과정을 개략적으로 표현한 것이다. 위에서부터 아래로, 로직 설계, 게이트 수준 설계, 배치 및 배선 그리고 타이밍 분석, 반도체 칩 제조, 패키징 등의 단계로 진행된다. 그림에는 표현되지 않았지

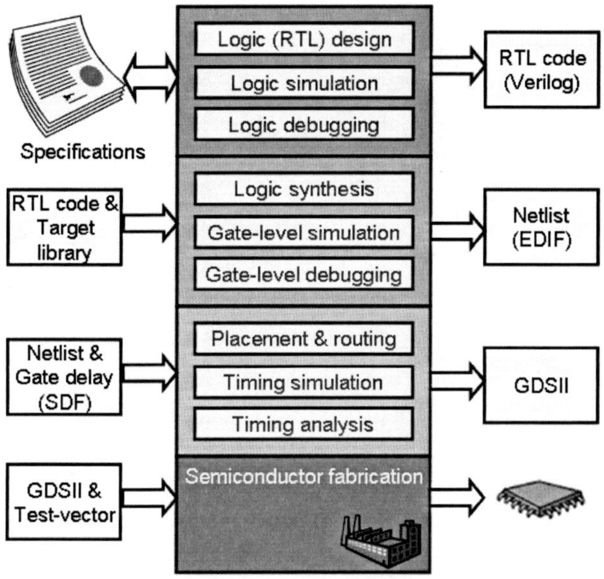

그림 1 간략하게 표현한 일반적인 반도체 칩 개발 과정

만 각 단계에서 수행되는 디버깅 과정의 결과에 따라 앞선 과정을 반복해서 수행하기도 한다. 특히 주목할 점은 각 단계에서 기능을 검증하기 위해 시뮬레이션을 기본으로 사용하고 있다는 것이다. 여기서 시뮬레이션(simulation, 모의실험)이란 순수 소프트웨어 시뮬레이터 프로그램을 이용하여 설계를 가상적으로 동작시켜서 정확하게 동작하는지를 확인하는 것이다.

반도체 칩을 목표로 하는 디지털 하드웨어 설계의 경우, 특별한 언어가 필요하며, 이 언어는 일종의 병렬프로그래밍 언어이기 때문에 특별한 프로그램이 있어야 모델링 된 병렬 현상을 확인할 수 있다. Verilog[4], VHDL[5], SystemC[6][7] 등이 대표적인 경우이며, 이들을 위한 시뮬레이터(simulator)가 있다.

외부와 정보전달이 없는 하드웨어 블록은 설계의 대상이 될 수 없으며, 이것이 시사하는 바는 설계된 블록의 동작을 확인하기 위해서는 입력을 인가하고 출력을 분석하는 것이 필요하다는 것이다. 분석된 결과가 기대와 다른 경우, 원인을 찾기 위해서는 블록 내부의 동작을 확인하는 것도 필요하다.

가장 단순한 방법은 설계한 블록의 입력 신호와 출력 신호 그리고 중요한 내부 자원의 동작 신호를 파형으로 분석하는 것이다. 이것이 가장 확실한 방법이지만, 신호 파형을 보고 그 의미를 이해하고, 기대하는 파형이 어떤 것인지 유추할 수 있어야만

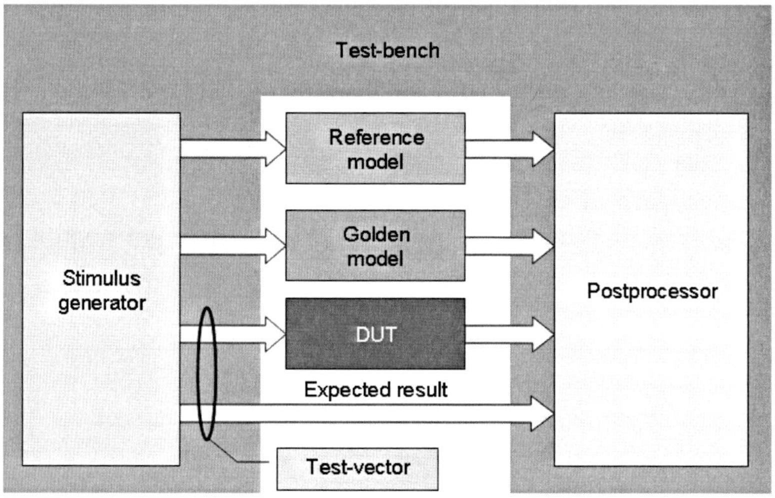

그림 2 시뮬레이션 환경의 구성

가능한 방법이다. 또한 입출력 신호의 수가 많거나, 입출력 신호에 실리는 정보가 중요한 의미를 갖는 경우는 파형을 분석하여 설계한 블록의 기능을 검증하는 것은 불가능한 일이 될 수 있다. 예로서, 입력받은 정보를 암호화하는 기능블록의 출력 파형만으로 해당 블록의 기능을 제대로 검증할 수는 없을 것이고, 추가로 출력 정보의 유효성을 다른 방법을 통해 확인해야 된다.

복잡한 기능을 갖는 설계 블록의 동작을 시뮬레이션 하기 위해서는 역시 매우 복잡한 시험각본이 필요하다. 만약 시뮬레이션 과정에서 설계 오류를 발견하여 설계를 수정하게 되면, 이전의 모든 시험각본을 다시 시뮬레이션[2] 할 필요가 생긴다. 이러한 상황에서 앞서 언급한 신호파형을 단순하게 분석하는 방법을 사용하는 것은 매우 어리석은 일이며, 큰 비용과 긴 시간이 요하게 됨으로 공학적인 측면에서 불가능한 것이 될 수 있다.

따라서 입력에 대한 출력을 자동으로 분석하여 정확한 동작인지 여부를 확인하는 능동적이며 지능적인 시험환경이 필요하다. [그림 2]에 보인 바와 같이 DUT(Design Under Test)를 설계함에 있어 입력을 생성하는 블록(stimulus generator: SG), 출력을 분석하는 블록(postprocessor: PP)으로 구성된 시험환경(test-bench)이 필요하다. 특히 SG는 입력과 그 입력에 대한 기대출력(expected result)으로 구성되는 시험벡터(test-vector)를 생성하고 PP는 출력과 기대 출력을

2 Regression testing

비교하여 DUT가 정확하게 동작하였는지 확인하는 구성이 가능하다.

그러나 DUT의 기능이 복잡하고 입출력의 정보가 많은 경우, SG가 기대 출력을 생성하는 것 또한 어려운 일이므로, 골든 모델(golden model) 또는 참고 모델(reference model)을 동시에 사용하는 것이 더욱 효과적인 방법이 될 것이다. 여기서 골든 모델은 해당 블록을 설계하는 과정 중 이전 단계에서 기능이 검증된 블록을 의미하고, 참고 모델은 해당 블록의 규격을 충실하게 반영한 완벽한 모델이라고 할 수 있다.

예로서, FFT(Fast Fourier Transformation) 블록을 설계할 경우, 부동소수점(floating-point) 연산과 자료형을 사용한 알고리즘 수준의 모델이 참고 모델이고, 고정소수점(fixed-point) 연산과 자료형을 사용한 비트수준에서 정확도를 갖는 모델이 골든 모델이다. 또는 Matlab/Simulink와 같이 이미 검증된 함수를 지원하는 추가적인 소프트웨어 패키지를 시뮬레이션에 접목하여 참고 모델로 활용할 수 있다. 이때 DUT와 골든 모델의 비교는 DUT가 제대로 설계되어 동작하는지를 확인하기 위함이 목적이고, DUT와 참고 모델의 비교는 DUT의 결과가 어느 정도 수준으로 정확한지를 확인하기 위함이 목적이다.

멀티미디어 정보(음향과 영상)와 신호처리를 필요로 하는 정보를 다루는 설계들의 경우, 신호 파형으로 검증할 수 있는 부분은 극히 일부분이며, 대부분의 경우는 입출력 정보의 내용을 분석하는 것이 중요하다. 따라서 보다 실감나고 감성적인 측면까지 동원할 수 있는 시험 환경이 필요하다. 예로서, MPEG2/4, H.264, JPEG 등과 같은 기능에 연관된 블록의 경우, 화상 출력을 통해 기능을 검증하는 것이 더욱 효과적일 것이다. 즉, [그림 2]와 같은 환경에서 후처리 블록에 영상출력, 음향출력, 데이터 프로세싱 등과 같은 기능을 구현할 경우 매우 효과적인 기능 검증 환경이 될 것이다.

현실에 가까운 환경으로 기능을 검증하기 위해서 [그림 3]과 같이, 소프트웨어 시뮬레이터와 입출력장치 모델을 연동하는 방법 또는 실소자와 연동하는 방법이 사용된다. 예로서, 시뮬레이션 결과인 영상출력 데이터를 파일로 저장하여 이것을 컴퓨터 프로그램으로 분석하거나, 실제 영상으로 출력하여 그 결과를 눈으로 확인하거나, 시뮬레이션이 진행되는 동안 분석프로그램이나 영상출력 프로그램을 연동하여 시뮬레이션 결과를 곧바로 확인할 수도 있고, 더 나아가 실제 영상출력 하드웨어와 연결하여 출력하는 방법이 있다.

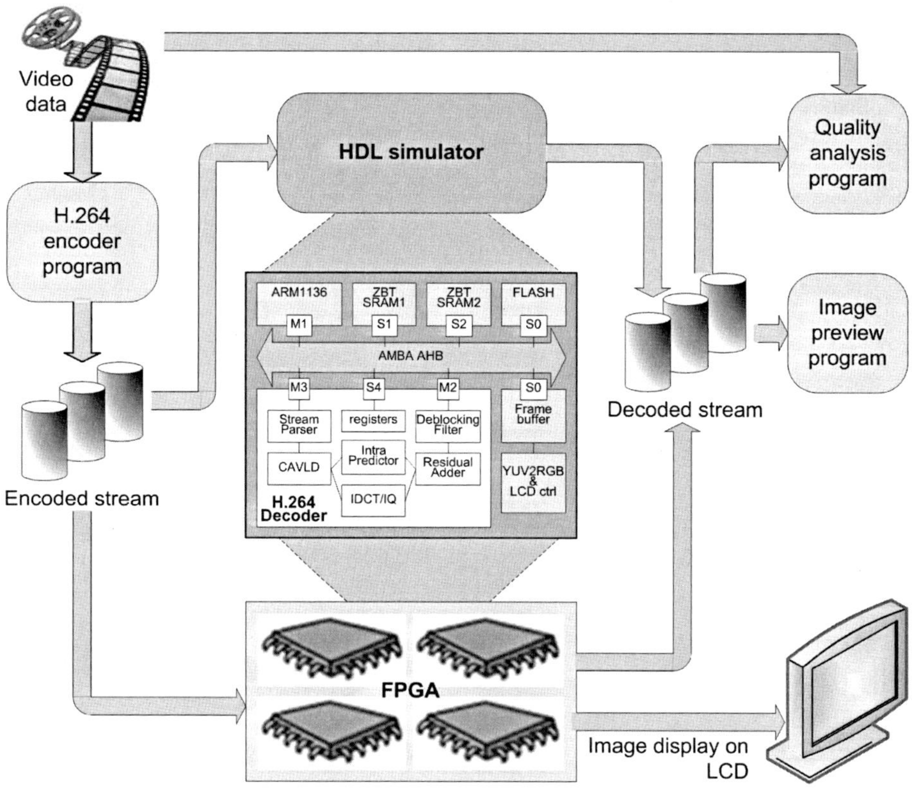

그림 3 능동적이고 지능적인 시험환경의 일례

3 설계자산의 기능검증

특정 기능 블록을 구현한 설계자산(IP: Intellectual Property)은 개별 블록으로 설계되는 것이지만 궁극적으로 보다 큰 시스템에 통합되어 동작해야 되므로 기능검증 측면에서도 이러한 점이 반영되어야 한다. 비록 단위 기능을 구현하는 것이 목적이지만 다른 기능 블록들과 연동하여서 정확한 기능으로 그리고 충분한 성능으로 동작하는 것을 명확하고 객관적으로 증명해야 한다.

설계자산의 기능을 검증하기 위해 필요한 시험들을 다음과 같이 구분해 볼 수 있다.

- 호환성 시험 (Compliance testing): 규격을 충실하게 반영하였는지 시험한다.

특히 표준에 관련된 경우라면 모든 기능이 충분하게 구현되었는지 반드시 점검해야 된다. 보통의 경우 점검 리스트나 호환성 시험 패키지들이 있고, 표준화 기구에서 인증서를 발급한다.

- 모서리 시험 (Corner case testing): 매우 복잡한 경우와 특별한 상황에 대해 시험한다. 이는 설계자산이 제대로 동작하지 않을 가능성이 높은 경우를 시험하는 것이다.
- 무작위 시험 (Random testing): 호환성 시험과 모서리 시험은 사전에 계획한 상황을 적용하여 시험하는 것인 반면, 무작위 시험은 설계자가 미처 고려하지 못한 경우를 시험함으로써 예상하지 못한 문제를 찾아낼 수 있다.
- 실응용 시험 (Real code testing): 해당 설계자산이 사용될 응용에 직접 적용하여 시험하는 것으로 규격을 잘못 이해한 경우나 잘못된 규격을 기준으로 설계하거나 시험한 경우를 찾아낼 수 있다.
- 확인 시험 (Regression testing[3]): 설계자산의 시험과정에서 발견된 문제를 해결한 후, 새로운 설계자산이 이전 시험각본들에 대해 여전히 문제없이 동작하는지를 시험한다. 이는 특정 문제해결이 다른 새로운 문제를 파생시킬 수 있기 때문에 반드시 필요한 시험이다.

설계자산에 대한 이러한 기능 검증을 하기 위해서 다음과 같은 검증 장비와 환경들이 사용된다.

- 시뮬레이션 (Simulation): 사건구동 시뮬레이터를 통해 기능을 검증하는 것으로, RTL(Register-Transfer-Level)의 경우 효과적이다. 그러나 설계자산의 규모가 크거나 게이트 수준 설계의 경우, 리셋 처리와 같은 초기상황을 점검하는 정도에 만족해야 되며 확인 시험, 실응용 시험, 무작위 시험 등에는 시뮬레이션 성능이 충분하지 않기 때문에 적용하기 어렵다.
- 시험환경 자동화 도구 (Test-bench automation tools): Verilog나 VHDL의 기본 기능인 모델링 기능에 시험 벡터를 생성하고 결과를 분석하는 등의 기능을 체계적이고 용이하게 추가할 수 있도록 한다. 무작위 시험이나 시험 정도 분석 등 시험환경 구축에 도움이 되는 기능을 제공하며 Vera, E, SCV(SystemC Verification Library) 등이 있다.
- 코드 유효시험 분석 도구 (Code coverage tools): 정적인 검증 기법[4]이 아닌 동

3 Regression test: 회귀시험 - 수정이 가해진 이후에 해당 설계 또는 프로그램이 제대로 동작하는 것을 확인하기 위해 수행되는 시험

4 Lint checking; formal model checking

적 검증 기법의 경우, 유효시험의 범위는 시험환경에서 생성한 시험각본에 따라 결정된다. 따라서 어느 정도 시험이 되었는지 확인하는 것이 필요하며, 코드 유효시험 분석 도구는 정량적으로 분석한 결과를 제공하고, VeriSure, VHDLCover, VeriCov, CoverMeter 등이 있다.

- 하드웨어 모델 (Hardware modeling): 실소자와 소프트웨어 시뮬레이터 사이의 인터페이스를 통해 시뮬레이터에서 실소자의 입출력을 사용할 수 있도록 한다. 이러한 환경은 설계자산에 해당하는 실소자가 있는 경우, 설계한 설계자산의 기능을 시뮬레이터에서 비교할 수 있으므로 매우 높은 신뢰성을 확보 할 수 있다. RealChip/ModelSource[8], Physical Modeler[9] 등이 있다.
- 에뮬레이션 (Emulation): 특별한 하드웨어를 이용하여 설계자산을 하드웨어로 실행시키는 방법이며, 하드웨어 가속과 에뮬레이션을 모두 지원하는 기술과 제품들이 있기 때문에 설계자산 검증에도 활용해 볼 수 있다. 대표적으로 iPROVE[10], HES, Zebu 등이 있다.
- 프로토타이핑 (Prototyping): FPGA와 같은 재설정가능소자를 이용하여 실제 하드웨어 시스템을 만드는 것이며 실제 응용 코드를 준 실시간으로 동작시킬 수 있기 때문에 매우 효과적인 방법이다. 그러나 제작하는 데 소요되는 비용과 노력이 크다는 단점이 있고, 주변 블록들도 모두 하드웨어로 구현해야 된다는 문제가 있다. 대안으로 많은 부분이 미리 준비된 FPGA 보드를 활용하는 방법이 있다. 즉, 특정 응용에 적합하도록 해당 응용에 주로 사용되는 부분이 포함되어 만들어진 FPGA 보드에 추가적으로 구현한 기능블록을 FPGA에 적용하는 방법으로 대표적인 것이 iNTUITION[5][11], Versatile, SoC Master, HBE-SoC, SYS-Lab 등이 있다.

하드웨어로 구현될 설계자산은 활용 측면에서 다음과 같은 기준으로 설계되어야 한다.

- 일반화된 문제(General problem)를 다룰 수 있도록 설계: 다른 응용에 용이하게 적용할 수 있어야 한다.
- 다양한 구현기술(Technology)에 적용될 수 있도록 설계: Soft IP의 경우는 합성 스크립트가 여러 합성기와 하드웨어 라이브러리에 쉽게 적용될 수 있도록 준비되어야 하고, Hard IP의 경우는 새로운 구현기술에 적용하는 구체적이고 상세한 방법이 준비되어야 한다.

5 인튜이션(iNTUITION)

- 다양한 시뮬레이터에 적용될 수 있도록 설계: 여러 시뮬레이션 스크립트가 여러 로직 시뮬레이터에 적용될 수 있도록 준비되어야 하고, 다양한 설계 언어와 연동이 될 수 있도록 준비되어야 한다.
- 다양한 검증 환경에 적용될 수 있도록 설계: 보다 큰 시스템에 포함되어 검증이 가능하도록 준비되어야 하며, 동시에 독자적인 검증이 가능하도록 준비되어야 한다.
- 충분한 설명자료: 앞서 설명된 기준에 대한 상세하고 충분한 설명과 적용 가능한 환경 그리고 사용의 제한 등에 대한 정확한 설명이 준비되어야 한다.

이상의 기준을 만족시키려면 설계자산 자체를 잘 설계하는 것만으로는 부족하다는 것을 알 수 있다. 즉, 설계자산이란 특정 시스템 설계에 국한하여 블록을 설계하는 것이 아니라 보다 일반적인 용법으로 다른 응용에도 사용할 수 있도록 설계하는 것이며, 이는 설계자의 관점보다는 이용자/활용자의 관점에서 설계되고 활용환경이 동시에 준비되어야 한다.

4 시스템집적반도체용 설계자산의 검증

시스템집적반도체에 통합되는 설계자산의 경우, 소프트웨어적인 제어를 통해 다양한 동작 모드로 활용되므로 이러한 측면에서도 충분한 기능 검증이 이루어져야 한다. 설계자산을 제어하는 프로그램을 통해 시험하는 것을 염두에 두고 설계되어야 함을 시사한다.

AMBA APB 인터페이스를 갖는 UART(Universal Asynchronous Receiver and Transmitter)의 경우를 예로서 설명한다. UART란 RS-232C 표준의 물리계층을 제외한 기능을 구현한 직렬통신 제어기이며, 내부에 CSR(Control and Status Register)이 있고, 이 CSR을 읽고 쓰기를 함으로써 원하는 동작을 한다. 즉, 보오드 속도(baud rate), 데이터 형식(data format), 인터럽트 제어 등은 CSR의 특정 레지스터의 값에 따라 결정된다. 그리고 이러한 동작 모드는 매우 많은 조합이 가능하므로 단순한 기능검증 환경으로 모든 것을 감당하기는 적합하지 않다.

이러한 경우 [그림 4]와 같이 구성하는 것이 일반적이다. 즉, 타스크(task)와 AMBA BFM(Bus Functional Model)을 이용하고, AMBA APB 버스 전송 파형을 생성하여 시험할 설계자산인 UART를 시험한다. 이 경우, 타스크를 얼마나 편리하고 지능적으로 만드느냐에 따라 APB 버스 전송을 쉽고 다양하게 생성할 수 있는지를 결정하게 된다. UART의 직렬통신 데이터는 TTY(텍스트 모니터) 모델을 통해 확인한다. 이러한 방법에 대해서는 '제4장 BFM을 이용한 설계자산의 기능검증'에서 상세하게 다룬다.

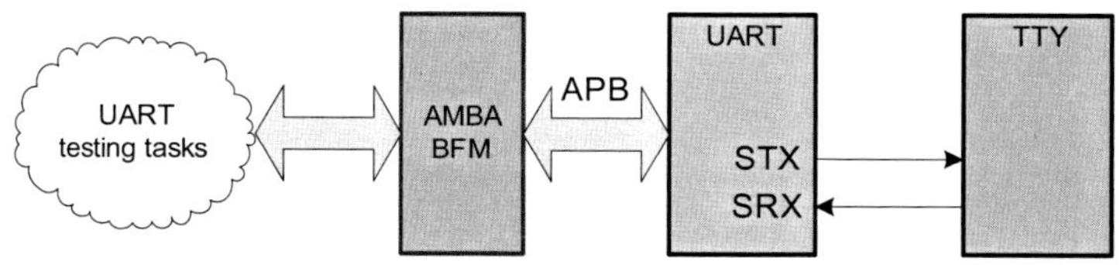

그림 4 UART 시험 환경의 일례

[그림 4]와 같은 구성이 신호파형을 통한 검증보다는 효과적이지만 새로운 시험 각본을 추가하기 위해서는 타스크를 추가하거나 변경하는 등의 작업이 필요하기 때문에 검증 생산성 측면에서 개선의 여지가 있다.

UART가 AMBA APB에 연결되어 사용될 것이므로 이 설계자산을 검증하는 데 ARM 프로세서 모델(ARM ISS: ARM Instruction Set Simulator)을 사용하는 것이 보다 효과적일 것이다. 즉, [그림 5]에서와 같이 ARM 프로세서 모델에 UART 시험프로그램을 수행시키고, ARM 프로세서 모델은 AMBA BFM을 통해 UART를 시험한다. 동시에 골든 모델을 같이 사용하여 그 결과를 바로 점검하도록 한다. 아울러 인터럽트와 같이 더욱 복잡한 시험각본이 필요한 경우도 용이하게 검증할 수 있다. 이러한 방법에 대해서는 '제7장 HW/SW 동시협조시뮬레이션'에서 상세하게 다룬다.

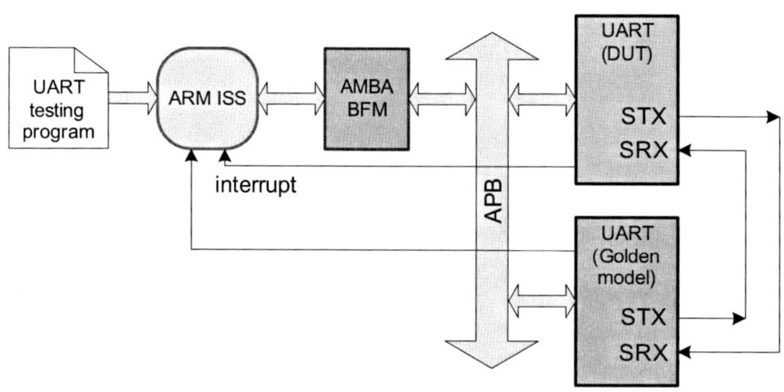

그림 5 능동적인 시험환경의 일례

[그림 5]와 같은 능동적인 검증환경을 이용하여 하드웨어를 시험하면서 작성된 시험 프로그램은 소프트웨어 개발에 그대로 활용될 수 있기 때문에 매우 효과적이다. 그러나 여전히 로직 설계 수준에서의 기능 검증에만 머무른다는 단점과 DUT의 규모가 크거나 복잡한 경우 충분한 시뮬레이션 성능을 얻기 어렵다는 제한점이 있다. 만약 DUT를 FGPA와 같은 하드웨어에 맵핑하고 나머지 시험환경들은 소프트웨어로 시뮬레이션 할 수 있다면 매우 효과적이면서 동시에 검증결과에 높은 신뢰성을 얻을 수 있을 것이다. 이러한 방법에 대해서는 '제8장 HW/SW 동시협조에뮬레이션'에서 상세하게 다룬다.

5 종 합[6]

반도체 칩 설계를 통해 구현할 기능들이 복잡해짐에 따라 기능검증에 대한 부담이 더욱 높아졌다. 특히 시스템집적반도체의 경우, 전체를 한몫에 설계하지 않고 확보 가능한 설계자산을 최대한 활용하고, 새로 설계할 기능블록은 설계자산으로 개발하여 전체를 통합하는 과정을 통해 설계하는 것이 일반적이 되었다.

이러한 상황에서 설계자산의 기능검증이 기본적이면서도 무엇보다 중요한 것이 되었기 때문에 각 블록설계자들은 보다 신뢰도 높은 설계자산 개발을 위한 방법을 필요로 한다. 여기에서는 시험환경에 대해 주목하였고, 특히 능동적이며 지능적인 시험환경이 설계자산 개발에 왜 중요한 것인지 어떤 역할을 하는 것인지에 대해 소개하였다. 특히 골든모델과 참고모델을 활용할 경우 설계자산의 기능검증에 높은 생산성을 확보할 수 있음을 설명하였다. 또한 설계자산의 기능검증에 적용되는 시험을 목적에 따라 구분하여 각각이 어떤 것이며 무슨 목적인지를 설명하였다. 아울러 설계자산의 기능검증에 필요한 환경과 장비에 대해 정리하였고, 이어서 설계자산 개발에 있어 기준이 되어야 할 점들에 대해 정리하였다.

시스템집적반도체에 포함될 설계자산의 경우, 프로세싱 코어가 칩 내부 네트워크를 통해 프로그램으로 제어함으로써 기능을 발휘한다. 이를 위해 어떤 구성으로 시험환경을 구성해야 설계자산에 대한 기능검증이 가능한지에 대해 설명하였다.

6 참고자료 [12]의 내용을 기본으로 작성되었다.

6 연습문제

1. RMM[2]에서 제안하는 코딩 가이드라인에 대해 정리해 본다.
2. OpenCores[3]에서 제안하는 코딩 가이드라인과 디렉토리 구성 방법에 대해 정리해 본다.
3. 참고자료 [2]와 [3] 외에 코딩 가이드라인을 찾아서 비교하고 분석하여 공통된 점으로 어떤 것이 있는지 정리해 본다.
4. 일반적으로 많이 사용되는 UART의 데이터 시트를 구하여 분석해 보고, UART의 기능을 완벽하게 검증하는 방법과 이를 위한 환경이 어떻게 구성되어야 할 것인지 정리해 본다.

7 참고자료

[1] H. Chang, L. Cooke, M. Hunt, G. Martin, A. McNelly, L. Todd, "Surviving the SoC Revolution - A Guide to Platform-Based Design", Chapter 1 Moving to System-on-Chip Design, Kluwer Academic Publishers, 1999.

[2] M. Keating, P. Bricaud, "Reuse Methodology Manual for System-on-a-Chip Designs", Chapter 5 RTL Coding Guidelines, Kluwer Academic Publishers, 1999.

[3] OpenCores Coding Guidelines, Rev. 1.2, September 2007.

[4] IEEE Std. 1364-2001, IEEE Standard Verilog Hardware Description Language, 2001.

[5] IEEE Std. 1076-2002, IEEE Standard VHDL Language Reference Manual, 2000.

[6] IEEE Std. 1666-2005, IEEE Standard SystemC Language Reference Manual, IEEE Computer Society, 2005.

[7] 기안도, "SystemC 시스템모델링 언어", 대영사, 2005.

[8] ModelSource, Synopsys, www.dynalith.com

[9] Physical Modeler, Dynalith Systems, www.dynalith.com

[10] iPROVE, Dynalith Systems, www.dynalith.com

[11] iNTUITION, Dynalith systems, www.dynalith.com

[12] 기안도, "가상 프로토타이핑 기법을 이용한 설계자산의 기능검증", IT-SoC Magazine, 2007.7. (www.asic.net)

CHAPTER

03

ARM 프로세싱 코어와 AMBA 버스[1]

시스템집적반도체의 설계에서 많이 사용되고 있는 ARM 프로세싱 코어와 AMBA 버스에 대해 살펴본다. 그리고 AMBA 버스 버전 2.0인 AHB를 Verilog로 모델링하여 동작을 시뮬레이션해 본다.

[1] ARM processing core and AMBA bus

1 ARM 프로세싱 코어

ARM은 Advanced RISC Machine의 약어로 프로세서의 이름이며, 1980년대 초반에 Acorn Computer Limited로부터 시작되었다[1]. ARM이 RISC(Reduced Instruction Set Computer, 명령어 축약 컴퓨터) 특성을 갖는 명령어집합을 갖고, 상대적으로 소모전력이 작고, 32-bit 명령어를 기본으로 하지만 필요에 따라 16-bit 명령어를 사용할 수 있는 등의 특성으로 인해 내장형시스템과 시스템집적반도체의 주 프로세서로 자리를 잡았다.

초기 ARM1에서부터 시작되지만, ARM7이 많이 알려진 것이고, 이후 ARM9, ARM10, ARM11 등으로 성능이 개선된 버전으로 발전하였다. 이들은 내부의 파이프라인 스테이지 측면에서 구분될 수 있다. 즉, ARM7은 3단, ARM9은 5단, ARM10은 6단, ARM11은 8단이다. 그리고 ARM7이 명령어 인출용 버스와 피연산자 참조용 버스가 같은 프린스톤구조(Princeton Architecture 또는 von Neuman Architecture)인 반면에 이후 버전들은 모두 명령어 인출용 버스와 피연산자 참조용 버스가 분리된 하바드구조(Harvard Architecture)를 갖는다는 차이가 있다.

ARM 프로세서의 특별한 기능으로 Thumb 명령어[2]를 지원한다는 것이 있다. 기본적으로 ARM 프로세서는 32-bit 데이터와 32-bit 어드레스를 지원하지만, 프로세서 내부의 PSR(Program status register)의 특정 비트를 설정함으로써 16-bit 명령어인 Thumb 명령어를 사용할 수 있도록 변경이 가능하다. 이러한 기능은 프로그램 코드용 메모리의 크기를 줄일 수 있다는 측면에서 내장형 시스템이나 시스템집적반도체에 요긴하게 사용될 수 있는 기능이다.

ARM 프로세서는 다음과 같은 코드명으로 분류가 된다.

표 1 ARM 프로세서 구분

ARM{x}{y}{z}{T}{D}{M}{I}{E}{J}{F}{-S}		
x	Family	7, 9, 10, 11
y z	Memory management Unit (MMU) Protection unit Cache Tightly coupled memory (TCM)	*None*: no cache and no MMU 20: with cache and MMU 40 with cache, but no MMU 22: smaller cache 26: with cache and TCM

		36: with cache and TCM
T	Thumb 16-bit decoder	
D	JTAG debug	
M	Fast multiplier	32-bit by 32-bit
I	Embedded ICE macrocell	
E	Enhanced instruction for DSP	
J	Jazelle (Jave acceleration)	
F	Vector floating-point unit	
-S	Synthesizable version	

예로서, ARM7TDMI는 ARM7에 속하며 Thumb 명령어를 지원하며, 디버깅 블록이 있고, 32x32-bit 곱셈기 블록이 있고, ICE(In-Circuit Emulator) 마크로 블록이 있지만 캐시(cache)나 MMU는 없는 경우이다.

1.1 프로그래밍 모델

프로세서의 프로그래밍 모델(programming model)이란 해당 프로세서에서 수행될 프로그램에서 참조 가능한 자원들과 그들의 기능에 대한 정의라고 할 수 있다. 여기서 참조 가능한 자원이라 함은 주로 레지스터를 의미한다.

ARM7 프로세서는 32-bit 레지스터를 31개 지원하며 추가적으로 프로그램 상태 레지스터를 6개 지원한다. 그러나 프로세서는 프로그램이 실행되는 상황에 따라 6가지로 구분하고 이들 각각의 상황에는 일반 32-bit 레지스터 16개와 프로그램 상태 레지스터 1개만이 참조 가능하다. 여기서 프로그램이 실행되는 상황이란 일반 사용자 모드, 인터럽트를 처리하는 모드, 관리자 모드 등으로 구분된다.

[그림 1]에서와 같이 6가지 다른 프로세서 상태(모드)가 존재하고 각 모드에서 16개의 32-bit 레지스터(r0~r15)와 1개의 프로그램 상태 레지스터(cpsr: current program status register)를 참조할 수 있다. 그리고 색이 칠해진 부분은 모드가 변하면 새로운 레지스터가 되는 것이다. 따라서 User 모드의 16개와 각 모드의 색이 칠해진 레지스터들을 합치면 총 31개의 레지스터가 된다. 사용자/시스템 상태(User and System mode)에서는 보이지 않지만 다른 상태에서는 추가적으로 저장된 프로그램 상태 레지스터(spsr: saved program status register)가 있다.

User and System	FIQ	Supervisor	Abort	IRQ	Undefined
r0	r0	r0	r0	r0	r0
r1	r1	r1	r1	r1	r1
r2	r2	r2	r2	r2	r2
r3	r3	r3	r3	r3	r3
r4	r4	r4	r4	r4	r4
r5	r5	r5	r5	r5	r5
r6	r6	r6	r6	r6	r6
r7	r7	r7	r7	r7	r7
r8	r8_fiq	r8	r8	r8	r8
r9	r9_fiq	r9	r9	r9	r9
r10	r10_fiq	r10	r10	r10	r10
r11	r11_fiq	r11	r11	r11	r11
r12	r12_fiq	r12	r12	r12	r12
R13 (sp)	r13_fiq	r13_svc	r13_abt	r13_irq	r13
R14 (lr)	r14_fiq	r14_svc	r14_abt	r14_irq	r14
R15 (pc)	r15	r15	r15	r15	r15
cpsr	cpsr	cpsr	cpsr	cpsr	cpsr
	spsr_fiq	spsr_svc	spsr_abt	spsr_irq	spsr

그림 1 ARM7 레지스터

16개 32-bit 일반 레지스터는 프로그램에서 다음과 같은 목적으로 사용한다.

- R0~R12: 스크래치 레지스터(SR: scratch register) - 사용자의 필요에 따라 자유롭게 사용한다.
- R13: 스텍 포인터(SP: stack pointer) - 함수를 호출할 때 호출하는 함수의 지역 변수 값을 저장하고, 호출되는 함수의 지역 변수 값을 저장하는 등의 목적으로 사용되는 메모리 공간인 스택(stack)을 관리하는 데 사용되는 포인터 레지스터
- R14: 링크 레지스터(LR: link register) - BL(branch with link) 명령어를 통해 함수를 호출 할 때 호출된 함수에서 복귀하기 위해 필요한 주소가 저장되는 레지스터
- R15: 프로그램 카운터(PC: program counter) - 프로그램이 수행되면서 다음에 실행될 명령어의 주소가 저장되는 레지스터

1.2 예외처리

프로세서의 예외처리란 특정 프로그램의 명령어들을 순차적으로 실행하는 것을 멈

추게 하고 다른 특별한 처리를 필요로 하는 상태를 의미한다. 대표적인 예로 인터럽트(interrupt, 가로채기)가 있다. 즉, 프로그램을 수행하고 있는 중간에 인터럽트가 발생하여 현재의 프로그램 수행을 멈추고 인터럽트를 처리해야 하는 상태가 되는 것이 예외상황의 일례가 된다.

ARM 프로세서에는 다음과 같은 5가지의 예외상황이 있다.

- 고속 인터럽트 (FIQ: Fast Interrupt)
- 인터럽트 (IRQ: Interrupt)
- 포기 (Abort)
- 소프트웨어 인터럽트 (SWI: Software Interrupt)
- 미정의 명령어 (Undefined Instruction Trap)

이러한 예외상황이 발생하면 프로세서는 하드웨어적으로 미리 정해진 동작을 한다. 예로서 인터럽트가 발생하면 [그림 1]에서 표시된 'User' 모드에서 'IRQ' 모드로 바뀌면서 동시에 0x18 번지에서 새로운 시작을 한다. 다음은 인터럽트에 의한 상태 변환을 상세하게 설명한 것이다.

1. CPSR의 I 비트가 0이면 IRQn 신호선에 의한 인터럽트를 접수한다. 즉, IRQn 신호선이 낮은 전압이 되면 인터럽트로 인식한다.
2. 프로세서의 상태(mode)를 IRQ로 변환한다. 즉, CPSR의 MODE 비트들의 값이 0x12가 된다.
3. CPSR의 값을 SPSR_irq로 대피 시킨다.
4. PC의 값을 R14_irq로 대피 시킨다.
5. CPSR의 I 비트를 1로 설정하여 추가적인 IRQ 인터럽트를 차단한다.
6. PC의 값을 0x18로 설정하여 여기부터 실행한다.

그 외 메모리 참조에 문제가 발생하거나, 정의되지 않은 명령어 수행이 시도되거나, SWI 명령어[2]가 실행되는 등이 예외상황의 원인이 된다.

이와 같이 예외상황이 발생했을 때 자동으로 점프하는 곳을 Exception Table이라고 하고, ARM의 경우 0x0부터 0x1F까지가 여기에 해당된다.

2 소프트웨어적으로 발생하는 예외상황을 일반적으로 트랩(trap)이라 한다.

표 2 ARM7의 예외상황 처리

주소	예외상황	우선순위
0x00~0x03	Reset	(1) highest
0x04~0x07	Undefined instruction	(6)
0x08~0x0B	Software interrupt	(6)
0x0C~0xF	Prefetch abort	(5)
0x10~0x13	Data abort	(2)
0x14~0x17	Reserved	
0x18~0x1B	IRQ	(4)
0x1C~0x1F	FIQ	(3)

일반적으로 ARM의 Exception Table의 각 예외상황 칸에는 점프(jump) 또는 브랜치(branch) 명령어[3]가 있게 되어, 해당 예외상황을 처리하는 코드로 이동하는 동작을 하도록 되어 있다.

2 AMBA 버스

버스(bus)란 여러 기능블록들이 공유하는 통신 매체와 이 매체를 통해 정보를 주고받는 통신규약(protocol)을 통칭한다. 예로서 프로세서와 메모리들 그리고 각종 입출력 장치로 구성되는 시스템에서 이들이 서로 연결되어 정보를 주고받는 매체와 그 전송방법이 한 예이다.

AMBA는 Advanced Microcontroller Bus Architecture의 약어로 1995년부터 현재까지 ARM 프로세싱 코어를 사용하는 시스템에 사용된 버스이다. 크게 보아서 버전 1, 버전 2, 버전 3으로 구분할 수 있고, 버전 1은 ASB+APB, 버전 2는 AHB+ASB+APB[5], 버전 3은 AXI+AHB+APB[6]로 구성된다.

특히 AMBA 1.0의 중심이었던 ASB는 거의 사용되지 않고, 대신 AMBA 2.0의 AHB가 주로 사용되고 있다. AMBA 버전 3의 경우, 아직 광범위하게 사용되지 않지만 고성능 응용을 위해 사용될 것으로 기대된다.

---

3 통상 사용하게 되는 브랜치 명령어는 26-bit 목적지 주소(signed 26-bit destination address)가 사용되므로 대략 2^{26} 번지 전후로 이동이 가능하다.

따라서 여기서는 AMBA 버전 2.0의 AHB 버스와 APB 버스에 대해 간략하게 정리한다. 여기서 AHB 버스는 상대적으로 고속이고 고성능이기 때문에 프로세서나 고속의 메모리 블록을 연결하는 데 사용하고, APB는 상대적으로 저속이고 저성능이기 때문에 주변장치나 저속 메모리 블록을 연결하는 데 사용한다.

2.1 AMBA AHB 버스

AMBA AHB버스를 중심으로 구성하는 시스템의 경우 [그림 2]에 보인 바와 같이 다음과 같은 모듈로 구분된다.

- 버스 마스터: 버스 요청을 시작할 수 있는 모듈, 예로서, 프로세서나 DMAC(Direct Memory Access Controller) 등이 여기에 속한다.
- 버스 슬레이브: 버스 요청에 응답하는 모듈, 예로서, 메모리와 같은 수동적인 입출력 블록이 여기에 속한다.
- 버스 모듈: AMBA 버스를 구성하는 모듈, 예로서, 중재기, 어드레스 디코더, MUX 등이 여기에 속한다.
  - 중재기 (arbiter): 버스 마스터가 두 개 이상인 경우, 특정 순간에 한 개 버스 마스터 만이 버스를 사용하도록 보장하기 위해 중재기능을 하는 모듈
  - 어드레스 디코더 (address decoder): 버스 마스터가 구동한 주소에 의해 어느 버스 슬레이브를 선택할 것인지를 결정하는 모듈
  - MUX: 여러 버스 마스터로부터 구동되는 주소 및 쓰기 정보 중 하나를 버스 슬레이브에 전달하고, 여러 버스 슬레이브로부터 구동되는 읽기 정보 중 하나를 버스 마스터로 전달하기 위한 멀티플렉스 모듈

AHB 버스에 버스 마스터가 하나만 존재하고, AHB 버스 전송 규약 중 일부만을 제한적으로 지원하는 경우를 AHB-Lite[7]라고 한다.

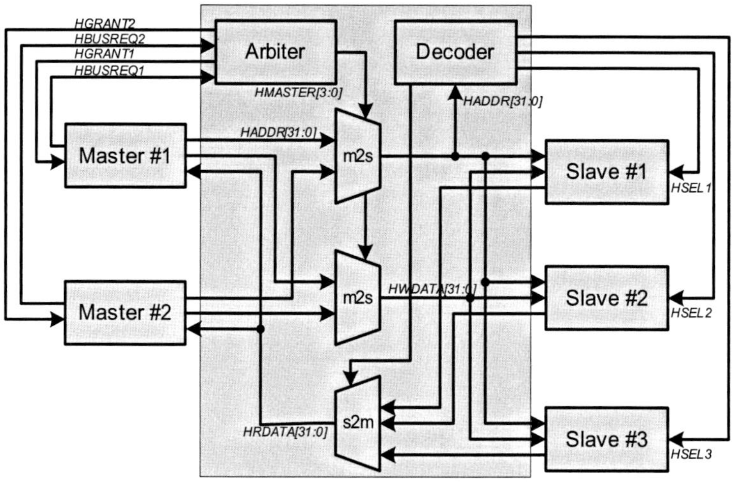

그림 2 AMBA 버스 모듈들

AHB 버스는 어드레스와 데이터를 서로 다른 신호선으로 사용하는 분리형 버스이고, 32-bit 어드레스와 32-bit 데이터 버스를 사용하며, 32-bit 데이터 버스에서 어드레스에 따라 바이트 정보가 실리는 버스 라인이 항상 동일하게 정해지는 비정렬형 버스(non-justified bus)이며, 모든 동작이 클럭(HCLK)의 상승 모서리를 기준으로 하는 동기형 버스(synchronous bus)이고, 읽기용 데이터 버스(HRDATA)와 쓰기용 데이터 버스(HWDATA)가 분리된 버스이고, 삼상(tri-state) 신호선을 사용하지 않는 특징을 갖는다.

2.2 AMBA AHB 버스 통신규약

프로세서 입장에서 버스를 통해 전송되는 정보의 방향에 따라 읽기와 쓰기로 구분하고, 읽기의 경우는 메모리로부터 정보를 가져오는 것이고, 쓰기의 경우는 반대의 경우가 된다.

[그림 3]에 가장 기본적인 쓰기와 읽기 전송에 대한 타이밍도를 보였다. 모든 전송은 어드레스 주기(address phase)와 데이터 주기(data phase)로 구분되고, 어드레스 주기에는 읽거나 쓰기를 할 주소를 전송하고, 데이터 주기에는 요청된 데이터가 전송된다.

버스 슬레이브의 경우, 사정에 따라 또는 모듈의 특성에 따라 응답 속도가 빠른 것도 있고 그렇지 못한 것도 있다. 따라서 버스 마스터로부터 요청된 정보를 충분하게 빨리 처리하지 못할 경우, HREADY신호를 통해 서로의 속도를 맞추게 된다.

예로서 쓰기의 경우, 버스 마스터는 HADDR에 쓰기를 할 주소 정보를 구동하고 동시에 쓰기임을 알리는 HWRITE 신호와 기타 정보를 구동한다. 그리고 HADDR 신호를 구동한 시점에 HREADY가 높은 전압 값이면 곧 이어지는 클럭 주기에 쓰기할 데이터를 HWDATA에 구동한다. 그리고 HREADY 신호가 높은 전압이 될 때까지 기다리고, 높은 전압값이 되면 버스 슬레이브에서 해당 데이터를 제대로 쓰기 한 것이 된다.

예로서 읽기의 경우, 버스 마스터는 HADDR에 읽기를 할 주소 정보를 구동하고 동시에 읽기임을 알리도록 HWRITE 신호를 낮은 전압으로 구동하고 기타 정보를 구동한다. 그리고 HADDR 신호를 구동한 시점에 HREADY가 높은 전압이 될 때까지 기다리고, HREADY 신호가 높은 전압이면 어드레스 주기를 마치고, 데이터 주기로 전환되며, 이후 HREADY 신호가 높은 전압이 될 때 HRDATA 버스에 실린 정보를 가져감으로써 읽기 전송을 마무리 한다.

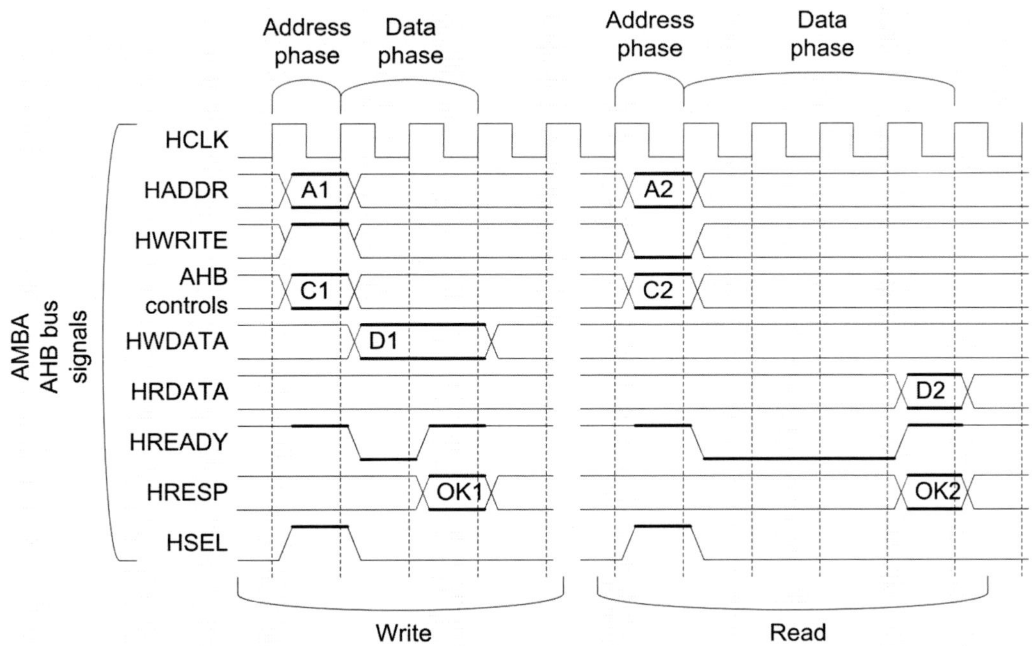

그림 3 AMBA AHB 버스 타이밍 일례

버스 슬레이브의 경우 HADDR에 실리는 정보와 HREADY의 높은 전압 값으로 구성되는 HSEL 신호를 통해 자신이 선택되었는지 확인한다. 그리고 읽기인지 쓰기인지에 따라 HWDATA 또는 HRDATA를 선택적으로 사용하며, 요청된 전송에 대한 처리가 마무리 될 때까지 HREADY 신호를 낮은 전압으로 유지하고, 모든 것이 준비되면 HREADY 신호를 높은 전압으로 구동하여 전체 전송을 마친다.

2.3 AMBA APB 버스

APB 버스는 AHB 버스 입장에서 AHB-to-APB 버스 변환기(AHB-to-APB Bus Bridge)를 통해 연결된 하나의 버스 슬레이브로 보인다. APB는 PCLK에 동기되어 동작하지만 각 전송이 정해진 시간 안에 정해진 순서로 완료되어야 한다.

[그림 4]에 가장 기본적인 쓰기와 읽기 전송에 대한 타이밍도를 보였다. 타이밍도에서 나타낸 바와 같이, PSEL과 PENABLE의 관계는 미리 정해져 있고, 이 관계는 두 개 PCLK 주기 동안 이루어 진다. 이 사이에 읽기 또는 쓰기의 어드레스와 데이터가 전송된다. 따라서 APB 버스에 연결되어 동작할 블록은 일정한 시간 안에 응답이 가능해야 한다.

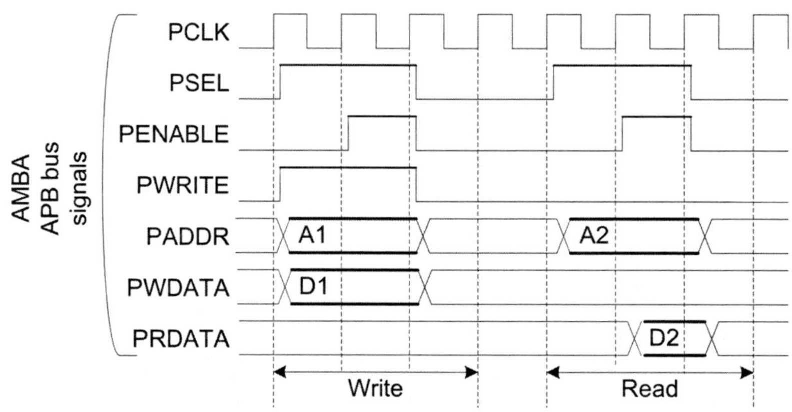

그림 4 AMBA APB 버스 타이밍 일례

2.4 ARM과 AMBA 버스를 이용한 시스템집적반도체의 일례

시스템집적반도체는 가능한 모든 기능 블록을 반도체 안에 집적하는 것이 목적이지만 메모리나 입출력 소자들은 외부에 있는 것으로 설계한다. 이때 반도체 안에 집적된 기능 블록으로는 [그림 5]와 같이 프로세싱 코어, 버스, 메모리 제어기, 입출력 블록의 제어기 등이 있다. 특히 RTOS(Real Time Operating System)가 수행되는데 필요한 PIC(Programmable Interrupt Controller)와 Timer 등과 같은 기능 블록은 포함하는 것이 일반적이다.

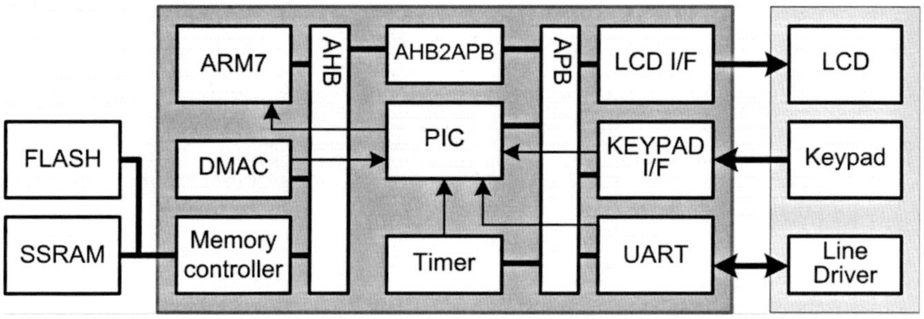

그림 5 ARM/AMBA 기반 시스템집적반도체의 일례

앞에서 설명한 바와 같이 고속으로 동작하고 데이터 전송 능력이 많이 요구되는 프로세서, DMAC, 메모리 제어기 등은 AHB에 연결하고, 상대적으로 늦거나 데이터 전송 요구가 작은 입출력 블록들은 APB에 연결하는 것이 일반적이다.

AMBA는 필요에 따라 AHB와 APB를 계층적으로 구성하여 버스충돌(bus contention)을 줄이는 것이 가능하다. 이때 버스 충돌이란 버스를 공유함으로써 생길 수 있는 현상으로 동일 버스에 동시에 요청되는 버스 전송은 순차적으로 해결되며 이로 인해 성능 저하가 초래 될 수 있는 현상을 말한다. 예로서 프로세서가 프로그램을 수행하는 데 참조하는 메모리 요청과 LCD가 프레임 메모리를 참조하는 요청은 매우 빈번하게 그리고 일정한 시간 안에 해결해야 되는 것이므로 이들을 분리된 버스에서 해결하도록 하는 등의 기법을 사용하기도 한다.

3 AMBA 버스 버전 2.0 예제: ex_amba

AMBA 버스 2.0은 AHB와 APB로 구성될 수 있지만, APB는 AHB-to-APB 버스 변환기로 구성하게 되므로 여기에서는 AMBA AHB 버스 시스템을 설계한다.

버스의 기능을 설명하기 위해 버스에 연결되어 버스를 사용할 기능블록들을 버스 마스터(bus master)와 버스 슬레이브(bus slave)로 구분한다. 버스 마스터는 버스 전송을 시작하는 기능블록이고, 버스 슬레이브는 버스에서 전달되는 버스전송을 처리하는 기능블록이다. 예로서, 프로세싱 코어가 버스 마스터의 일례가 되고, 메모리가 버스 슬레이브의 일례가 된다. DMAC는 버스 마스터와 버스 슬레이브 기능을 모두 갖는 경우가 된다.

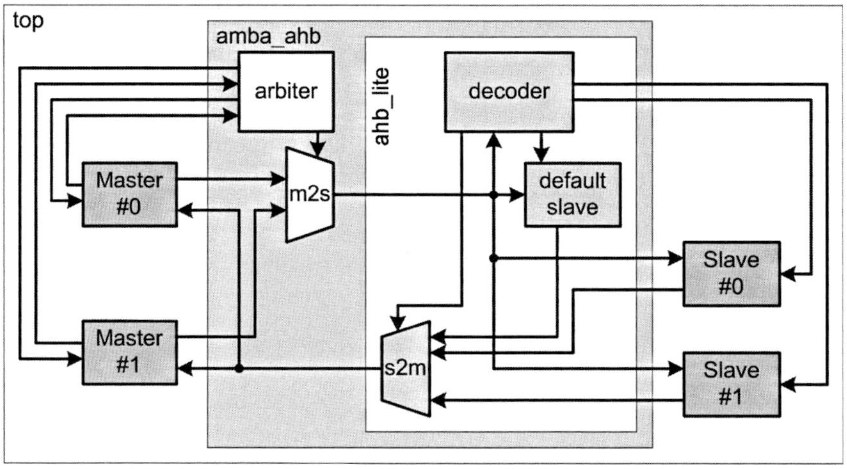

그림 6 AMBA AHB 버스 시스템의 일례

[그림 6]에 보인 바와 같이 AMBA AHB버스는 단순한 신호선만으로 구성되는 것이 아니고, 다음과 같은 기능블록으로 구성된다.

- Arbiter (버스 중재기): 여러 버스 마스터의 버스 사용 요청을 중재하는 기능 블록
- Decoder (버스 디코더): 버스 마스터에서 구동된 주소가 할당된 버스 슬레이브를 선택하는 기능블록
- Default slave: 버스 시스템에서 어디에도 할당되지 않은 주소에 대한 참조가 진행 될 때 그에 대한 버스 응답을 하는 기능블록
- M2S: 버스 중재기에 의해 선택된 버스 마스터에서 구동하는 버스 신호들을 선택하는 기능블록
- S2M: 버스 디코더에 의해 선택된 버스 슬레이브에서 구동하는 버스 신호들을 선택하는 기능블록

[그림 6]에서는 AMBA AHB 버스가 한 개인 경우이지만 필요에 따라서는 여러 개의 AMBA AHB 버스가 사용될 수 있다. 즉, 서로 연관관계가 적고, 독립적으로 동작하는 기능블록들을 다른 버스에 분할하면 버스 충돌이 크게 감소하여 전체 시스템의 성능을 개선할 수 있다. 예로서, 프로세싱 코어가 프로그램을 수행하기 위해 주로 참조하는 프로그램 메모리와 LCD(Liquid Crystal Display)가 일정 주기로 참조하는 프레임 메모리를 서로 다른 버스에 연결함으로써 프로그램 수행 시간을 크게 단축하고 동시에 LCD 출력을 원활하게 지원할 수 있게 된다.

3.1 예제의 디렉토리 구성과 주요 설계

AMBA 버스를 모델링하고 기능을 검증하는 데 다음과 같이 디렉토리를 구성한다. 여기서 설명할 예제는 '$PROJECT/ch2/ex_amba' 디렉토리에 있고, $PROJECT는 이 책에 포함된 CD의 내용 중 예제가 있는 디렉토리를 의미한다.

표 3 ex_amba 예제의 디렉토리 구성

디렉토리	파일	설명
bench	ahb_bfm.v	AHB 버스전송 타스크를 이용한 시험각본
	ahb_mem.v	AHB 인터페이스를 갖는 메모리 모델
	ahb_tasks.v	AHB 버스전송을 생성하는 타스크
	top.v	시뮬레이션을 위한 최상위 설계
design	ahb_arbiter.v	AHB 버스 중재기
	ahb_decoder.v	어드레스 디코더
	ahb_default_slave.v	디폴트 슬레이브
	ahb_m2s.v	마스터-슬레이브 멀티플렉스
	ahb_s2m.v	슬레이브-마스터 멀티플렉스
	ahb_to_apb.v	AHB-to-APB 버스 브리지
	amba_ahb.v	AMBA AHB 버스
	ahb_config.v	AHB 버스에서 사용할 어드레스 할당
	amba_define.v	AMBA 버스 관련 마크로 정의들
	ahb_lite.v	버스 마스터를 하나만 지원하는 AHB
	apb_config.v	APB 버스에서 사용할 어드레스 할당
sim	Clean.bat	시뮬레이션 과정에서 생성되는 부수적인 파일과 디렉토리를 지우는 DOS 스크립터
	modelsim.args	ModelSim으로 시뮬레이션 하기 위해 컴파일해야될 설계 파일과 선택자
	RunMe.bat	ModelSim으로 컴파일하고 시뮬레이션하는 DOS 스크립터

[프로그램 1]에 보인 최상위 모듈인 top은 AMBA 버스인 amba_ahb에 버스 마스터인 ahb_bfm과 버스 슬레이브인 ahb_mem을 여러 개 연결한다. 특히 'VCD' 마크로를 정의한 후, 컴파일하여 시뮬레이션하면 여러 신호선들의 변화를 신호파형으로 분석할 수 있는 VCD(Value Change Dump) 파일인 'wave.vcd'를 생성하도록 되어 있다.

프로그램 1: top.v의 일례

```
module top ;
   // 레지스터와 신호선 생략
   amba_ahb Uamba_ahb (
       // 포트 연결 생략
   );
   defparam Uahb_bfm0.START_ADDR=32' h0000_0000;
   defparam Uahb_bfm0.DEPTH_ADDR=32' h0000_0100;
   ahb_bfm #(32'h0, 32'h10) Uahb_bfm0 (
       // 포트 연결 생략
   );
   ahb_bfm #(32'h100_0000, 32'h10) Uahb_bfm1 (
       // 포트 연결 생략
   );
   ahb_mem #(32'h1000) Uahb_mem0 (
      // 포트 연결 생략
   );
   defparam Uahb_mem1.MEM_SIZE=32' h0000_1000;
   defparam Uahb_mem1.MEM_DELAY=2;
   ahb_mem Uahb_mem1 (
       // 포트 연결 생략
   );
ifdef VCD
   initial begin
      $dumpfile("wave.vcd");
      $dumpvars(1, HRESETn, HCLK);
      $dumpvars(1, M_HBUSREQ_0, M_HGRANT_0,
                  // 여러 신호선 생략
                  , M_HREADY);
      $dumpvars(1, HADDR, HWDATA, HTRANS, HSIZE,
                  // 여러 신호선 생략
                 );
   end
endif
endmodule
```

[프로그램 2]에 보인 바와 같이 amba_ahb는 내부에 ahb_lite를 사용한다. 이는 [그림 6]에서 예로 사용한 구조를 반영한 것이다.

프로그램 2: amba_ahb.v의 일례

```
module amba_ahb ( /* 입출력 포트 생략 */ );
  // 입출력 포트 정의 및 내부 신호선 생략
  ahb_arbiter Uahb_arbiter (
        // 포트 연결 생략
  );
  ahb_m2s Uahb_m2s (
        // 포트 연결 생략
  );
  ahb_lite Uahb_lite (
        // 포트 연결 생략
  );
endmodule
```

[프로그램 2]의 amba_ahb 내부에서 사용한 ahb_lite는 [프로그램 3]과 같이 어드레스 디코드(ahb_decoder)와 멀티플렉스(ahb_s2m) 그리고 디폴터슬레이브(ahb_default_slave)를 사용한다.

프로그램 3: amba_lite.v의 일례

```
module ahb_lite ( /* 입출력 포트 생략 */ );
  // 입출력 포트 정의 및 내부 신호선 생략
  ahb_decoder Uahb_decoder (
    // 포트 연결 생략
  );
  ahb_s2m Uahb_s2m (
    // 포트 연결 생략
  );
  ahb_default_slave Uahb_default_slave (
    // 포트 연결 생략
  );
endmodule
```

버스 마스터의 일례로 ahb_bfm을 사용하고 내부에서 버스 전송을 생성하기 위해 읽기와 쓰기 타스크를 사용하는데 이들 타스크는 ahb_tasks.v에서 정의되어 있다. 타스크에 대한 것은 '제4장 BFM을 이용한 설계자산의 기능검증'에서 상세하게 다룬다. [프로그램 4]에 보인 바와 같이 ahb_bfm은 3개의 파라메터(parameter)를 사용하여 시험할 주소 공간의 시작과 깊이 그리고 끝을 정의한다. 특히 끝 주소는 시작과 깊이 정보로부터 계산하여 사용한다. 따라서 [프로그램 1]에서와 같이 top에서 각 ahb_bfm에 두 개의 파라메터를 지정한다[4].

프로그램 4: ahb_bfm.v의 일례

```
module ahb_bfm ( /* 포트 생략 */ );
parameter START_ADDR=0;
parameter DEPTH_ADDR=32'h100;
parameter END_ADDR=START_ADDR+DEPTH_ADDR-1;
   // 상세한 부분은 모두 생략
endmodule
```

버스 슬레이브의 일례로 ahb_mem을 사용한다. [프로그램 5]에 보인 바와 같이 두 개의 파라메터로 메모리 공간의 크기와 응답시간을 정의하도록 하였고, 이것은 [프로그램 1]의 top에서 각 ahb_mem에 두 개의 파라메터를 지정한다.

프로그램 5: ahb_mem.v의 일례

```
parameter MEM_SIZE=32'h100,
            MEM_DELAY=1;
module ahb_mem ( /* 포트 정보 생략 */ );
   // 입출력 포트 및 상세한 부분 생략
endmodule
```

3.2 시뮬레이션

'sim' 디렉토리에 있는 'Clean.bat'를 두 번 클릭하여 수행시킴으로써 불필요한 디렉토리와 파일들을 제거한다. 'RunMe.bat'를 두 번 클릭하여 수행시킴으로써 ModelSim HDL 시뮬레이터를 수행시킨다. 'RunMe.bat'는 DOS Batch 스크립터이다. [프로그램 6]에 그 일례를 보였다. ModelSim[8]은 Mentor Graphics사에서 공급하는 HDL 시뮬레이터인데, 여기에서는 무료로 사용할 수 있는 ModelSim XE[5]를 활용한다.

4 'defparam' 을 이용하여 개별적으로 파라메터 값을 지정하는 방법(parameter value assignment by name)과 순서에 따라 파라메터 값을 지정하는 방법(parameter value assignment by ordered list)이 있다.

5 ModelSim XE에 대한 내용은 CD에 수록된 부록에서 상세하게 설명한다.

프로그램 6: 시뮬레이션 스크립터

```
@ECHO OFF
SET MODELSIMWORK=work_mti
SET MODELSIMVLIB=vlib
SET MODELSIMVSIM=vsim
SET MODELSIMVCOM=vcom
SET MODELSIMVLOG=vlog
SET DESIGNTOP=%MODELSIMWORK%.top
%MODELSIMVLIB% %MODELSIMWORK%
%MODELSIMVLOG% -work %MODELSIMWORK% -f modelsim.args
%MODELSIMVSIM% -c -do "run -all; quit" %DESIGNTOP%
PAUSE
```

[프로그램 6]의 아래서 3번째 줄에서 '-f modelsim.args'는 'modelsim.args'라는 파일에 컴파일할 때 사용할 선택자와 설계 파일이 있음을 지정하는 것으로 내용의 상세한 의미는 참고자료[8]를 참고한다. 'modelsim.args' 파일에 '+define+AHB_CONFIG=\"ahb_config.v\"'가 있는데 이것은 AHB 버스에 연결된 각 슬레이브 포트에 할당되는 주소공간 할당 정보가 담긴 파일을 지정하는 것으로 'ahb_decoder' 모듈을 인스탄스하는 'ahb_lite.v'에서 사용한다. 'modelsim.args' 파일에 '+define+VCD'가 있다면 시뮬레이션 결과로 'wave.vcd'가 생성되고, 이것은 VCD 신호파형 출력 프로그램으로 신호파형으로 볼 수 있다.

4 종 합

시스템집적반도체의 주요 특징이 내부에 프로세싱 코어를 갖는다는 것이며, 이러한 프로세싱 코어로 많이 채택되는 것이 ARM이다. ARM 프로세싱 코어는 AMBA 버스를 통해 다른 하드웨어 블록과 연결된다. ARM 프로세싱 코어는 그 구성에 따라 매우 다양한 종류가 있지만 프로그래밍 측면에서 내부에 16개의 레지스터와 1개의 프로그램 상태 레지스터가 사용된다. AMBA 버스도 여러 버전이 있지만 버전 2.0의 경우 AHB와 APB로 구성되고 32-비트 어드레스 버스와 읽기와 쓰기용으로 분리된 32-비트 데이터 버스 그리고 각종 전송정보를 전달하는 버스로 구분된다.

여기에서는 AMBA 버스 버전 2.0의 AHB 버스 시스템을 Verilog로 구성하고 가상적인 버스 마스터와 버스 슬레이브를 연결하여 시뮬레이션해 보았다.

5 연습문제

1. 시스템집적반도체에 주로 채택되는 프로세싱 코어는 ARM이외에도 많이 있으므로, 다른 종류의 프로세싱 코어들에 대해 조사하여 발표해 본다. 예로서, 참고자료 [9]의 내용을 정리하여 발표해 본다. 이때 프로세싱 코어들을 비교하는 항목이 어떤 것이 있으며 이들 항목이 어떤 의미가 있는지 토론해 본다.
2. 시스템집적반도체에 사용하기 위해 개발되고 제안된 다양한 버스들이 있다. 다른 종류의 On-Chip-Bus에 대해 조사하여 발표해 본다. 예로서, 참고자료 [10]의 내용을 정리하여 발표해 본다. 이때 버스들을 비교하는 항목이 어떤 것이 있으며 이들 항목이 어떤 의미가 있는지 토론해 본다.
3. ARM 프로세싱 코어는 RISC 특성을 갖는다고 설명하였다. RISC와 CISC를 비교하여 설명해 보고, RISC의 특징으로 어떤 것이 있는지 설명해 본다.
4. AMBA 버스 전송 규약 중, 전송의 길이와 방법을 정의하는 HBURST가 있고, 여기에는 INCR, INCR4, INCR8, INCR16, WRAP4, WRAP8, WRAP16 등이 있다. 이들의 버스 동작을 [그림 3]과 같은 형태의 타이밍도로 표현해 보고, 그 응용에 대해 설명해 본다.
5. AMBA AHB 신호 중, HPROT[3:0]가 있다. 이 신호선을 통해 전달되는 정보의 의미와 그 용법에 대해 설명해 본다.
6. AMBA 버스는 버스 마스터와 버스 슬레이브들이 서로 정보를 주고받는 통로이다. 버스 슬레이브의 동작이 버스 마스터의 동작보다 늦는 경우, 어떤 방법으로 서로의 동작 속도를 조절하는지 설명해 본다. 그 역으로 버스 마스터의 동작이 버스 슬레이브의 동작보다 늦는 경우에 대해서도 설명해 본다.
7. 본문에서 다른 AMBA 버스 예제인 'ex_amba'는 AHB 만을 사용하였다. 여기에 APB 버스를 추가하여 AMBA 버스 시스템을 구성하고 시뮬레이션 해 본다.
8. 본문에서 다른 AMBA 버스 예제인 'ex_amba'에서 사용한 'ahb_mem'에는 HREADY를 출력과 입력으로 모두 사용한다. 왜 입력이 필요한지 그 이유를 설명해 본다.

6 참고자료

[1] Steve Furber, ARM System-on-chip architecture, Chapter 2 The ARM Architecture, Addison-Wesley, 2000.

[2] Steve Furber, ARM System-on-chip architecture, Chapter 7 The Thumb Instruction Set, Addison-Wesley, 2000.

[3] David Seal, ARM Architecture Reference Manual, Addison-Wesley, 2000.

[4] A. N. Sloss, D. Symes, and C. Wright, ARM System Developer's Guide, Morgan Kaufmann, 2004.

[5] AMBA Specification, Rev 2.0, ARM Limited.

[6] AMBA AXI Protocol Specification, ARM Limited, 2004.

[7] AHB-Lite Overview, ARM Limited, 2001.

[8] ModelSim User's Manual, Model Technology (www.model.com).

[9] Daniel Mattsson and Marcus Christensson, Evaluation of Synthesizable CPU Cores, Master's Thesis, Department of Computer Engineering, Chalmers University of Technology, 2004.

[10] Patrick Pelgrims, Tom Tierens and Dries Driessens, Overview - AMBA, AVALON, CORECONNECT, WISHBONE, Version 1.1, De Nayer Institute, 2003.

CHAPTER

04

BFM을 이용한 설계자산의 기능검증[1]

시스템집적반도체에 사용할 설계자산의 경우, 버스 또는 칩내부네트워크를 통해 프로세싱 코어와 연결되고, 프로세싱 코어에서 수행되는 프로그램의 제어를 받는 것이 일반적이므로 이러한 것을 반영한 기능 검증 환경과 방법이 필요하다. 본 장에서는 버스기능모델을 이용한 방법에 대해 설명한다.

[1] Functional verification of IP using BFM

1 서 론

시스템집적반도체는 하나이상의 프로세싱코어와 여러 기능블록들이 통합된 구성을 갖는다. 이들을 연결하기 위한 내부 네트워크가 필요하며 보통의 경우 버스를 사용한다. 대부분의 시스템집적반도체를 고려하여 설계되는 설계자산은 버스에 연결되어 동작할 것이며 구현된 기능도 버스를 통해 제어될 것이다. 따라서 시스템집적반도체에 사용할 것을 전제로 설계자산의 기능을 검증하기 위해서는 특정 버스에 연결된 상태에서 정확하게 동작하는지 검증하는 것이 매우 중요하다. 여기에서는 프로세싱 코어가 없는 상태에서 버스에 연결된 설계자산의 기능을 검증하는 데 반드시 사용하게 되는 버스기능모델에 대해 설명하고 구현 예를 통해 자세하게 살펴본다.

2 BFM의 구분

BFM(Bus Functional Model, 버스기능모델) 또는 BIM(Bus Interface Module, 버스 인터페이스 모듈)은 버스에 연결되어 버스규약(bus protocol)에 맞도록 버스전송(bus transaction)을 생성하는 기능블록이다. BFM을 구동하는 방식에 따라 [그림 1]과 같이 구분이 가능하다.

- 첫 번째 방법(Task-based BFM)은 HDL로 준비된 버스전송 타스크를 HDL에서 호출하여 사용하므로, 모든 것이 HDL로 구성이 가능하다. 즉, 읽기 타스크와 쓰기 타스크를 적절하게 조합하여 필요한 시험각본(testing scenario)을 만들어 사용한다.
- 두 번째 방법(File-driven BFM)은 읽기 타스크와 쓰기 타스크를 호출하는 조합을 파일로 구성하고 이것을 통해 시험각본을 만든다. 이 경우, 파일에는 읽기와 쓰기 그리고 예상결과값을 같이 기록하여 시험결과를 바로 확인할 수 있도록 하는 것이 일반적이다.
- 세 번째 방법(Native-code driven BFM)은 C 프로그램으로 시험각본을 만들고, 이것을 C 컴파일러로 컴파일하여 HDL 시뮬레이터와 연동하는 방법이다. 이 경우, C 프로그램과 HDL 시뮬레이터를 연동하기 위한 특별한 인터페이스를 사용

하게 된다. 예로서, HDL 시뮬레이터가 Verilog HDL인 경우는 PLI 또는 VPI[1]를 사용하고, VHDL[2]인 경우는 FLI를 사용한다.

- 네 번째 방법(ISS-driven BFM)은 구현할 시스템에서 사용할 프로세서를 대신하는 ISS(Instruction Set Simulator; 명령어집합시뮬레이터)를 이용하는 것으로 시험각본은 C 프로그램으로 만들고 이것을 크로스 컴파일(cross compiler)하여 사용한다.

Task-based BFM과 file-drive BFM은 HDL만으로 구성이 가능하므로, HDL의 병렬성 모델링 기능을 사용할 수 있다는 장점이 있지만, 하드웨어 중심의 기능검증에 주로 사용되고 소프트웨어 중심의 기능검증에 사용하기 어렵다는 단점이 있다.

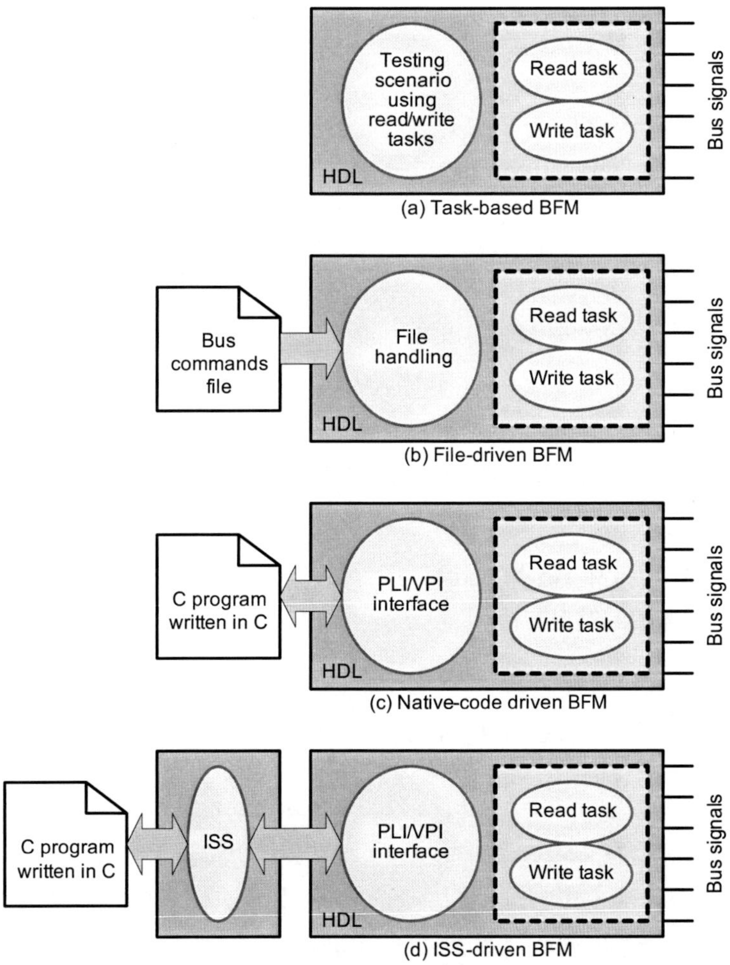

그림 1 BFM의 구동 방법에 따른 구분

Native-code driven BFM과 ISS-driven BFM은 HDL 시뮬레이터와 C 프로그램이 독립적으로 실행되므로, 두 개 프로그램이 연동하기 위해 IPC(Inter-Process Communication, 프로세스간 통신) 채널을 사용하는 것이 일반적이다. 또한 C 프로그램을 컴파일하는 과정과 PLI/VPI/FLI 등과 같은 매우 까다로운 인터페이스 프로그래밍이 필요하다는 어려움이 있다.

여기에서는 'Task-based BFM', 'File-driven BFM' 그리고 'Native-code driven BFM'을 예를 통해 살펴본다. 'ISS-driven BFM'은 '제7장 HW/SW 통합시뮬레이션'에서 상세하게 살펴본다.

3 Task-based BFM

Verilog HDL의 타스크(task)[3]를 이용하여 BFM을 만들어 본다. Verilog HDL의 타스크는 반복적으로 사용되는 기능을 서브루틴 같이 만들어 필요한 경우 호출하여 사용하는 것으로 이해 할 수 있다.

특정 버스의 BFM을 설계하려면 해당 버스의 기능을 정확하게 이해하고 어떤 버스 전송이 필요한지 구분해야 된다. AMBA 버스의 경우, 버스 전송은 읽기(read)와 쓰기(write)로 구분이 가능하고, 각각은 단일전송(single transfer)과 연속전송(burst transfer)로 구분이 된다. 이때 단일전송은 특정 주소에 데이터를 읽거나 쓰는 것이고, 연속전송은 특정 주소에서 시작하여 연속된 주소로 데이터를 쓰거나 읽는 것이다. 여기에서는 단일전송만을 고려한다. AMBA 버스에 대한 상세한 것은 '제3장 ARM 프로세싱 코어와 AMBA 버스'를 참고한다.

3.1 읽기 타스크와 쓰기 타스크

[그림 1.a]에 보인 바와 같이 읽기 타스크(read task)와 쓰기 타스크(write task)가 준비되고, 이들은 AMBA AHB 버스의 신호들을 버스규약에 맞도록 구동하여 버스 전송을 생성한다. BFM의 상위수준에서는 읽기 타스크와 쓰기 타스크를 조합하여 복잡한 시험각본을 만들게 되고, 이 시험각본은 버스에 연결된 설계자산의 기능을 시험한다.

[프로그램 1]에 AMBA AHB 버스용 읽기 타스크의 일례를 보였다. 읽기 타스크는 주소(address)와 크기(size)를 입력으로 받고, 데이터(data)를 출력으로 하여, AMBA AHB 버스규약에 따라 읽기전송을 수행한다. 여기서 크기(size)는 데이터(data)로 받을 정보의 바이트 개수다. 동작은 HCLK의 상승모서리를 기다리고, HCLK의 상승모서리에서 HBUSREQ를 구동하여 중재를 요청한다. HCLK 상승모서리마다 HGRANT를 확인한다. HGRANT가 구동되면 HCLK의 상승모서리에서 주소전송 단계에 필요한 신호선들을 구동하고, HREADY신호가 1이 될 때까지 기다린 후[2], HREADY 신호가 1이 되면, 앞서 구동했던 신호들을 모두 걷어 내고, HREADY 신호가 1이 될 때까지 기다리고, HREADY 신호가 1이 되면 HRDATA 신호선에서 정보를 받아 읽기 타스크를 호출한 상위 수준으로 데이터(data)를 전달한다.

프로그램 1: 읽기 타스크의 일례

```
task ahb_read;
  input  [31:0] address;
  input  [2:0]  size;
  output [31:0] data;
  begin
      @ (posedge HCLK);
      HBUSREQ <= #1 1'b1;
      @ (posedge HCLK);
      while ((HGRANT!==1'b1)||(HREADY!==1' b1)) @ (posedge HCLK);
      HBUSREQ <= #1 1'b0;
      HSEL    <= #1 1'b1;
      HADDR   <= #1 address;
      HPROT   <= #1 4'b0001; // HPROT_DATA
      HTRANS  <= #1 2'b10;   // HTRANS_NONSEQ;
      HBURST  <= #1 3'b000;  // HBURST_SINGLE;
      HWRITE  <= #1 1'b0;    // HWRITE_READ;
      case (size)
      1:  HSIZE <= #1 3'b000; // HSIZE_BYTE;
      2:  HSIZE <= #1 3'b001; // HSIZE_HWORD;
      4:  HSIZE <= #1 3'b010; // HSIZE_WORD;
      default: $display($time,, "ERROR: unsupported transfer size: %d-byte", size);
      endcase
      @ (posedge HCLK);
      while (HREADY!==1'b1) @ (posedge HCLK);
      HSEL   <= #1 1'b0;
```

[2] 주소와 제어정보를 구동하고 HREADY가 1이 될 때까지 기다리는 것은 이전 전송이 마무리 될 때까지 기다린다는 의미이다.

```
            HADDR  <= #1 32'b0;
            HPROT   <= #1 4'b0000; // HPROT_OPCODE
            HTRANS <= #1 2'b0;
            HBURST <= #1 3'b0;
            HWRITE <= #1 1'b0;
            HSIZE   <= #1 3'b0;
            @ (posedge HCLK);
            while (HREADY===0) @ (posedge HCLK);
            data = HRDATA; // must be blocking
            if (HRESP!=2'b00) //if (HRESP!= HRESP_OKAY)
                $display($time,, "ERROR: non OK response for read");
            @ (posedge HCLK);
        end
    endtask
```

[프로그램 2]에 AMBA AHB 버스용 쓰기 타스크의 일례를 보였다. 쓰기 타스크는 주소(address)와 크기(size) 그리고 데이터(data)를 입력으로 하여, AMBA AHB 버스규약에 따라 쓰기전송을 수행한다. 여기서 크기(size)는 데이터(data)로 전달되는 정보의 바이트 개수다. 동작은 HCLK의 상승모서리를 기다리고, HCLK의 상승모서리에서 HBUSREQ를 구동하여 중재를 요청한다. HCLK 상승모서리마다 HGRANT를 확인한다. HGRANT가 구동되면 HCLK의 상승모서리에서 주소 전송 단계에 필요한 신호선들을 구동하고, HREADY신호가 1이 될 때까지 기다린 후, HREADY 신호가 1이 되면, 앞서 구동했던 신호들을 모두 걷어 내고 동시에 HWDATA에 데이터(data)로 받은 정보를 구동하고, HREADY 신호가 1이 될 때까지 기다리고, HREADY 신호가 1이 되면 HWDATA 의 신호를 걷어 낸다.

프로그램 2: 쓰기 타스크의 일례

```
    task ahb_write;
        input  [31:0] address;
        input  [2:0]  size;
        input  [31:0] data;
        begin
            @ (posedge HCLK);
            HBUSREQ <= #1 1;
            @ (posedge HCLK);
            while ((HGRANT!==1'b1)||(HREADY!==1' b1)) @ (posedge HCLK);
            HBUSREQ <= #1 1'b0;
            HSEL        <= #1 1'b1;
            HADDR     <= #1 address;
```

```
            HPROT    <= #1 4'b0001; // HPROT_DATA
            HTRANS   <= #1 2'b10;   // HTRANS_NONSEQ;
            HBURST   <= #1 3'b000; // HBURST_SINGLE;
            HWRITE   <= #1 1'b1;    // HWRITE_WRITE;
            case (size)
            1:  HSIZE <= #1 3'b000; // HSIZE_BYTE;
            2:  HSIZE <= #1 3'b001; // HSIZE_HWORD;
            4:  HSIZE <= #1 3'b010; // HSIZE_WORD;
            default: $display($time,, "ERROR: unsupported transfer size: %d-byte", size);
            endcase
            @ (posedge HCLK);
            while (HREADY!==1) @ (posedge HCLK);
            HSEL     <= #1 1'b0;
            HADDR   <= #1 32'h0;
            HPROT   <= #1 4'b0000; // HPROT_OPCODE
            HTRANS <= #1 2'b0;
            HBURST <= #1 3'b0;
            HWRITE <= #1 1'b0;
            HSIZE   <= #1 3'b0;
            HWDATA <= #1 data;
            @ (posedge HCLK);
            while (HREADY===0) @ (posedge HCLK);
            if (HRESP!=2'b00) //if (HRESP!= HRESP_OKAY)
                $display($time,, "ERROR: non OK response write");
            HWDATA <= #1  32'h0;
            @ (posedge HCLK);
        end
    endtask
```

3.2 메모리 인터페이스 시험 예제: ex_bfm_task_ssram

[그림 2]에 앞서 설명한 task-based BFM을 이용하여 SSRAM(Synchronous SRAM)용 인터페이스 블록을 시험하는 구성을 보였다. SSRAM은 클럭에 동기되어 동작하는 동기식 메모리이며 독자적인 인터페이스 규약(SSRAM specific protocol)을 갖고 있다. 따라서 이것을 AMBA AHB에 연결하여 사용하려면 AMBA AHB 버스인터페이스(SSRAM Interface)가 필요하며, 여기서는 이 인터페이스의 기능을 검증하는 예제를 통해 BFM을 어떻게 사용하는지 설명한다.

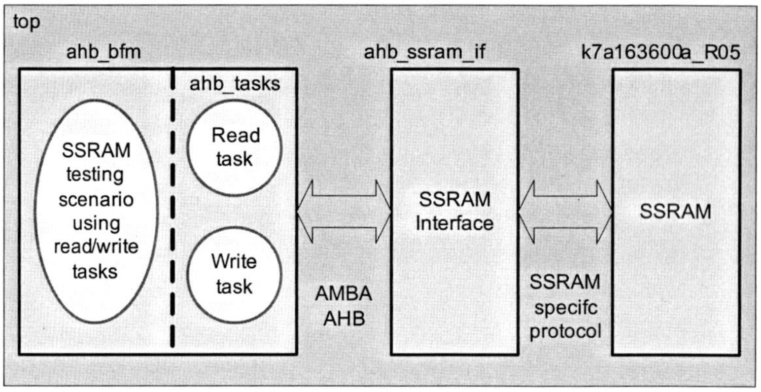

그림 2 Task-based BFM을 이용한 메모리 시험 예제의 구성

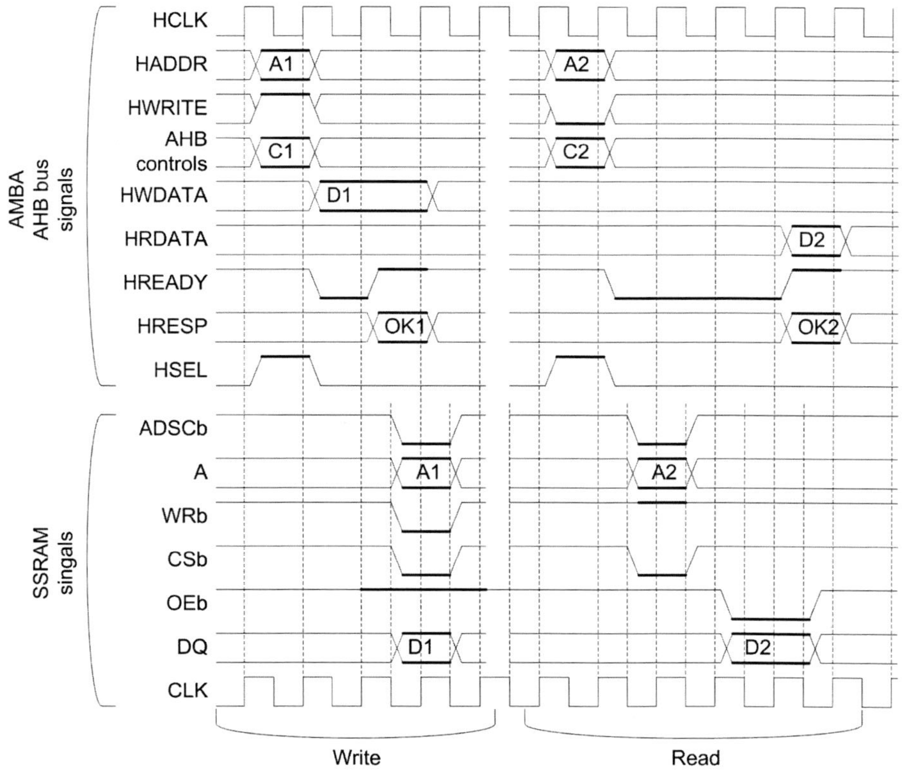

그림 3 AMBA AHB와 SSRAM의 동작 타이밍도

[그림 3]에 SSRAM 인터페이스 양쪽의 동작 타이밍을 보였다. 위쪽 반은 AMBA AHB 버스규약에 따라 SSRAM 참조 요청이 전달되는 과정을 보였고, 아래쪽 반은

SSRAM의 인터페이스 규약으로 동작하는 과정을 보였다. SSRAM에 관한 상세한 것은 참고자료 [4]를 참고한다. 당연히 AMBA AHB 읽기전송은 SSRAM의 내용을 읽는 것이고, AMBA AHB 쓰기전송은 SSRAM에 내용을 쓰는 것이다. 여기에서는 SSRAM 인터페이스의 설계에 관심이 있는 것이 아니므로, BFM을 통해 SSRAM 인터페이스의 기능을 시험하는 것에 대해 설명한다.

SSRAM 소자의 기능은 정보를 저장하는 것이므로, BFM을 통해 읽기와 쓰기를 잘 조합하여 복잡한 시험각본을 만들고, 이것을 SSRAM 인터페이스가 잘 처리하는지 확인하는 방법을 사용한다. 이때 AMBA AHB 버스규약이 제대로 지켜졌는지도 중요하지만, 근본적으로 SSRAM 메모리에 정보가 잘 쓰이고 정확하게 읽히는지가 더욱 중요하다. 이를 위해서는 시험각본을 매우 철저하게 구상해야 될 것이고 이를 위해서는 사전에 어떤 시험을 할 것인지 계획을 세워야 한다. 예를 들면, SSRAM에 할당된 모든 주소 공간에 쓰기와 읽기가 정확하게 동작하는지, 데이터 버스의 전체(32-bit)와 부분 참조(partial access[3])로 쓰기와 읽기가 정확하게 동작하는지 등을 점검해야 되며, 일정한 데이터 패턴에 대해 읽기와 쓰기가 정확하게 동작하는지, 무작위로 생성한 데이터에 대해서도 읽기와 쓰기가 정확하게 동작하는지 등도 시험해야 될 것이다. 즉, '제2장 시스템집적반도체용 설계자산의 설계와 기능검증'에서 정리한 다양한 시험을 고려해야 될 것이다.

3.3 디렉토리의 구성과 주요 설계

Task-based BFM을 이용한 SSRAM 기능검증에 다음과 같이 디렉토리를 구성한다. 이 예제는 '$PROJECT/ch04/ex_bfm_task_ssram'에 있다.

표 1 ex_bfm_task_ssram의 디렉토리 구성

디렉토리	파일	설명
ahb_bfm	ahb_bfm.v	AHB 버스전송 타스크를 이용한 시험각본
	ahb_tasks.v	AHB 버스전송을 생성하는 타스크
ahb_ssram_if	ahb_ssram_if.v	AHB 버스와 SSRAM을 연동하는 인터페이스 설계
	amba_define.v	AHB 버스규약에 정의된 여러 마크로 정의
bench	top.v	시뮬레이션을 위한 최상위 설계

3 부분참조(partial access): 32 비트 데이터 폭을 갖는 버스를 통해 8 비트(바이트), 16 비트 등을 참조하는 경우.

sim	Clean.bat	시뮬레이션 과정에서 생성되는 부수적인 파일과 디렉토리를 지우는 DOS 스크립터
	modelsim.args	ModelSim으로 시뮬레이션 하기 위해 컴파일해야될 설계 파일과 선택자
	RunMe.bat	ModelSim으로 컴파일하고 시뮬레이션하는 DOS 스크립터
ssram	k7a163600a_R05.v	SSRAM으로 사용할 소자의 모델

'ahb_tasks.v'는 앞 절의 [프로그램 1]과 [프로그램 2]에서 설명한 버스전송 타스크를 모은 것이다. [프로그램 3]에 버스전송 타스크를 이용하여 시험각본을 만든 'ahb_bfm.v'의 예를 보였다. 'ahb_bfm' 모듈은 'memory_test(…)'라는 상위 타스크를 만들고, 'memory_test(…)' 타스크에서는 'ahb_read(…)'와 'ahb_write()' 타스크를 사용하여 다양하고 복잡한 시험각본을 만든다. 'memory_test(…)' 타스크는 세 개(시작주소, 끝주소, 그리고 한번에 참조할 바이트 수) 정보를 입력으로 받는다. 'align(…)' 타스크는 AMBA AHB 버스가 비정렬형(non-justified)이므로 주소와 참조 데이터 크기에 따라 어느 데이터 버스 바이트를 사용할 것인지 결정하고 그에 따라 데이터 위치를 조정한다.

프로그램 3: Task-based BFM 기능으로 시험각본을 만든 일례

```
module ahb_bfm ( … 상세한 포트 정보는 생략 … );
   … 상세한 포트 정보는 생략 …
   initial begin
        … …
        while  (HRESETn==1'b1) @ (posedge HCLK);
        while  (HRESETn==1'b0) @ (posedge HCLK);
        repeat (3) @ (posedge HCLK);
        memory_test(START_ADDR, END_ADDR, 1); // (start, finish, size);
        memory_test(START_ADDR, END_ADDR, 2);
        memory_test(START_ADDR, END_ADDR, 4);
        repeat (5) @ (posedge HCLK);
        $finish(2);
   end
   // Test scenario comes here.
   task memory_test;
         input [31:0] start;  // start address
         input [31:0] finish; // end address
         input [2:0]  size;   // data size: 1, 2, 4
         … …
         begin
             … …
```

```
            gen = $random(7);
            for (i=start; i<((finish-size+1); i=i+size) begin
                gen = $random&~32'b0;
                data = align(i, gen, size);
                ahb_write(i, size, data);
                ahb_read(i, size, got);
                ... ...
            end
            ... ...
        end
    endtask
... ...
endmodule
```

[프로그램 3]에서 사용자가 정의한 'abh_read()/ahb_write()' 타스크와 더불어 '$finish()'와 '$random()'과 같은 Verilog HDL 시스템 타스크(system task)[5]도 사용하였다. '$random()[4]'은 난수를 생성하는 것이고, '$finish()'는 시뮬레이션을 종료하는 것이며, 이들은 Verilog HDL의 표준에 정의된 시스템 타스크이다.

3.4 시뮬레이션을 통한 기능검증

'sim' 디렉토리에 있는 'Clean.bat'를 두 번 클릭하여 수행시킴으로써 불필요한 디렉토리와 파일들을 제거한다. 'RunMe.bat'를 두 번 클릭하여 수행시킴으로써 ModelSim HDL 시뮬레이터를 수행시킨다. 'RunMe.bat'는 DOS Batch 스크립터이며 [프로그램 4]에 그 예를 보였다.

프로그램 4: 시뮬레이션 스크립터

```
@ECHO OFF
SET MODELSIMWORK=work_mti
SET MODELSIMVLIB=vlib
SET MODELSIMVSIM=vsim
SET MODELSIMVCOM=vcom
SET MODELSIMVLOG=vlog
SET DESIGNTOP=%MODELSIMWORK%.top
%MODELSIMVLIB% %MODELSIMWORK%
%MODELSIMVLOG% -work %MODELSIMWORK% -f modelsim.args
```

4 Verilog 시스템 타스크인 $random()은 뒤에 괄호가 있는 경우, 인자의 유무에 관계없이 난수를 초기화한다. 따라서 괄호가 있는 경우와 없는 경우는 구별해서 사용해야 된다.

```
%MODELSIMVSIM% -c -do "run -all; quit" %DESIGNTOP%
PAUSE
```

ModelSim은 Mentor Graphics사에서 공급하는 HDL 시뮬레이터인데, 여기에서는 무료로 사용할 수 있는 ModelSim XE를 활용한다. ModelSim의 일반적인 사용법은 참고자료 [7]를, GUI를 이용한 사용법은 참고자료 [8]을, 스크립터에서 사용한 명령어 중심의 사용법은 참고자료 [9]를 참고한다.

'RunMe.bat'를 통해 시뮬레이션 하면 [그림 4]와 같은 결과가 출력된다. 앞서 설명한 ahb_bfm 모듈에서 사용한 memory_task() 타스크는 읽고 쓰기 전송을 통해 메모리의 내용을 자동으로 점검한다. 예로서, 특정 주소부터 일정부분까지 쓰기를 한 후, 같은 곳을 읽어서 값이 같은지 확인한다.

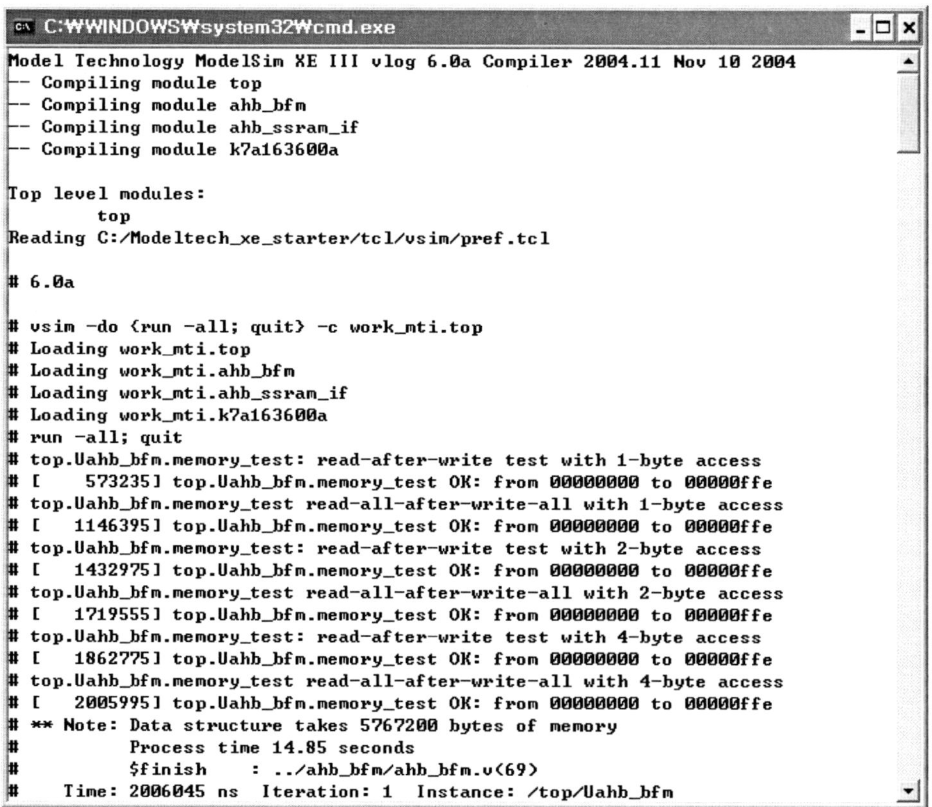

```
C:\WINDOWS\system32\cmd.exe
Model Technology ModelSim XE III vlog 6.0a Compiler 2004.11 Nov 10 2004
-- Compiling module top
-- Compiling module ahb_bfm
-- Compiling module ahb_ssram_if
-- Compiling module k7a163600a

Top level modules:
        top
Reading C:/Modeltech_xe_starter/tcl/vsim/pref.tcl

# 6.0a

# vsim -do {run -all; quit} -c work_mti.top
# Loading work_mti.top
# Loading work_mti.ahb_bfm
# Loading work_mti.ahb_ssram_if
# Loading work_mti.k7a163600a
# run -all; quit
# top.Uahb_bfm.memory_test: read-after-write test with 1-byte access
# [     573235] top.Uahb_bfm.memory_test OK: from 00000000 to 00000ffe
# top.Uahb_bfm.memory_test read-all-after-write-all with 1-byte access
# [    1146395] top.Uahb_bfm.memory_test OK: from 00000000 to 00000ffe
# top.Uahb_bfm.memory_test: read-after-write test with 2-byte access
# [    1432975] top.Uahb_bfm.memory_test OK: from 00000000 to 00000ffe
# top.Uahb_bfm.memory_test read-all-after-write-all with 2-byte access
# [    1719555] top.Uahb_bfm.memory_test OK: from 00000000 to 00000ffe
# top.Uahb_bfm.memory_test: read-after-write test with 4-byte access
# [    1862775] top.Uahb_bfm.memory_test OK: from 00000000 to 00000ffe
# top.Uahb_bfm.memory_test read-all-after-write-all with 4-byte access
# [    2005995] top.Uahb_bfm.memory_test OK: from 00000000 to 00000ffe
# ** Note: Data structure takes 5767200 bytes of memory
#          Process time 14.85 seconds
#          $finish    : ../ahb_bfm/ahb_bfm.v(69)
#    Time: 2006045 ns  Iteration: 1  Instance: /top/Uahb_bfm
```

그림 4 시뮬레이션 결과의 일례

'bench' 디렉토리에 있는 'top.v'에 'VCD'라는 마크로의 정의 여부에 따라

VCD[10] 형식으로 시뮬레이션 결과가 저장되도록 프로그램 되어 있다. 시뮬레이션이 끝나고 생성된 "wave.vcd" 파일을 VCD 신호파형 출력 프로그램으로 모니터에 출력해 볼 수 있다. [그림 5]에 GTKWave[5]로 VCD 신호파형을 출력한 예를 보였다. [그림 5]의 결과로 [그림 3]에서 설명한 SSRAM 인터페이스의 동작을 확인할 수 있다.

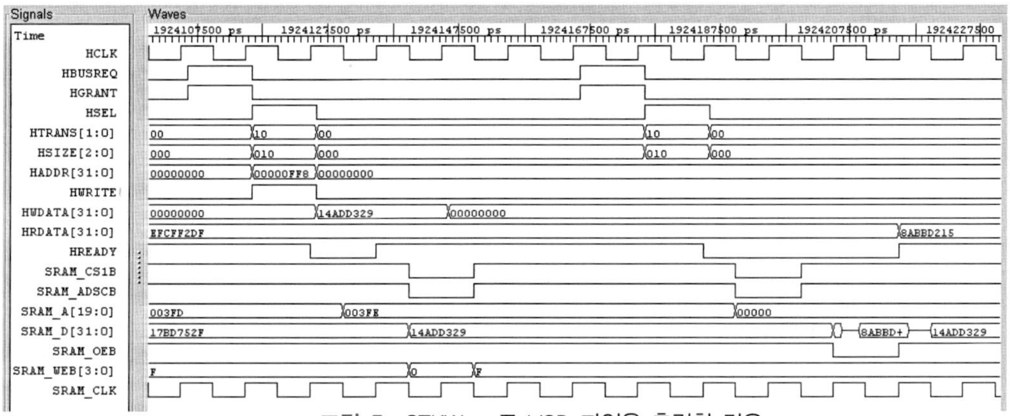

그림 5 GTKWave로 VCD 파일을 출력한 경우

[그림 5]와 같이 신호파형으로 시뮬레이션의 결과를 검증하는 것이 반드시 필요하다. 그러나 살펴보아야 할 신호의 수가 많아지고, 각 버스에 실리는 정보가 중요한 의미를 갖고, 시험해야 될 경우의 수가 많은 경우, 단순하게 신호파형으로 기능을 검증하는 것은 현실적으로 불가능할 수 있다. 따라서 [그림 4]에서와 같이 시뮬레이션이 진행되면서 시뮬레이션의 결과를 자동으로 점검하도록 하는 것이 매우 중요하다.

4 File-driven BFM

Verilog HDL은 호스트 컴퓨터의 파일을 참조할 수 있는 시스템 타스크[5]들이 있다. 이러한 파일 참조 시스템 타스크를 이용하여 시험각본을 미리 파일로 준비하여 사용할 수도 있다. 대표적인 것이 $fopen(), $fscanf(), $sscanf() 등이며, 여기서는

5 http://www.geocities.com/SiliconValley/Campus/3216/GTKWave/gtkwave-win32.html

앞서 살펴본 SSRAM 시험 환경을 $fopen()과 $fscanf()[6]를 이용하여 구성해 본다.

4.1 메모리 인터페이스 시험 예제: ex_bfm_file_ssram

[그림 6]은 버스 전송 명령어를 조합한 시험각본을 파일에 구성하고 이것으로 시험 대상인 SSRAM을 시험하는 환경이다. 이것은 [그림 2]에서 설명한 시험 환경과 대부분 동일하게 구성한 것이므로 기본적인 동작에 관한 것은 앞 예제를 참고한다. 여기서는 파일로 BFM을 구동하는 것에 초점을 맞추어 설명한다.

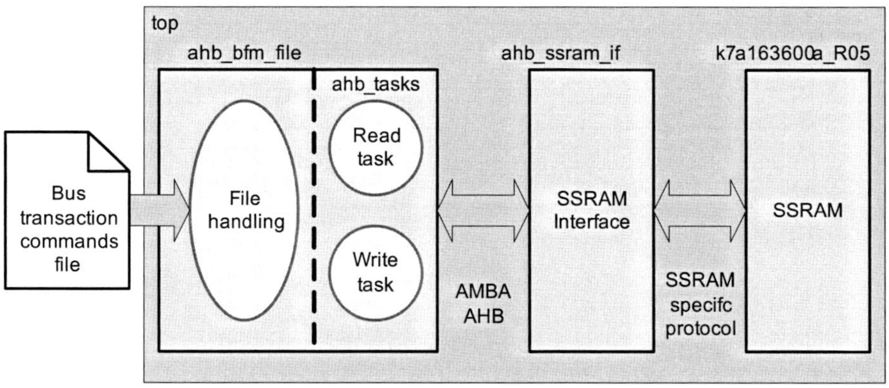

그림 6 File-driven BFM을 이용한 메모리 시험 예제의 구성

[그림 6]에서 왼쪽의 '버스 전송 명령어 파일'의 구성은 미리 정하는 것으로 여기서는 다음과 같이 4개 필드로 구성되는 것을 가정한다.

- 읽기 또는 쓰기 구분: 'r' 또는 'R' 이면 읽기, 'w' 또는 'W'이면 쓰기
- 전송될 데이터의 크기: 읽거나 쓸 정보의 바이트 개수로서 1, 2, 4 중 하나를 사용
- 주소: 읽거나 쓸 정보의 주소로서 '0x'를 사용하지 않는 16진수 값을 사용
- 데이터: 읽기의 경우는 기대 값이고, 쓰기의 경우는 쓸 정보로서 '0x'를 사용하지 않는 16진수 값을 사용하며, LSB(Least Significant Byte)로 정렬된[7] 형태를 사용

6 ModelSim XE-III Starter 버전의 경우, 일부 시스템 타스크가 지원되지 않는다.

7 주소에 관계없이 오른쪽부터 데이터를 채워서 사용한다. 예로서, 바이트 단위의 정보는 주소에 무관하게 제일 오른쪽으로 몰아서 사용한다.

[프로그램 5]에 '버스 전송 명령어 파일'의 일례를 보였다. 첫 번째 줄의 의미는 쓰기 전송으로 0x00번지에 4-바이트 데이터 0x11111111를 쓰라는 것이고, 세 번째 줄은 읽기 전송으로 0x00 번지에 4-바이트 데이트를 읽으라는 것이며 그 결과가 0x11111111이어야 함을 의미한다. 그 다음 명령어는 쓰기 전송으로 0x08번지에 두 개 바이트인 0x9ABC를 쓰라는 것이다. [프로그램 5]에서 점으로 표시된 줄은 여러 버스 전송 명령어들이 생략되었음을 의미한다.

프로그램 5: 버스 전송 명령어 파일의 일례

```
w 4 00 11111111
......
r 4 00 11111111
......
W 2 08 00009ABC
......
R 2 08 00009ABC
......
w 1 0C 00000087
......
r 1 0C 00000087
```

4.2 디렉토리의 구성과 주요 설계

File-driven BFM을 이용한 SSRAM 기능검증에 다음과 같이 디렉토리를 구성한다. 이 예제는 '$PROJECT/ch04/ex_bfm_file_ssram'에 있다. [그림 2]와 [그림 6]의 공통된 블록인 ahb_ssram_if와 SSRAM 모델은 '$PROJECT/ch04/ex_bfm_task_ssram'에 있는 것을 그대로 사용한다.

표 2 ex_bfm_file_ssram의 디렉토리 구성

디렉토리	파일	설명
ahb_bfm_file	ahb_bfm_file.v	버스 전송 명령어를 파일에서 읽어서 해당 타스크를 호출
	ahb_tasks.v	AHB 버스전송을 생성하는 타스크
ahb_ssram_if	ahb_ssram_if.v	AHB 버스와 SSRAM을 연동하는 인터페이스 설계
	amba_define.v	AHB 버스규약에 정의된 여러 마크로 정의
bench	top.v	시뮬레이션을 위한 최상위 설계

sim	bfm_cmd.txt	버스 전송 명령어 파일
	Clean.bat	시뮬레이션 과정에서 생성되는 부수적인 파일과 디렉토리를 지우는 DOS 스크립터
	modelsim.args	ModelSim으로 시뮬레이션 하기 위해 컴파일해야될 설계 파일과 선택자
	RunMe.bat	ModelSim으로 컴파일하고 시뮬레이션하는 DOS 스크립터
ssram	k7a163600a_R05.v	SSRAM으로 사용할 소자의 모델

'ahb_tasks.v'는 앞 절의 [프로그램 1]과 [프로그램 2]에서 설명한 버스전송 타스크를 모은 것이다. [프로그램 6]에 '버스 전송 명령어 파일'을 열고($fopen()), 그 내용을 읽어서($fscanf()) 읽기와 쓰기 전송을 호출하는 코드의 일례를 보였다.

프로그램 6: File-driven BFM 기능으로 시험각본을 만든 일례

```
module ahb_bfm_file ( … 상세한 포트 정보는 생략 … );
   parameter FILE_NAME="bfm_cmd.txt";
   … 상세한 포트 정보는 생략 …
   integer   fd, cmd, addr, data, size;
   initial begin
       fd = $fopen(FILE_NAME, "r");
       … …
       while ($fscanf(fd, "%c %d %x %x", cmd, size, addr, data)!=-1) begin
              num = num+1;
              if        (cmd=="R"||cmd=="r") read_transaction(addr, data, size);
              else if (cmd=="W"||cmd=="w") write_transaction(addr, data, size);
       end
       … …
       $finish(2);
   end
   … …
endmodule
```

[프로그램 6]에 '버스 전송 명령어 파일'을 파라메터(parameter)[6]를 통해 지정하도록 하였고, 예로서 [프로그램 7]에 보인 바와 같이 'ahb_bfm_file' 모듈을 생성하는 단계에서 실제 파일 이름을 결정하도록 하였다. 따라서 '버스 전송 명령어 파일'의 내용을 적절하게 조정함으로써 다양한 시험각본을 구성할 수 있다.

프로그램 7: File-driven BFM의 최상위 모듈 일례

```
ifndef FILE_NAME
define FILE_NAME "bfm_cmd.txt"
endif
module top ;
      … 내부에서 사용하는 신호선과 레지스터 등은 생략 함 …
   ahb_bfm_file #( FILE_NAME) Uahb_bfm_file ( … 포트 연결 생략 … );
   ahb_ssram_if Uahb_ssram_if ( … 포트 연결 생략 … );
   k7a163600a Usram ( … 포트 연결 생략 …);
   … 기타 코드 생략 …
endmodule
```

5 Native-code driven BFM

기능을 검증할 설계는 하드웨어이므로 HDL로 준비되고, HDL 시뮬레이터에서 수행되는 것이 자연스럽지만, 이 하드웨어의 기능을 시험하여 검증할 시험각본은 매우 복잡하거나 다양한 경우를 고려해야 될 필요가 있고, 또한 시스템집적반도체에 내장된 프로세싱 코어의 제어를 받아서 동작할 것이므로 시험각본은 프로그래밍 언어로 준비하는 것이 검증생산성을 높이는 방법이 될 것이다. 여기서는 좀 더 능동적이고 프로그래밍이 용이한 방법인 native-code driven BFM을 설명한다.

5.1 메모리 인터페이스 시험 예제: ex_bfm_native_ssram

[그림 7]에 보인 바와 같이 HDL 시뮬레이터와 C 프로그램을 IPC로 연결한다. 이때 HDL 시뮬레이터에서 C 프로그램과 정보를 주고받기 위해 VPI를 이용한 BFM을 사용한다.

C 프로그램에서 수행되는 시험 프로그램은 BFM API를 이용하여 HDL 시뮬레이터에 읽기와 쓰기 전송을 요청한다. BFM API는 소켓 IPC를 통해 미리 정의된 정보를 HDL 시뮬레이터와 주고받는 함수들로 AhbRead()/AhbWrite()가 그 예가 된다. HDL 시뮬레이터에서는 BFM 모듈이 VPI 인터페이스와 소켓 IPC를 통해 미리 정의된 순서로 정보를 받고, 그 내용에 따라 읽기 타스크와 쓰기 타스크를 호출한다.

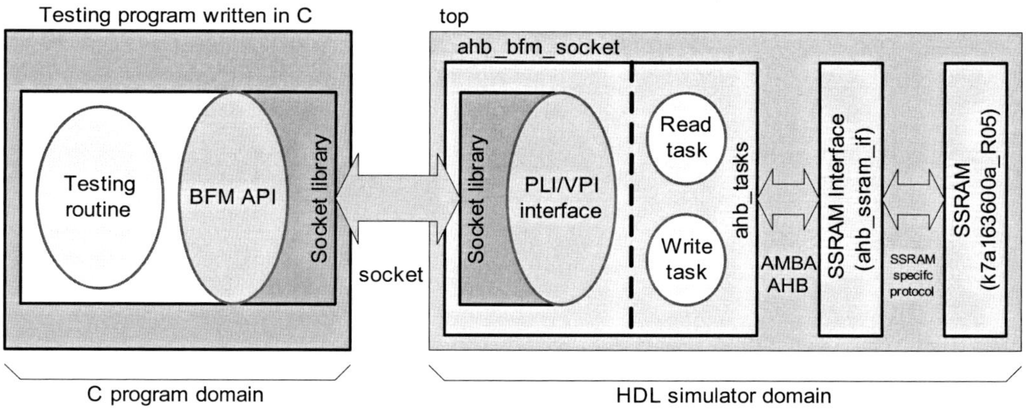

그림 7 Native-code driven BFM을 이용한 메모리 시험 예제의 구성

5.2 디렉토리의 구성과 주요 설계

다음과 같이 디렉토리를 구성한다. 이 예제는 '$PROJECT/ch04/ex_bfm_native_ssram'에 있다. [그림 2]와 [그림 7]의 공통된 블록인 ahb_ssram_if와 SSRAM 모델은 '$PROJECT/ch04/ex_bfm_task_ssram'에 있는 것을 그대로 사용한다.

표 3 ex_bfm_native_ssram의 디렉토리 구성

디렉토리와 파일			설명
c	bfm_api.c, bfm_api.h, bfm_type.h		BFM API
	main.c		C 프로르램의 main 함수
	user_main.c		BFM API를 이용한 시험 프로그램
	RunMe.bat		Visual Studio로 컴파일하는 DOS 스크립터
hdl	ahb_bfm_socket	ahb_bfm_socket.v	AHB 버스전송 타스크를 이용한 시험각본
		ahb_tasks.v	AHB 버스전송을 생성하는 타스크
	ahb_ssram_if	ahb_ssram_if.v	AHB 버스와 SSRAM을 연동하는 인터페이스 설계
		amba_define.v	AHB 버스규약에 정의된 여러 마크로 정의
	bench	top.v	시뮬레이션을 위한 최상위 설계
	sim	modelsim.args	ModelSim으로 시뮬레이션 하기 위해 컴파일해야 될 설계 파일과 선택자
		RunMe.bat	ModelSim으로 컴파일하고 시뮬레이션하는

			DOS 스크립터
	ssram	k7a163600a_R05.v	SSRAM으로 사용할 소자의 모델
ipc_socket	ipc_socket.c, ipc_socket_win.c, ipc_socket.h		소켓 IPC 라이브러리
	RunMe.bat		Visual Studio로 컴파일하는 DOS 스크립터
vpi	cosim_socket.c		BFM용 VPI 프로그램
	RunMe.bat, RunMe_xe.bat		Visual Studio로 컴파일하는 DOS 스크립터

5.2.1 c 디렉토리

'bfm_api.h'는 BFM을 통해 버스전송을 생성하는 함수들의 원형이 정의되어 있고, 이것에 대한 구현은 'bfm_api.c'에 있다. 다음은 BFM을 통해 AMBA AHB 전송을 생성하는 API(BFM API)들이다.

- int AhbWrite(unsigned int addr, unsigned int *data, unsigned int size);
  이 API는 AHB 버스에 쓰기전송을 생성하는데, 참조할 주소(addr), 전달할 데이터(data), 데이터의 바이트 수(size)가 함수의 인자로 전달되며, 수행 후, 문제가 없는 경우 복귀값은 0이 된다. 주소는 모든 비트가 전달되며, 데이터는 주소에 관계없이 한쪽으로 정렬(justified scheme)된다.

- int AhbRead(unsigned int addr, unsigned int *data, unsigned int size);
  이 API는 AHB 버스에 읽기전송을 생성하는데, 참조할 주소(addr), 전달 받을 데이터가 저장될 변수(data), 데이터의 바이트 수(size)가 함수의 인자로 전달되며, 수행 후, 문제가 없는 경우 복귀값은 0이 된다. 주소는 모든 비트가 전달되며, 데이터는 주소에 관계없이 한쪽으로 정렬된다.

앞에서 언급한 'Justified scheme'이란, 주소와 데이터의 크기에 관계없이 모든 데이터는 LSB(Least Significant Byte, 최하위 바이트)부터 채운 형태로 사용되는 것을 의미한다. 이러한 방식은 프로세싱 코어가 내부 레지스터에 정보를 저장하고 처리하는 방식이다. 따라서 1-byte의 경우, 주소에 관계없이 LSB에 실린다. 이는 AMBA BUS의 non-justified scheme[8]과 다르므로 BFM에서 버스 신호 값으로 사용하기에 앞서 조정해주어야 한다.

8 Non-justify scheme: 주소에 따라 데이터 버스에 실리는 데이터 바이트의 위치가 결정된다. 예로써, little-endian의 경우 주소를 4로 나눈 나머지가 0이면 D[7:0]에 실린다.

'bfm_api.c'에는 소켓 IPC를 이용한 메시지 전송 라이브러리를 이용하여 시뮬레이터에 있는 BFM과 정보를 주고받도록 프로그램되어 있고, 이때 BFM과 주고받는 정보는 'bfm_type.h'에 정의된 자료구조로 정의되어 있다.

'user_main.c'에는 'bfm_api.h'에서 정의한 BFM API를 이용한 시험각본 프로그램이 있다. 'main.c'에는 소켓 IPC 라이브러리를 이용하여 BFM과 IPC 채널을 생성하고, 'user_main()' 함수를 호출하고, 최종적으로 IPC 채널을 닫는 역할을 한다.

5.2.2 hdl 디렉토리

'ahb_bfm_socket'에는 VPI 루틴으로 준비된 사용자정의타스크를 이용한 BFM이 모델링되어 있다. 특히 'ahb_bfm_socket.v'에는 소켓 IPC를 통해 C 프로그램과 통신하는데 사용되는 VPI 루틴들이 사용되었고, 이는 다음 절에서 설명한다. 'ahb_tasks.v'는 앞 절의 [프로그램 1]과 [프로그램 2]에서 설명한 버스전송 타스크를 모은 것이다. 'ahb_ssram_if'는 AMBA AHB 버스와 SSRAM의 입출력을 연동하도록 인터페이스가 모델링되어 있다. 'ssram'에는 SSRAM 메모리가 모델링되어 있다. 'bench'에는 이들 모두를 연결한 최상위 모델이 있다. 'sim' 디렉토리에는 ModelSim을 이용한 시뮬레이션 스크립터가 있다.

5.2.3 ipc_socket 디렉토리: 소켓 기반 통신 API

소켓(socket)을 이용한 IPC 라이브러리가 있다. 'ipc_socket.h'는 준비된 라이브러리의 함수원형(function prototype)이 정의되어 있고, 'ipc_socket_common.c'와 'ipc_socket.c' 그리고 'ipc_socket_win.c'가 라이브러리 함수의 프로그램이다. 소켓 IPC 라이브러리(Socket API)는 서버용과 클라이언트용 그리고 공용으로 구분된다.

- int srv_open(unsigned short portnumber);
  서버용이며 함수의 인자로 주어진 값을 포트로 소켓채널을 형성한다.

- int srv_accept(int sock, char* hostname, int hostnsize);
  서버용이며 클라이언트로부터 접속을 기다린다.

- int cli_connect(char* hostn, unsigned short portnumber);
  클라이언트용이며 서버와 연결한다. 함수인자로 서버의 IP(Internet Protocol) 주소 또는 호스트 이름과 포트 값을 받아 사용한다.

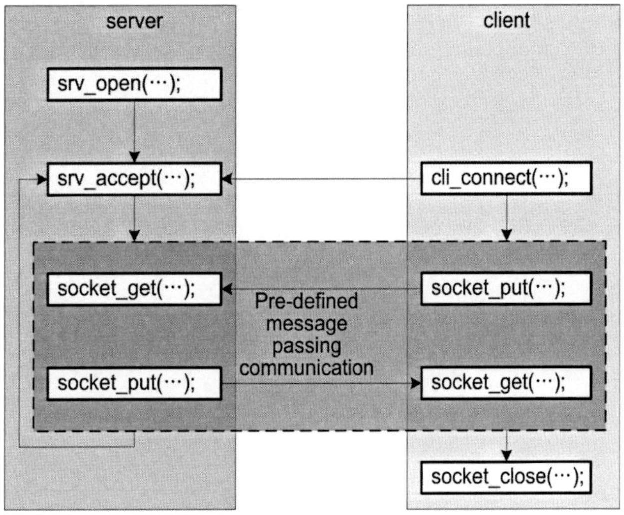

그림 8 Socket communication interaction

- int socket_close(int sock);
  공용이며 사용한 소켓 채널을 닫는다.

- int socket_put(int sock, char* buf, int num);
  공용이며 연결된 소켓 채널을 통해 정보를 보낸다. 이때 'buf'는 정보를 보관하고 있는 변수이고, 'num'은 전달할 정보의 바이트 수이다.

- int socket_get(int sock, char* buf, int num);
  공용이며 연결된 소켓 채널을 통해 정보를 받는다. 이때 'buf'는 정보를 받을 변수이고, 'num'은 받을 정보의 바이트 수이다.

[그림 8]에 소켓 라이브러리를 이용한 서버-클라이언트 통신의 일례를 보였다. 여기서 준비된 소켓 IPC 라이브러리는 메시지 전송 프로토콜(message passing protocol)을 사용하므로, 서버와 클라이언트가 정보를 주고받는 순서가 미리 정의되어 있어야 하고 그 순서가 반드시 지켜져야 한다.

소켓 IPC 라이브러리는 Windows의 경우, 준비된 'RunMe.bat'를 수행하고, Linux 또는 Solaris의 경우, 'Makefile'을 사용한다.

5.2.4 vpi 디렉토리

'vpi' 디렉토리에는 HDL로 준비된 BFM에서 소켓 IPC 라이브러리를 통해 C 프로그램과 통신할 수 있도록 VPI 라이브러리가 준비되어 있다. Verilog HDL에서 사용할 VPI 함수(VPI API)는 다음과 같다.

- $cosim_socket_open(port);
  주어진 함수 인자를 포트로 하여 소켓 IPC 채널을 생성한다. 이것은 서버로 동작한다.

- $cosim_socket_get(type, size, ack, addr, data);
  생성된 소켓 IPC 채널을 통해 정보를 받는다. 버스전송의 종류, 바이트 수, 응답, 주소, 데이터 등을 함수의 인자로 받게 된다. 버스전송이 종류에는 명령어 인출(fetch), 정보 읽기(load), 정보 쓰기(store) 등이 있다.

- $cosim_socket_put(type, size, ack, addr, data, irq);
  생성된 소켓 IPC 채널을 통해 정보를 보낸다. 요청 받은 버스전송이 읽기였다면 data에 해당 정보가 실린다. 요청 받은 버스전송이 쓰기였다면 'ack'만이 의미가 있다. 'irq'는 인터럽트에 대한 정보를 전달할 수 있도록 준비된 것이다.

5.3 예제의 시뮬레이션 방법

앞서 설명한 [그림 7] 예제를 수행하는 순서는 다음과 같다. 이들 일련의 과정이 복잡하고 순서에 민감하므로, 이들을 한 묶에 처리하도록 '$PROJECT/ch04/ex_bfm_native_ssram'에 'RunMe.bat'를 준비했다.

1. 소켓 IPC 라이브러리 준비: 'ipc_socket' 디렉토리에서 'RunMe.bat' 를 실행시켜서 'ipc_socket.lib'를 만든다. 이것은 C 프로그램과 VPI 라이브러리 생성 때 필요하다.
2. VPI 라이브러리 준비: 'vpi' 디렉토리에서 'RunMe.bat'를 실행시켜서 'cosim_socket.dll'을 만든다. 이것은 HDL 시뮬레이터에서 사용된다.
3. C 프로그램 준비: 'c' 디렉토리에서 'RunMe.bat'를 실행시켜서 'run.exe'를 만든다.
4. HDL 시뮬레이터 실행: 'hdl/sim' 디렉토리에서 'RunMe.bat'를 실행시켜서 시뮬레이터를 시작시킨다. 이어서 소켓 IPC 채널이 생성되고, 클라이언트로부터 연결 요청이 오기를 기다린다. 이때 앞서 준비한 VPI 라이브러리를 '-pli' 선택

자[9]를 통해 HDL 시뮬레이터를 실행할 때 같이 사용한다.

5. C 프로그램 실행: ‘c’ 디렉토리에서 ‘run.exe’ 를 실행시킨다.

4번과 5번 과정은 독립적인 프로그램을 실행시키는 것이다. Windows의 경우, Windows Explorer에서 각각을 두 번 클릭함으로써 가능하지만, Linux나 Solaris의 경우 두 개의 독립적인 명령어 창이 필요하다. 4번을 실행할 때 HDL 시뮬레이터에서 7777 번 포트를 사용하도록 되어 있다. 5번에서도 따로 지정하지 않으면 같은 호스트 컴퓨터에서 7777번 포트를 사용하도록 되어 있다. 따라서 원격 호스트를 사용하거나 포트 번호가 다를 경우, ‘run.exe’를 수행할 때, ‘-s host’와 ‘-p port’ 선택자를 사용하여 정확히 지정해 주어야 한다. 여기서 ‘-s’ 선택자의 ‘host’는 HDL 시뮬레이터가 실행되고 있는 컴퓨터의 IP 주소이고, ‘-p’의 ‘port’는 포터 번호이다. 특히 주의할 점은 HDL 시뮬레이터가 서버로써 동작해야 되므로 ‘run.exe’에 앞서서 HDL 시뮬레이터가 먼저 시작되어 있어야 한다. 즉, HDL 시뮬레이터가 ‘run -all’ 명령어를 수행 한 후 C 프로그램이 수행되어야 한다.

```
D:\work\Books\SocDesign\codes\ch4\ex_bfm_native_ssram\c\run.exe
Tring to connect to loghost port 9999
mem_test: 0x1000~0x1fff
Memory test from 0x1000 to 0x1fff of size 1: OK
mem_test: 0x1000~0x1fff
Memory test from 0x1000 to 0x1fff of size 2: OK
mem_test: 0x1000~0x1fff
Memory test from 0x1000 to 0x1fff of size 4: OK
Press any key to continue ...
```

```
C:\WINDOWS\system32\cmd.exe
# vsim -do {run -all; quit} -c -pli ../../vpi/cosim_socket.dll work_mti.top
# Loading ../../vpi/cosim_socket.dll
# //  ModelSim SE 5.8c Mar 01 2004
# //
# //  Copyright Model Technology, a Mentor Graphics Corporation company, 2004
# //                        All Rights Reserved.
# //                   UNPUBLISHED, LICENSED SOFTWARE.
# //        CONFIDENTIAL AND PROPRIETARY INFORMATION WHICH IS THE
# //        PROPERTY OF MENTOR GRAPHICS CORPORATION OR ITS LICENSORS.
# //
# Loading work_mti.top
# Loading work_mti.ahb_bfm
# Loading work_mti.ahb_ssram_if
# Loading work_mti.k7a163600a
# run -all; quit
# [proc:3440] opening a socket of port 9999
# [proc:3440]: waiting for the first connection on port 9999
# [proc:3440]: connected from namu.dynalith.com
# ** Note: Data structure takes 6029360 bytes of memory
#          Process time 6.02 seconds
#          $finish    : ../ahb_bfm_socket/ahb_bfm_socket.v(82)
#    Time: 1003460 ns  Iteration: 1  Instance: /top/Uahb_bfm
Press any key to continue . . .
```

그림 9 Native-code driven BFM 예제의 실행 일례

9 vsim -pli ../../vpi/cosim_socket.dll -c -do "run -all quit" work_mti.top

[그림 9]에 예제를 실행시킨 결과를 보였다. 앞쪽 창은 HDL 시뮬레이터가 수행된 결과이고 뒤쪽 창은 C 프로그램이 수행된 결과이다.

6 종 합[10]

시스템집적반도체에 사용될 설계 블록들은 재사용을 고려하여 설계자산으로 준비하는 것이 필요하다. 재사용을 고려하여 설계하기 위해서는 각 설계자산들의 기능검증을 철저하게 해야 된다. 특히 시스템집적반도체에서 각 설계블록들은 프로세싱 코어가 버스를 통해 참조하게 되므로 이러한 상황을 고려하여 설계자산의 기능검증을 실제 활용 상황과 유사한 구성으로 시험하는 것이 필요하다.

이러한 목적으로 주로 사용되는 방법이 BFM을 이용하는 것이고, 이 경우 BFM에 버스요청을 생성하는 타스크를 만들어 활용함으로써 복잡하고 다양한 시험각본을 용이하게 구성할 수 있다.

여기에서는 AMBA AHB 버스에 연결하여 사용할 SSRAM의 인터페이스 블록을 시험하는 구성을 한 예로 설명하였다.

7 연습문제

1. Verilog에서 task와 function의 차이에 대해 정리해 본다.
2. [그림 2]에서 설명한 예제에서 부분참조에 대해 언급하였다. 32-비트 데이터 폭을 갖는 AMBA AHB 버스에서 한 개 바이트를 참조하는 경우는 그 주소에 따라 네 가지가 생기고, 두 개 바이트를 참조하는 경우[11]는 보통 두 가지가 생긴다. 이것을 데이터 버스에서 어떻게 전달되는지 그림 또는 표로 표시해 본다. 이들을 little-endian과 big-endian의 경우를 구분하여 생각해 본다.

---

10 참고자료 [11]의 내용을 기본으로 작성되었다.

11 두 개 바이트를 참조하는 데 사용되는 주소는 2로 나누어 나머지가 0인 경우만 허용하는 것으로 한다.

3. [그림 2]에서 설명한 예제에서 'bench' 디렉토리에서 예제로 사용한 'top.v' 파일에는 'memory_test'하는 타스크가 있다. 이 타스크는 'size'를 타스크 인자로 전달 받아 메모리를 시험한다. 'memory_test'를 참고하여 1, 2, 4 바이트가 혼합적으로 사용되도록 수정해서 보다 복잡한 상황을 시험해 본다.
4. [그림 2]에서 설명한 예제에서 'abh_bfm' 디렉토리에 주어진 'ahb_tasks.v'에는 'ahb_read'와 'ahb_write' 타스크가 있는데, 이들은 단일전송만을 하도록 되어 있다. 'ahb_read'와 'ahb_write' 타스크를 참조하여 연속전송(burst 전송)이 지원되는 'ahb_read_burst'와 'abh_write_burst' 타스크를 만들고 이것을 이용하여 메모리를 시험하는 시험각본을 만들어 시뮬레이션 해 본다.
5. [그림 2]에서 설명한 예제의 'ahb_tasks.v'에 연속전송이 되는 타스크인 'ahb_read_burst'와 'ahb_write_burst'가 추가된 경우, 'ahb_ssram_if' 디렉토리에 있는 'ahb_ssram_if.v'도 수정하여 연속전송이 지원되도록 해 본다.
6. [그림 6]에서 설명한 예제의 'sim' 디렉토리에 있는 'bfm_cmd.txt'의 내용을 수정하여 보다 복잡한 상황을 시험해 본다.
7. [그림 7]에서 설명한 예제의 'c' 디렉토리에 있는 'user_main.c'를 수정하여 보다 복잡한 시험각본을 만들어 시험해 본다.

8 참고자료

[1] IEEE Std. 1364-2001, "IEEE Standard Verilog Hardware Description Language", Chapter 26 Using VPI routine", IEEE Computer Society, 2001.

[2] IEEE Std. 1076-2002, IEEE Standard VHDL Language Reference Manual, IEEE Computer Society, 2002.

[3] IEEE Std. 1364-2001, "IEEE Standard Verilog Hardware Description Language", Chapter 10 Tasks and Functions, IEEE Computer Society, 2001.

[4] 512Kx36/x32 & 1Mx18-Bit Synchronous Pipelined Burst SRAM, K7A163600A, K7A161800A Samsung.

[5] IEEE Std. 1364-2001, "IEEE Standard Verilog Hardware Description Language", Chapter 17 System Tasks and Functions, IEEE Computer

Society, 2001.

[6] IEEE Std. 1364-2001, "IEEE Standard Verilog Hardware Description Language", Section 3.11 Parameters, IEEE Computer Society, 2001.

[7] ModelSim User's Manual, Mentor Graphics.

[8] ModelSim Graphical Interface Reference, Mentor Graphics.

[9] ModelSim Command Reference, Mentor Graphics.

[10] IEEE Std. 1364-2001, "IEEE Standard Verilog Hardware Description Language", Chapter 18 value Change Dump (VCD) files", IEEE Computer Society, 2001.

[11] 기안도, BFM을 이용한 설계자산의 기능검증, IDEC Newsletter, Vol. 131, pp.4 – 9, May 2008. (idec.kaist.ac.kr)

CHAPTER

05

크로스컴파일러[1]

시스템집적반도체의 설계 및 검증에 있어서 하드웨어-소프트웨어 통합검증이 매우 중요하다. 본 장에서는 시스템집적반도체의 소프트웨어를 개발하는 환경의 구성 요소 중 하나인 크로스컴파일러에 대해 살펴본다.

[1] Cross compiler

1 크로스컴파일러

크로스컴파일러(cross compiler, 교차컴파일러; cross-architecture compiler)는 컴파일의 결과로 생성되는 실행파일이 컴파일을 수행하는 컴퓨터의 프로세서와 다른 경우를 의미한다. 따라서 크로스컴파일 결과인 실행파일은 크로스컴파일을 수행한 컴퓨터에서 실행시킬 수가 없다. 여기에서는 Windows 환경의 호스트 컴퓨터에서 ARM 프로세서용 실행 코드를 생성하는 크로스컴파일러를 만드는 것을 다룬다.

크로스컴파일러는 프로그램이므로 이 프로그램을 컴파일 할 컴퓨터가 필요하고, 이것을 생성컴퓨터(build computer)라 한다. 생성컴퓨터는 크로스컴파일러 프로그램의 원천코드를 컴파일 한다. 경우에 따라 크로스컴파일이 수행될 호스트컴퓨터(host computer)와 생성컴퓨터가 다를 수 있지만, 보통 동일한 컴퓨터이다. 크로스컴파일러는 호스트컴퓨에서 사용자 프로그램을 컴파일 하여 타겟컴퓨터(target computer; target machine)에서 수행될 수 있는 실행이미지를 만든다. 타겟컴퓨터란 시스템집적반도체 또는 내장형시스템(embedded system)을 의미한다. 여기에서는 Windows 컴퓨터를 생성컴퓨터와 호스트컴퓨터로 사용한다.

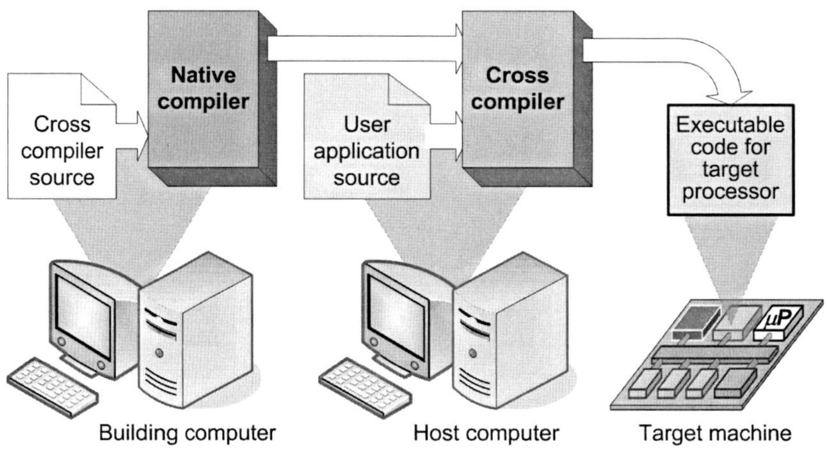

그림 1 크로스컴파일러 만들기

2 전체환경

Windows 환경에서 GNU GCC를 이용하여 ARM 크로스컴파일러를 만들기 위해 필요한 것은 다음과 같다.

- Cygwin: ARM Cross-Compiler를 만들기 위한 GNU GCC 패키지를 사용하기 위한 환경
- ARM Cross-Compiler: ARM 프로세서에서 수행될 C 프로그램을 컴파일 하기 위해 필요함

즉, Windows에 Cygwin을 설치하고, Cygwin에서 GNU GCC를 이용하여 ARM 크로스컴파일러를 만든다.

3 Cygwin 설치하기

Cygwin은 Windows 운영체제에서 UNIX/Linux 환경을 사용할 수 있도록 Red Hat 사에서 무상으로 공개하고 있다[1]. Cygwin을 설치하는 순서는 다음과 같다.

- 첫째, Cygwin 패키지를 구한다.

  1: Cygwin 홈 페이지를 방문한다. - http://www.cygwin.com.

  2: Cygwin 설치 프로그램을 내려 받는다. - 'setup.exe'.

  3: Cygwin 설치 프로그램인 'setup.exe'를 두 번 클릭하여 실행한다.

  4: 'Download from Internet'를 선택하고 모니터에 나오는 설명을 따라 한다.

  5: Cygwin을 설치할 디렉토리를 지정한다. 예로서, 'C:\work\cygwin'를 사용한다.

  6: 'direct connection'을 선택한다.

  7: 적절한 웹 사이트를 선택한다. - 'ftp://linux.sarang.net' 또는 'ftp://ftp.kaist.ac.kr'를 선택한다.

  8: 다음 패키지들은 반드시 선택한다. - 'Devel', 'Shells' 그리고 'Editors'.

  9: 'Next' 버튼을 클릭한다.

10: 'setup.exe'를 마친다.

- 둘째, Cygwin을 설치한다.
  1: Cygwin 패키지를 내려 받은 후, 'setup.exe'을 다시 실행한다.
  2: 'Install from Local Disk'를 선택한 후 모니터에 나오는 설명을 따라 한다.
  3: 'C:\cygwin'가 보통 사용하는 설치 디렉토리이지만 필요에 따라 다른 곳으로 지정할 수 있다. (참고, Cygwin 패키지를 내려 받은 디렉토리는 C:\work\cygwin으로 하였다.)
  4: 설치할 패키지로 다음을 반드시 선택한다. – 'Devel', 'Shells' 그리고 'Editors''
  5: 'Next' 버튼을 클릭한다.
  6: 'setup.exe'를 마친다.

한 가지 주의할 점은 Cygwin을 설치하는 데 있어 Windows의 사용자 계정을 영문으로 하는 것이 바람직하다. 이는 Cygwin이 설치된 후, 사용자의 홈디렉토리를 생성할 때 사용자 이름을 디렉토리 이름으로 사용하기 때문이다.

3.1.1 Cygwin 환경 만들기

설치가 잘 되었다면 데스크탑 윈도우에 아이콘이 생길 것이고, 이 아이콘을 두 번 클릭함으로써 Cygwin창을 생성해서 사용할 수 있다 ([그림 2] 참고). 첫 Cygwin 창에서 다음을 수행시킴으로써 '/etc/passwd' 파일을 생성한다.

```
prompt% mkpasswd -l > /etc/passwd
```

Cygwin이 설치된 디렉토리가 'C:\cygwin'이라면 Windows 관점에서 이 디렉토리가 Cygwin에서 '/'가 되며, 사용자의 홈 디렉토리는 '/home'에 생성된다. 아래에서 'prompt%'는 Cygwin의 명령어 프롬트이므로 실제와 다를 수 있다.

아울러 다음과 같은 명령어를 수행시킴으로써 Windows의 C:나 D:로 명명된 디스크 공간을 Cygwin에서 /c와 /d로 사용할 수 있다.

```
prompt% cd  /;  mkdir  c;  mount  c:  /c
prompt% cd  /;  mkdir  d;  mount  d:  /d
```

다음은 Cygwin의 기본 쉘인 bash(Bourne-Again Shell)의 환경을 설정하는 스크립트인데 홈 디렉토리에 '.bashrc'라는 파일 이름으로 만들면 된다. Cygwin 창에서 'cd' 명령어를 입력하면 자신의 홈디렉토리로 이동하고, 'ls -a'를 수행시키면 숨겨진 파일들이 보인다. 이러한 명령어들은 Linux/Unix 사용법을 참고한다[2]. 사용자의 취향에 따라 여러 가지를 수정 또는 추가 할 수 있다.

```
PATH=".:/usr/local/bin:/cygdrive/C/texmf/miktex/bin:$PATH"
export PATH
PS1="[${USER}@${HOSTNAME}] "
alias ls='ls -xF'
alias rm='rm -i'
```

이렇게 하였을 때  아이콘을 통해 다음과 같은 Cygwin 창이 만들어 진다.

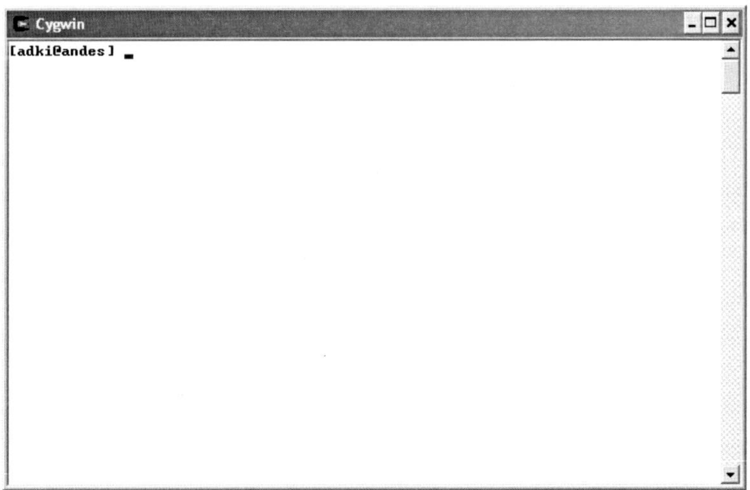

그림 2 Cygwin 창의 일례

[그림 2]에 보인 Cygwin 창에서는 UNIX/Linux에서 지원하는 대부분의 명령어들을 사용할 수 있다.

4 ARM Cross-Compiler 설치

컴파일러는 여러 프로그램으로 구성되는 것이 일반적이며, 여기에는 C 코드 전처리 프로그램(C preprocessor, cpp), C 코드를 어셈블리 코드(assembly code)로 변환하는 프로그램(C compiler, gcc), 어셈블리 코드를 기계어 코드(machine code)로 변환하는 프로그램(assembler, as), 여러 기계어 코드 들을 묶는 프로그램(linker, loader, ld), 특정 주소공간에 맞추어 기계어 코드들을 배치하는 프로그램(locator, ld) 등으로 구성된다.

ARM Cross-Compiler는 GNU GCC를 이용하여 만든다. GNU GCC를 Cygwin 환경에서 사용하는 것이 일반적이기 때문에 여기서도 앞서 설명한 Cygwin 환경을 가정한다. 따라서 이후 설명되는 절차는 모두 Cygwin 창에서 수행하는 것이다.

4.1 필요한 원천코드

다음과 같은 원천 코드를 ARM 크로스컴파일러를 만들 디렉토리인 '/usr/local/arm_cc/src'에 복사한다. 필요에 따라 ARM 크로스컴파일을 다른 디렉토리에 설치하는 것도 가능하다. 예로서 '/c/arm_cc/src' 또는 '/d/arm_cc/src'와 같이 할 수도 있다.

- GCC 패키지: 크로스컴파일러를 만들기 위해서는 GCC[3] 원천코드가 필요하며, 이것은 다음에서 구한다.
  - http://www.gnu.org/software/gcc
  - http://sources.redhat.com/gcc
- Binutils 패키지: 바이너리 파일(binary file)을 조작하는 여러 가지 프로그램으로 구성되는 패키지로 http://www.gnu.org/software/binutils 또는 http://sources.redhat.com/binutils에서 원천코드를 구한다. 이 패키지는 다음 프로그램을 포함 한다[4].
  - as - the GNU assembler; It should be the cross-assembler.
  - ld - the GNU linker; It should be the cross-linker[5].
- Newlib 패키지: 내장형시스템(embedded system)을 위해 만들어진 C 프로그램용 라이브러리 패키지로 원천코드를 http://sources.redhat.com/newlib에서 구

한다. Newlib[6]에 포함되는 라이브러리들은 C library와 C math library로 구성된다. 그러나 이 절에서 다룰 예제에는 newlib중 일부만을 사용한다.

- GDB 패키지: GNU GCC로 컴파일 된 프로그램을 원천코드 수준에서 디버깅할 수 있도록 하는 디버거로 원천코드를 http://www.gnu.org/software/gdb에서 구한다[7].
- Build.gnu.csh: 크로스 컴파일러를 만드는 일련의 과정을 C Shell[8] 스크립트로 만든 것이며, 이것은 '$PROJECT/ch05/arm_cc/src' 예제 디렉토리에 있다.

이러한 것을 '/usr/local/arm_cc/src' 디렉토리에 다음과 같이 준비한다.

```
prompt% cd    /usr/local/arm_cc/src
prompt% ls
binutils-2.15.tar.gz     build.gnu.csh     gcc-3.3.tar.gz     gdb-6.4.tar.gz
newlib-1.12.0.tar.gz
```

상황에 따라 각 패키지들의 버전은 다를 수 있다. 따라서 'build.gnu.csh'을 편집기(Vi, Vim)로 열어서 다음 마크로가 해당 패키지의 버전을 정확하게 반영하도록 한다. 이외에 'gzip'과 'tar' 그리고 'make' 등의 경로[2]가 정확하게 설정되도록 조정한다.

- BINVER: binuils의 버전
- GCCVER: gcc의 버전
- NEWVER: newlib의 버전
- GDBVER: gdb의 버전

4.2 Cross-compiler 만들기

다음의 순서로 ARM Cross-Compiler Tool-Chain을 만든다.

1. ARM용 binutils 패키지를 컴파일
2. ARM용 GCC 패키지 컴파일
3. ARM용 newlib 패키지 컴파일
4. ARM용 gdb 패키지 컴파일

[2] cygwin에서 '/usr/bin' 디렉토리에 있다.

위 언급한 일련의 과정을 스크립트로 만든 것이 'build.gnu.csh'이며 그 사용법은 다음과 같다. 'build.gnu.csh'의 사용법은 '-h' 선택자를 이용하여 확인할 수 있다.

```
[user@cygwin] ./build.gnu.csh  -h

Usage: ./build.gnu.csh [options]
        -p prefix   : directory where to install (absolute path)
        -h          : print help message
        -v          : print version message
        -c          : cleanup (use -s/-e as well)
        -C          : cleanup all
        -s start    : start from n-th step (if not specified, start from begins)
        -e end      : end at n-th step (if not specified, go to end)
                      0 binutils
                      1 gcc
                      2 newlib
                      3 gdb

 General sequence: % ./build.gnu.csh -c; ./build.gnu.csh -e 2
```

'build.gnu.csh'을 수행시키기에 앞서 사용할 각종 패키지의 버전과 ARM Cross-Compiler를 설치할 디렉토리를 정확하게 설정해야 된다. 다음은 'build.gnu.csh'에서 각 패키지의 버전을 반영한 예이며, 'PREFIX'에 설치할 디렉토리를 지정한다.

```
... ...
set BINVER     = 2.15
set GCCVER     = 3.3
set NEWVER     = 1.12.0
set GDBVER     = 6.4
... ...
set PREFIX     = /c/arm_cc
... ...
```

따라서 '/usr/local/arm_cc'에 ARM Cross-Compiler를 설치하려면 다음과 같이 하면 된다.

```
prompt% ./build.gnu.csh  -p  /usr/local/arm_cc
```

경우에 따라 일부 패키지를 제외하고 수행시킬 수 있다. 예로서, binutils는 미리 생성했고, gdb를 생성하지 않으려면 다음과 같이 하면 된다.

```
prompt% ./build.gnu.csh  -s  1  -e  2
```

모든 것이 순조롭게 진행되었다면 '/usr/local/arm_cc' 디렉토리에 다음과 같은 새로운 디렉토리들이 만들어 질 것이고, 각 디렉토리에 ARM 크로스 컴파일러에 필요한 것들이 채워진다.

```
prompt% cd   /usr/local/arm_cc
prompt% ls
arm-elf/  bin/     include/  info/    lib/     man/     share/    src/
prompt% cd   bin
prompt% ls
arm-elf-addr2line    arm-elf-ar        arm-elf-as         arm-elf-c++
arm-elf-c++filt      arm-elf-cpp       arm-elf-g++        arm-elf-gcc
arm-elf-gcc-3.3      arm-elf-gccbug    arm-elf-gcov       arm-elf-ld
arm-elf-nm           arm-elf-objcopy   arm-elf-objdump    arm-elf-ranlib
arm-elf-readelf      arm-elf-run       arm-elf-size       arm-elf-strings
arm-elf-strip
prompt%
```

특히 'bin' 디렉토리 밑에 생성되는 'arm-elf-as'와 'arm-elf-gcc' 그리고 'arm-elf-ld'가 중요한 것이다. 또한 다음 라이브러리가 중요한 역할을 한다.

- $(ARM_CC)/arm-elf/lib/libc.a: NEWLIB에 있는 각종 C 라이브러리
- $(ARM_CC)/arm-elf/lib/libg.a: libc.a와 동일하지만 디버깅 정보가 있는 C 라이브러리
- $(ARM_CC)/arm-elf/lib/libm.a: 수학 관련 루틴의 C 라이브러리
- $(ARM_CC)/lib/gcc-lib/arm-elf/$(GCC_VERSION)/libgcc.a: 부동소수점 연산을 처리하기 위한 라이브러리

위에서 $(ARM_CC)는 ARM 크로스 컴파일러가 설치된 디렉토리를 의미하며 여기서는 '/usr/local/arm_cc'가 되고, $(GCC_VERSION)은 GCC의 버전으로 여기서는 '3.3'이 된다. 따라서 C 라이브러리를 사용한 경우 'libc.a'를 링크 단계에서[3] 사

용해야 되며, C 라이브러리를 디버깅할 필요가 있을 때는 'libg.a'을 링크 단계에서[4] 사용해야 되며, float와 double과 같은 부동소수점 자료구조를 사용할 경우는 'libgcc.a'를 링크 단계에서[5] 사용해야 되며, sin(), cos() 등과 같은 수학 함수를 사용할 경우 'libm.a'를 링크 단계에서[6] 사용해야 된다. 그러나 'libc.a'는 'libgcc.a'를 필요로 하므로 둘은 같이 사용한다. 라이브러리들은 링크하는 순서에 민감할 수 있으므로 주의한다.

4.3 ARM 크로스 컴파일러 툴체인

호스트컴퓨터에서 ARM용 프로그램을 컴파일 하기 위해서는 [그림 3]과 같은 여러 개의 프로그램을 사용해야 된다.

- 첫째, C 프로그램은 arm-elf-gcc를 통해 컴파일하고,
- 둘째, ARM 어셈블리코드 프로그램은 arm-elf-as를 통해 컴파일한다.
- 셋째, 컴파일 된 기계어 코드 프로그램들은 arm-elf-ld를 통해 하나의 실행파일인 ELF(Executable and Linking Format)[9]로 만들어 진다.

컴파일된 결과 파일을 모아서 하나의 실행파일로 만드는 과정에서 arm-elf-ld가 사용되며, 이것은 링크스크립트(링크 맵; link script) 정보를 이용하여 최종 실행파일의 어드레스 구성을 결정한다.

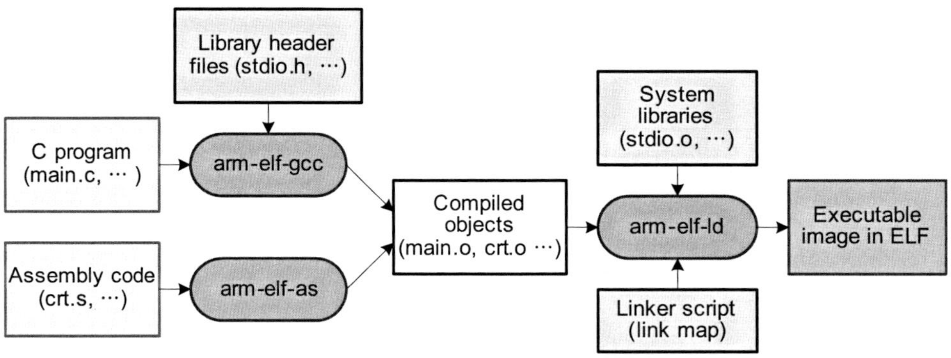

그림 3 ARM 크로스컴파일러 툴체인

3 'arm-elf-ld' 에서 '-L$(ARM_CC)/arm-elf/lib -lc'
4 'arm-elf-ld' 에서 '-L$(ARM_CC)/arm-elf/lib -lg'
5 'arm-elf-ld' 에서 '-L$(ARM_CC)/lib/gcc-lib/arm-elf/$(GCC_VERSION) -lgcc'
6 'arm-elf-ld' 에서 '-L$(ARM_CC)/arm-elf/lib -lm'

ARM 크로스컴파일의 최종 결과인 ARM 실행파일은 ELF 포맷이며, 실행될 프로그램의 코드와 여러 정보들을 모두 포함하는 파일이다.

5 시스템 초기화 루틴

ARM 프로세서가 처음 해야 할 일은 아래와 같고, 이런 일들을 시스템 초기화 코드(crt.s)로 만든다.

- 예외상황처리를 위한 초기화
  - 예외상황처리 벡터 (exception vector table)
  - 예외상황처리 루틴(exception routines)
- 시스템자원 초기화(system resource initialization)
  - 스택 구성(stack building)
  - 전역메모리 공간 구성(heap building)
  - 입출력 자원 초기화(input/output resource initialization)
- 사용자 프로그램 호출

ARM 프로세서는 예외상황이 발생하면 각 예외상황에 따라 지정된 주소에서 수행한다. 예로서, 리셋 신호가 발생하면 0x0 번지부터 수행하고, 인터럽트(IRQ) 신호가 발생하면 0x18 번지부터 수행하고, 소프트웨어 인터럽트 인스트럭션(SWI)을 수행하면 0x08 번지부터 수행한다. 따라서 각 예외상황에 따라 해당 예외처리 루틴을 호출할 수 있도록 0x0~0x1F 번지에는 예외상황처리 벡터가 구축되어야 한다. 이에 대한 것은 '제3장 ARM 프로세싱 코어와 AMBA 버스'를 참고한다.

ARM은 예외상황에 따라 상이한 프로세서 문맥(processor context)을 유지할 수 있으며, 프로세서 문맥에 따라 스택을 따로 관리할 수 있어야 하므로 이에 대한 처리를 해 주어야 한다. 아울러 프로그램이 수행되면서 동적으로 메모리를 할당 받을 때 사용할 주소공간(전역메모리공간, heap space)에 대한 초기화가 필요하다.

시스템에 존재하는 여러 하드웨어 자원에 대한 초기화가 필요하다. 예로서, 직렬통신에 사용할 UART 블록을 초기화하여 직렬통신에 사용할 통신 프로토콜을 지정해 주는 것 등이 여기에 해당한다.

ARM 프로세서는 하드웨어적인 관점에서 전원이 인가되거나 리셋신호가 인가되면 '0x0'번지부터 수행하게 된다. 따라서 ARM 프로세서를 위한 프로그램의 경우, 0x0번지부터 8개 워드(word: 4-byte단위) 영역에 exception table이 존재한다.

이와 같이 0x0번지에서 시작하여 시스템을 초기화하는 코드들이 채워지고 이곳에서는 다음과 같은 일들을 하는 것이 일반적이다.

- Set up exception vectors(예외상황 벡터 설정)
- Initialize stacks and registers(스택과 레지스터 초기화)
- Initialize the memory system(메모리 시스템 초기화)
- Initialize necessary IO devices(입출력장치 초기화)
- Enable interrupt(인터럽트 활성화)
- Change processor mode and state(프로세서 모드와 상태 변경)
- Initialize variables required by C program(C 프로그램에서 필요한 변수 초기화)[7]
- Call the 'main' application('main' 호출)

이 부분은 대부분 ARM 어셈블리코드로 프로그램 되며 하드웨어에 직접적으로 관련이 있으므로 시스템 마다 조금씩 다를 수 있다. 보다 상세한 것은 관련 참고자료를 꼼꼼하게 살펴보아야 하며, '$PROJECT/ch05/standalone/bootstrap' 디렉토리에 있는 'crt.s'를 참고한다.

6 프로그램의 어드레스 맵 지정

일반적으로 사용되는 컴퓨터의 경우 프로세서가 MMU(Memory Management Unit)을 통해 가상주소공간을 지원하므로 프로그램이 하드웨어 메모리의 크기나 시작 주소에 대한 정보가 없어도 수행이 된다.

그러나 내장형 시스템이나 시스템집적반도체의 경우, MMU를 사용하지 않는 경우가 많고, 더구나 프로세서에서 수행되는 소프트웨어가 하드웨어를 직접 제어하는

[7] BSS: Below Stack Section을 의미하며, 프로그램에서 사용된 전역변수 중 초기값이 없거나 초기값이 0인 변수들을 모은 것

것이 필요하므로 프로그램을 컴파일 할 때 하드웨어의 메모리에 대한 정보를 반영해야 된다. 이러한 목적으로 [그림 3]에서 보인 바와 같이 'Link Script'가 사용된다. 이것은 컴파일 된 결과를 모아서 최종 실행파일을 생성할 때 프로그램이 수행될 코드의 주소와 변수들이 저장된 메모리 공간의 주소 등을 설정하게 된다.

예로서, [그림 4]와 같이 여러 컴파일 된 결과를 하나의 실행파일로 만드는 단계에서 arm-elf-ld를 사용하고, 이때 '--script' 선택자를 통해 링크스크립터를 지정한다[5]. 여기서 링크스크립터는 하드웨어에 있는 메모리의 구성을 반영하여 실행파일을 생성하게 한다. 즉, 프로그램 코드는 ROM영역으로 맵핑하고, 읽기전용 데이터들도 ROM영역에 맵핑하고, 일반 변수와 스택 등은 RAM영역으로 맵핑하는 등이 그 예가 될 수 있다.

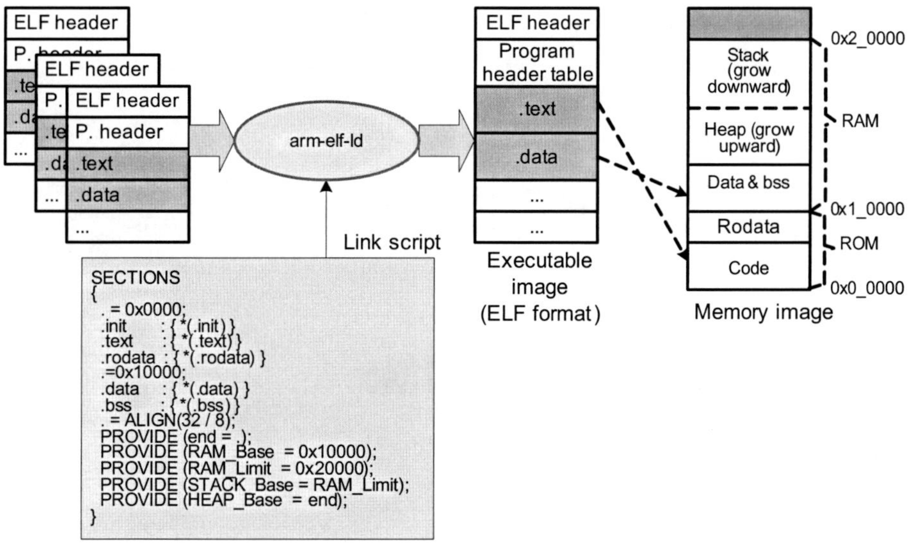

그림 4 프로그램 어드레스 맵 지정

$PROJECT/ch05/standalone/bootstrap 디렉토리에 있는 'armmp.ld'를 일례로 보였다. [프로그램 1]에서는 크로스 컴파일 된 실행 이미지는 모두 RAM에 저장되는 것으로 하고, RAM은 0x0번지부터 0x00100000번지까지 있는 것으로 가정하였고, 0x0번지부터 상위 주소 공간으로 text, rodata, data, bss, heap[8] 순으로 채우며, 0x00100000번지부터 하위 주소 공간으로 FIQ, IRQ 등 예외 상황에 따른 스택 영역을 할당한다.

[8] text: 프로그램 중 명령어 영역; rodata: 프로그램 중 읽기 전용 변수 영역; data: 프로그램 중 변수 영역; bss: 초기화 값이 없거나, 0으로 초기화되는 전역변수 영역; heap: 프로그램 수행 중에 할당하는 전역메모리 영역;

프로그램 1: 링크 스크립터의 일례

```
OUTPUT_FORMAT("elf32-littlearm")
OUTPUT_ARCH(arm)
ENTRY(_start)
SECTIONS
{
  . = 0x0000000;
  .text   0x0000000  :
          { _text_start   = ABSOLUTE(.); *(.text);
            _text_end     = ABSOLUTE(.); }
  .rodata ALIGN(4)   :
          { _rodata_start = ABSOLUTE(.); *(.rodata);
            _rodata_end = ABSOLUTE(.); }
  .data   ALIGN(4) :
          { _data_start   = ABSOLUTE(.); *(.data);
            _data_end     = ABSOLUTE(.); }
  .bss    ALIGN(4)   :
          { _bss_start    = ABSOLUTE(.); *(.bss);
            _bss_end      = ABSOLUTE(.); }
  PROVIDE (Image$$RW$$Limit = .);
  . = ALIGN(32 / 8);
  _end = 1;
  PROVIDE (end = .);
  PROVIDE (_text_start  = 0);
  PROVIDE (_RoDataEnd    = _rodata_end);
  PROVIDE (_DataStart    = _data_start);
  PROVIDE (_DataEnd      = _data_end);
  PROVIDE (_DataSize     = _data_end - _data_start);
  PROVIDE (_HeapStart    = end);
  PROVIDE (_HeapEnd      = _HeapStart + 4096);
  PROVIDE (_RamStart     = 0x00000000);
  PROVIDE (_RamEnd       = 0x00100000);
  PROVIDE (_FIQ_Stack    = _RamEnd);
  PROVIDE (_IRQ_Stack    = _FIQ_Stack);
  PROVIDE (_ABT_Stack    = _IRQ_Stack - 156);
  PROVIDE (_UND_Stack    = _ABT_Stack);
  PROVIDE (_SVC_Stack    = _UND_Stack);
  PROVIDE (_USR_Stack    = _SVC_Stack - 1024);
  PROVIDE (_STACKTOP   = _USR_Stack);
  PROVIDE (_StackTop     = _USR_Stack);
}
```

7 시스템 라이브러리

사용자 프로그램에서 시스템 자원을 사용하는 함수들을 모은 것을 시스템 라이브러리(system library)라 한다. 예로서, C 프로그램에서 입력과 출력에 사용하는 scanf()나 printf()와 같은 함수는 하드웨어로 존재하는 직렬통신 포트를 이용하는 것이므로 이에 대한 처리가 필요하다. 그러나 타겟 시스템이 이러한 기능을 지원하지 못하거나 디버깅 단계에서 호스트 시스템의 기능을 이용해야 될 필요가 있다. 여기서 타겟 시스템이란 시뮬레이션 대상인 컴퓨터이고, 호스트 시스템이란 시뮬레이션 프로그램이 수행되는 컴퓨터를 의미한다. 이와 같이 사용자 프로그램을 실행함에 있어 타겟 시스템의 자원을 사용하지 않고 호스트 시스템의 기능을 이용하는 경우를 세미호스팅(semihosting[9])[12]이라 한다.

반면 타겟 시스템에 있는 자원을 사용하는 경우, [그림 5]와 같이 설명할 수 있다.

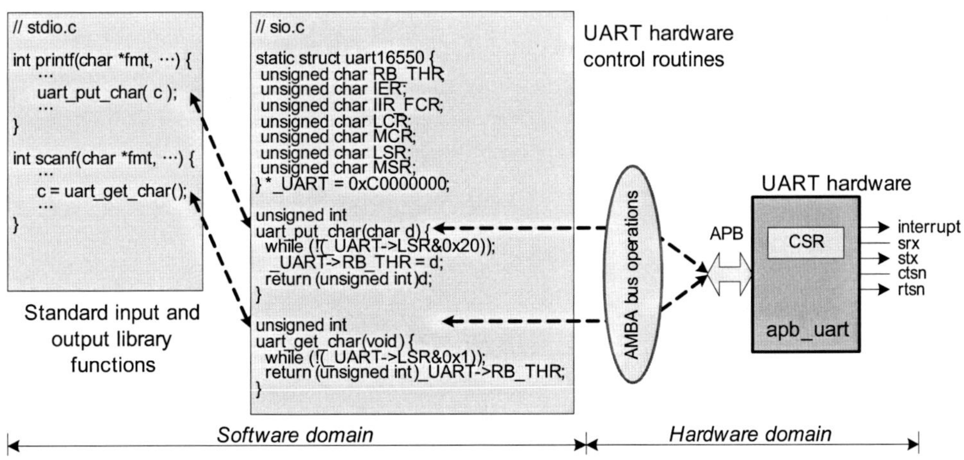

그림 5 표준 입출력 루틴의 동작 원리

시스템 라이브러리 중 하나인 printf()는 함수 내부에서 궁극적으로 UART를 제어하는 함수인 uart_put_char() 함수를 호출하게 되고, 이 함수는 UART 하드웨어 내부의 상태제어레지스터(CSR)를 참조하여 UART를 제어한다. 이때 UART 하드웨

9 Semihosting is a mechanism to communicate input/output request from application code to a host computer running a debug.

어 내부의 상태제어레지스터를 참조하기 위해서는 UART가 연결되어 있는 AMBA 버스에 해당 주소공간에 대한 읽기와 쓰기 동작이 진행된다.

8 ARM 크로스컴파일러 확인

이상에서 만든 ARM 크로스 컴파일러의 동작을 확인하기 위해 간단한 'hello.c' 프로그램을 크로스 컴파일 해 본다.

1. Cygwin 창을 연다.
2. '$RPOJECT/ch05/standalone/applications/hello' 디렉토리로 이동한다. 여기서 $PROJECT는 이 책에서 사용할 코드들이 모여 있는 디렉토리이다.
3. 'make'를 실행한다. 'make'에 대한 상세한 것은 참고자료 [17]를 참고한다.
4. 결과적으로 'hello.elf'이 생성된다.

다음이 make를 실행한 결과이다. 매우 복잡해 보이지만 크게 보아 다음과 같이 세 가지 일을 한다.

1. crt.s를 arm-elf-as로 컴파일 한다.
2. C 프로그램을 arm-elf-gcc로 컴파일 한다. 이때 '-g' 선택자를 사용하여 원천코드 디버깅이 가능하도록 한다.
3. 컴파일 된 결과를 arm-elf-ld로 모아서 ELF 파일을 만든다. 이때 '--script' 선택자로 어드레스 맵 구성 정보를 지정한다.

프로그램 2: ARM 크로스 컴파일을 실행한 일례

```
prompt% ls
Makefile   hello.c
prompt% make
/usr/local/arm_cc/bin/arm-elf-as    -o crt.o ../../../standalone/bootstrap/crt.s
/usr/local/arm_cc/bin/arm-elf-gcc   -c -g  -I/usr/local/arm_cc/arm-elf/include
                              -I/usr/local/arm_cc/lib/gcc-lib/arm-elf/3.3/include
                              -o handler.o ../../../standalone/bootstrap/handler.c
/usr/local/arm_cc/bin/arm-elf-gcc   -c -g  -I/usr/local/arm_cc/arm-elf/include
                         -I/usr/local/arm_cc/lib/gcc-lib/arm-elf/3.3/include -o hello.o hello.c
/usr/local/arm_cc/bin/arm-elf-ld --script ../../../standalone/bootstrap/armmp.ld
                         -o hello.elf crt.o handler.o hello.o -L/usr/local/arm_cc/arm-elf/lib
```

```
                    -L/usr/local/arm_cc/lib/gcc-lib/arm-elf/3.3 -lc -lgcc
prompt% ls
Makefile  crt.o  handler.o  hello.c  hello.elf  hello.o
```

'hello.elf'의 구성은 'arm-elf-elfread'를 통해 확인할 수 있다.

```
prompt% /usr/local/arm_cc/bin/arm-elf-elfread  -a  hello.elf
```

또한 크로스 컴파일 결과를 다음과 같이 수행시켜서 그 결과를 확인할 수도 있다.

```
prompt% /usr/local/arm_cc/bin/arm-elf-run  -v  hello.elf
```

여기서 'arm-elf-run' 대신 'arm-elf-gdb'를 이용할 수도 있다.

9 원천코드 디버거

프로그램을 개발하는 데 있어 원천코드 디버거(source-level debugger)는 필수적이다. 이것은 프로세서에서 수행되는 프로그램의 진행상황이나 레지스터 그리고 메모리의 값 등을 확인하거나 변경할 수 있고, 특정 주소에서 프로그램 수행을 멈추게 하고, 명령어를 하나씩 수행하게 하는 등의 기능을 지원한다.

앞 절에서 크로스 컴파일한 결과인 hello.elf을 arm-elf-gdb로 수행하는 예는 다음과 같다. 즉, arm-elf-gdb를 hello.elf와 같이 실행하면, gdb 수행 상태가 되면서 '(gdb)' 프롬트가 나타난다. 여기서부터 GDB 명령어를 입력함으로써 원천코드 디버거를 수행할 수 있다. 여기서 사용한 GDB 명령어는 다음과 같다.

- target sim: GDB 내부에 있는 시뮬레이터를 사용하도록 설정
- load: gdb를 실행할 때 지정한 ELF 파일을 시뮬레이터 메모리에 싣기
- run: 시뮬레이터를 실행
- quit: GDB를 끝낸다.

프로그램 3: GDB를 실행한 일례

```
[adki@namu] ls
Makefile  hello.bin  hello.c  hello.elf  hello.hex  hello.o
[adki@namu] /usr/local/arm_cc/bin/arm-elf-gdb hello.elf
GNU gdb 6.4
Copyright 2005 Free Software Foundation, Inc.
GDB is free software, covered by the GNU General Public License, and you are
welcome to change it and/or distribute copies of it under certain conditions.
Type "show copying" to see the conditions.
There is absolutely no warranty for GDB.  Type "show warranty" for details.
This GDB was configured as "-host=i686-pc-cygwin -target=arm-elf"...
(gdb) target sim
Connected to the simulator.
(gdb) load
Loading section .text, size 0x8a4c vma 0x0
Loading section .rodata, size 0x1dc vma 0x8a4c
Loading section .rodata.str1.4, size 0x9b vma 0x8c28
Loading section .data, size 0x7a4 vma 0x8cc4
Start address 0x0
Transfer rate: 303928 bits in <1 sec.
(gdb) run
Starting program: ..../ch05/standalone/applications/hello/ hello.elf
Hello world!

Program exited normally.
(gdb) quit
[adki@namu]
```

만약 Cygwin을 설치할 때 X-Window도 같이 설치하였다면 DDD[18]와 같은 GUI(graphical user interface) 기반 인터페이스를 사용할 수도 있을 것이다.

예로서, 다음과 같이 Cygwin 창에서 입력하면, [그림 6]과 같이 DDD를 이용하여 원천코드 디버깅을 할 수 있다. 여기서 'ddd'에 '--debugger' 선택자로 실제로 사용할 원천코드 디버거를 지정한다.

```
prompt% ddd  --debugger  /usr/local/arm_cc/bin/arm-elf-gdb  hello.elf
```

DDD는 GDB를 보다 쉽게 사용하도록 GUI를 이용하는 것이므로 사용하는 명령어는 GDB와 동일하다.

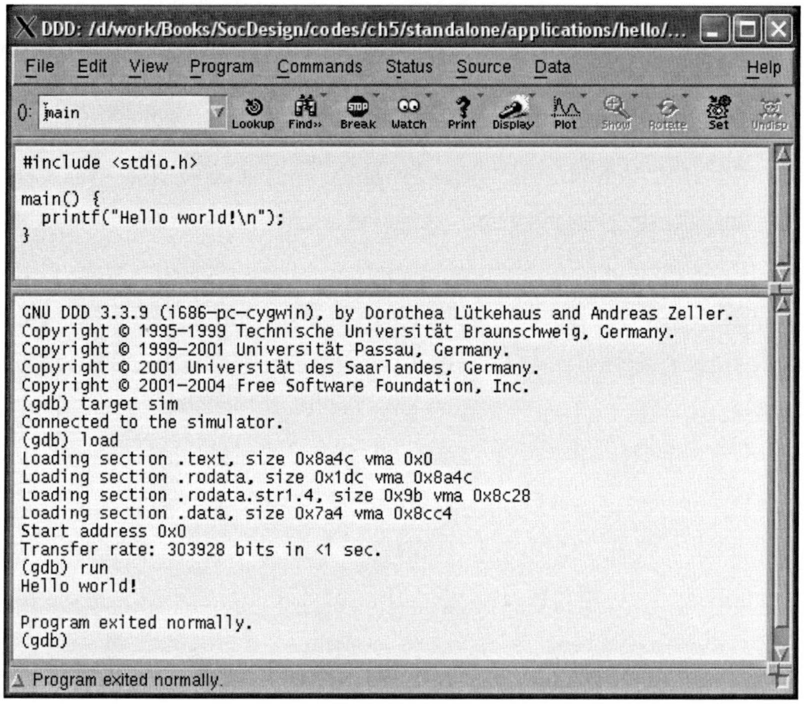

그림 6 DDD를 사용한 일례

10 종 합[10]

시스템집적반도체는 내장된 프로세싱 코어가 수행하는 프로그램이 모든 자원을 관리한다. 따라서 프로세싱 코어에서 수행될 프로그램을 컴파일하는 환경이 필요하다. 그러나 일반적으로 프로그램을 개발하는 환경의 컴퓨터와 시스템집적반도체에 내장된 프로세싱 코어가 같지 않기 때문에 특별한 컴파일러가 필요하며, 이것이 크로스 컴파일이라 한다.

여기에서는 크로스 컴파일러가 무엇이며 어떻게 생성하는 것인지 등에 대해 설명하고, GNU GCC를 이용하여 ARM 프로세서용 크로스 컴파일러를 만들고, 간단한 예제 프로그램을 통해 그 동작에 대해 설명하였다. ARM용 크로스 컴파일러에 대한 정보는 여러 웹 페이지 [19][20][21][22]에서 구할 수 있다.

10 참고자료 [23][24]의 내용을 기본으로 작성되었다.

11 연습문제

1. '$PROJECT/ch05/standalone/applications' 디렉토리에 있는 다른 응용 프로그램들도 크로스컴파일하고 실행시켜 본다.
2. '$PROJECT/ch05/standalone/applications' 디렉토리에 있는 응용 프로그램을 크로스컴파일한 결과인 ELF 파일을 arm-elf-gdb를 이용하여 디버깅 해 본다.
3. [프로그램 1]에서는 모든 실행 이미지(executable image)가 0x0번지부터 시작하는 RAM을 사용하는 것을 가정한 것이다. 만약 실행 이미지가 ROM에 저장되어서 사용되는 경우라면 크로스 컴파일 과정에서 어떤 것이 고려되어야 하며, 하드웨어적으로 어떤 것이 지원되어야 하는지 논의해 본다.
4. GDB의 여러 명령어에 대해 살펴보고 '$PROJECT/ch05/standalone/applications' 디렉토리에 있는 응용 프로그램을 GDB를 이용하여 디버깅 해 본다. 특히 list, break, step, next, continue, print, display 등이 무슨 기능이며 어떻게 사용하는지 정리해 본다.

12 참고자료

[1] C. Vinschen et..al, Cygwin User's Guide, Red Hat, Inc., 2001.

[2] C. Ramey et.al, Bash Reference Manual, Free Software Foundation, 1999.

[3] R.M. Stallman, Using and porting the GNU Compiler Collection, Free Software Foundation, 2001.

[4] R.H. Pesch and J.M. Osier, The GNU Binary Utilities, Free Software Foundation, 1993.

[5] S. Chamberlain, Using ld - the GNU linker, Free Software Foundation, 1997.

[6] S. Chamberlain et.al., The Red Hat newlib C Library, Red Hat Inc., 2004.

[7] R. Stallman et. al., Debugging with GDB - the GNU source-level debugger, Free Software Foundation, 2001.

[8] G. Anderson and P. Anderson, The UNIX C Shell Field Guide, Prentice-Hall, 1986.

[9] ARM ELF, SWS ESPC 003 A-08, ARM, Sept. 1999.

[10] W. Gatliff, Implementing a Remote Debugging Agent Using the GNU Debugger, 2001.

[11] ARM Developer Suite - Debug Target Guide, ARM.

[12] ARM Software Development Toolkit User Guide, Chapter 13 Angel, ARM, 1998.

[13] J.R. Andrews, Co-Verification of Hardware and Software for ARM SoC Design, Elsevier Inc., 2005.

[14] L. A.R.W. Edwards, Embedded System Design on a Shoestring, Elsevier Inc., 2003.

[15] http://sources.redhat.com/ml/crossgcc/

[16] http://www.billgatliff.com/

[17] Richard M. Stallman, Roland McGrath, Paul D. Smith, GNU Make, Free Software Foundation, Inc., 2006.

[18] Andreas Zeller, Debugging with DDD User's Guide and Reference Manual - Data Display Debugger, 2004.

[19] GNU ARM toolchain for Cygwin, Linux and MacOS, www.gnuarm.com.

[20] ARM Project, www.siwawi.arubi.uni-kl.de/avr_projects/arm_projects.

[21] CrossGCC Frequently Asked Questions, vmlinux.org/crash/mirror/www.objsw.com/CrossGCC/

[22] CrossGCC, http://sourceforge.net/projects/crossgcc.

[23] 기안도, HW/SW 동시협조시뮬레이션 - Verilog 시뮬레이터와 ARM ISS, 반도체설계교육센터(IDEC KAIST) 강좌자료, 2006년2월. (idec.kaist.ac.kr)

[24] 기안도, System-on-a-Chip Design and Verification, Part II - 크로스 컴파일러, IDEC Newsletter, 통권 112호, 2006년10월. (idec.kaist.ac.kr)

CHAPTER

06

명령어집합 시뮬레이터[1]

시스템집적반도체의 설계 및 검증에 있어서 하드웨어-소프트웨어 통합검증이 핵심적인 개발 환경이 된다. 본 장에서는 프로세싱 코어를 모델링하여 소프트웨어를 시뮬레이션 할 수 있도록 하는 명령어집합시뮬레이터에 대해 살펴본다.

[1] Instruction Set Simulator

1 명령어집합시뮬레이터

명령어집합시뮬레이터(ISS: Instruction Set Simulator)는 호스트 컴퓨터에서 실행되는 프로그램이며 타겟프로세서용 프로그램을 시뮬레이션한다. 예로서, ARM 크로스 컴파일 된 실행 파일을 Windows 컴퓨터에서 ARM ISS로 실행할 수 있다.

[그림 1]에 보인 바와 같이, ISS는 호스트 컴퓨터(host computer)에서 수행되는 프로그램이므로 이 프로그램을 컴파일 할 컴퓨터가 필요하고, 이것을 생성 컴퓨터(build computer)라 한다. 생성 컴퓨터는 ISS 프로그램의 원천코드를 컴파일 한다. 경우에 따라 호스트 컴퓨터와 생성 컴퓨터가 다를 수 있지만, 보통 동일한 컴퓨터이다. 크로스컴파일러로 사용자 프로그램을 컴파일 하여 타겟 컴퓨터(target computer)에서 수행될 수 있는 실행이미지(executable image)를 만들고 이것을 호스트 컴퓨터에서 ISS로 시뮬레이션 한다.

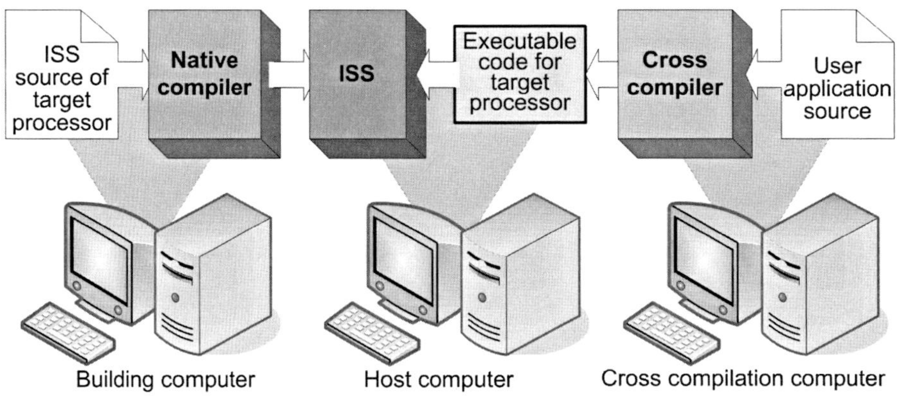

그림 1 명령어집합시뮬레이터 사용 환경

명령어집합시뮬레이터는 그 구현방법에 따라 다음과 같이 분류한다[1][2][3][4].

- 인터프리티브 명령어집합시뮬레이터(Interpretive ISS): [그림 2.a]와 같이, 응용 프로그램을 크로스 컴파일하고, 그 결과인 실행 이미지에서 명령어(instruction)를 하나씩 인출(fetch)하여 해석하고 그에 따라 필요한 일을 수행하는 방법으로, 구현이 용이한 반면 상대적으로 시뮬레이션 성능이 높지 못하다.

- 컴파일 코드 명령어집합시뮬레이터(Compiled-code ISS): 수행할 전체 명령어(즉, 전체 프로그램)를 수행 전에 호스트컴퓨터에서 실행될 프로그램으로 변환(즉, 컴파일) 하고, 그 결과로 생성된 실행 프로그램을 수행하는 방법이며, 고속으로 실행될 수 있는 장점이 있지만 컴파일 된 결과 파일의 크기가 방대해지고 구현할 수 없는 부분이 있는 등 단점이 있다. 구현하는 방법에 따라 정적인 것과 동적인 것으로 구분할 수 있고, 정적인 구현 방법은 바이너리 변환 방법([그림 2.b])과 C 프로그램 변환 방법([그림 2.c])으로 구분할 수 있으며, 동적인 방법은 [그림 2.d]와 같이 인터프리티브 방법과 바이너리 변환 방법을 결합한 것과 유사하며, 시뮬레이터가 실행되는 과정에서 바이너리 변환을 하고, 반복적으로 사용되는 코드에 대해서는 변환된 코드를 재사용 하는 방식이다.
- 네이티브 코드 실행(Native-code execution)[2]: 타겟 프로세서에서 수행될 프로그램을 호스트 컴퓨터용 컴파일러로 컴파일하여 호스트 컴퓨터 프로그램으로 수행하는 것이며, 엄밀하게 보아서 ISS는 아니지만 설계 초기단계에 활용해 볼 수 있다는 장점이 있다.

인터프리티브 ISS는 응용 프로그램에 무관하게 ISS가 독립적인 프로그램이지만, 컴파일 코드 ISS는 응용 프로그램에 따라 새로운 시뮬레이터가 만들어진다.

명령어집합시뮬레이터는 그 정확도에 따라 다음과 같이 분류해 볼 수 있다.

- 명령어수정확도 모델 (Instruction count accurate model)
- 사이클수정확도 모델 (Cycle count accurate model)
- 타이밍정확도 모델 (Timing accurate model)

명령어수정확도 모델은 ISS에서 시뮬레이션 된 프로그램의 명령어 수와 실제 하드웨어 프로세서에서 실행된 프로그램 명령어 수가 동일한 정도의 정확도를 유지하는 것이다. 사이클수정확도 모델은 프로세서내부의 파이프라인 등에 소요되는 클럭 사이클 수 측면에서 ISS로 시뮬레이션 한 결과와 실제 하드웨어 프로세서에서 실행된 결과가 동일한 정도의 정확도를 갖는 경우이다. 타이밍정확도 모델은 하드웨어 측면에서 시간지연까지를 동일하게 모델링한 경우이다. 정확도가 높을수록 실행속도가 느려진다.

2 Direct execution; Host execution

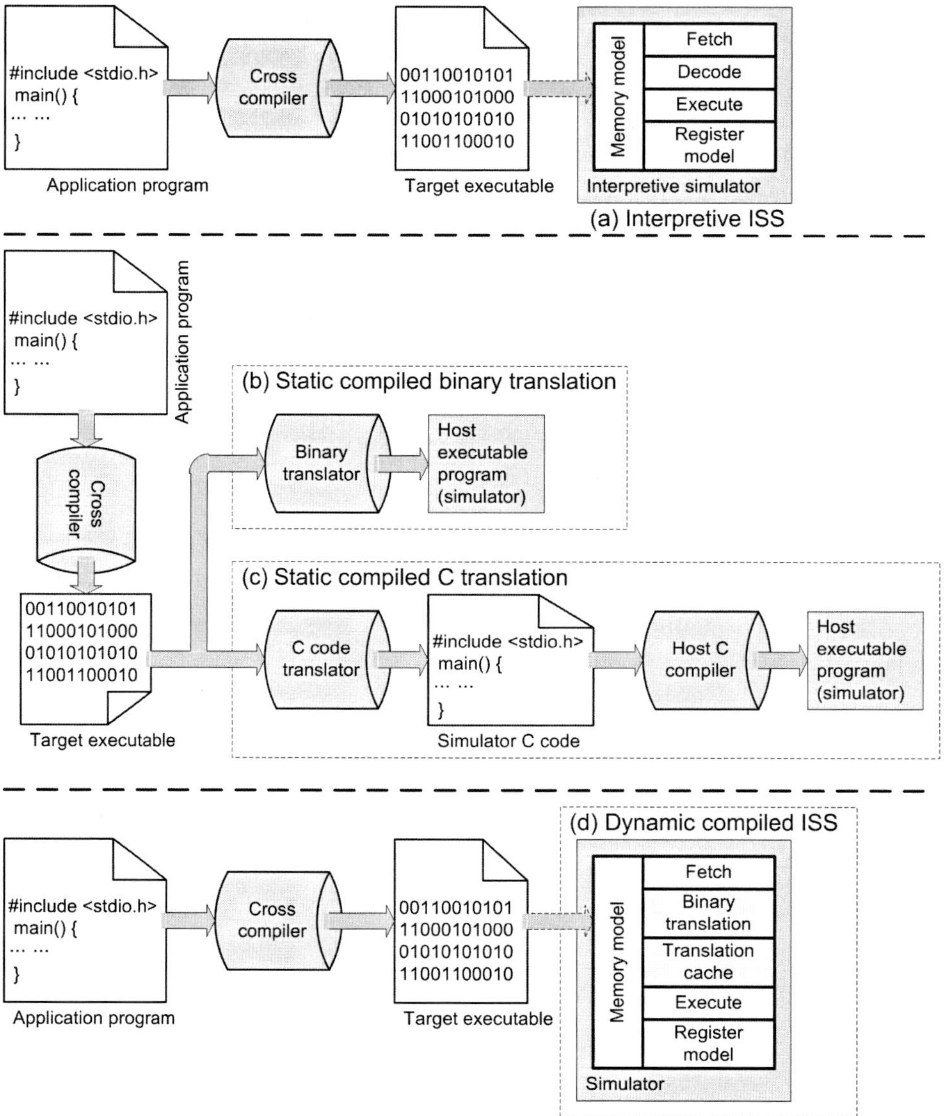

그림 2 ISS 실행

HW-SW 통합시뮬레이션에는 인터프리티브 방식 또는 컴파일코드 방식의 명령어수 정확도 모델 정도를 갖는 명령어집합시뮬레이터를 주로 사용한다. 반면 시스템 집적반도체의 설계를 반도체공장으로 넘기기 전에는 타이밍정확도 모델을 사용하여 필요 최소한으로 기능 및 타이밍 검증을 하기도 한다.

2 ARM ISS

ARM 명령어집합시뮬레이터는 ARM 프로세서의 동작을 프로그램으로 모델링 한 것이므로, 3단 파이프라인 구조를 갖는 ARM7의 경우 [그림 3]과 같은 구성을 갖는다. 명령어를 인출(Fetch)하여 디코딩(Decode)하고 실행(Execute)하는 순서를 유지하고, 이 과정에서 내부의 레지스터들의 내용을 변경하며, 메모리의 내용이 필요하거나 메모리에 정보를 저장할 필요가 있을 경우, BFM(Bus Functional Model)을 통해 메모리 모델을 참조하고, 메모리 모델은 ARM 명령어집합시뮬레이터 내부의 것 또는 외부의 것을 사용할 수 있다.

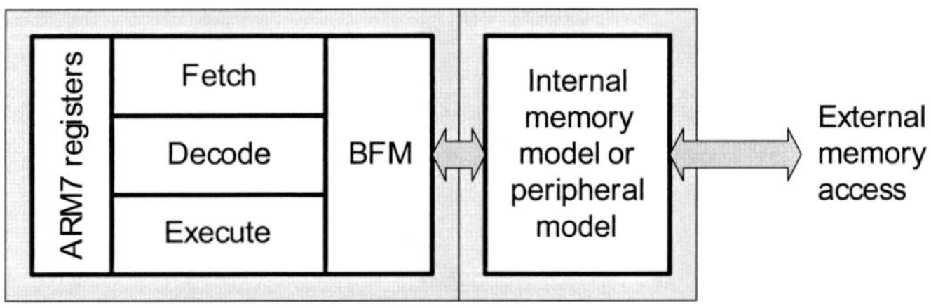

그림 3 ARM7 ISS의 개략적 구성과

ARM ISS에 있는 BFM은 ARM ISS가 외부로 메모리 참조를 하기 위한 블록이며, HW/SW 통합시뮬레이터에서는 HDL 로직시뮬레이터와 연동하게 되고, HW/SW 통합에뮬레이터에서는 FPGA와 연동하게 된다. ARM ISS에 있는 레지스터는 ARM 프로세싱 코어에 있는 레지스터 파일을 자료구조를 모델링 한 것으로 ARM 프로세싱 코어의 현재 상태를 유지하는 것이다.

2.1 ARM ISS 만들기

여기서 만들 ARM ISS는 GNU GDB[5]에서 필요한 코드를 발췌한 것을 기본으로 하여 추가적인 기능들을 보강한 것이다. 특히 Visual Studio로 컴파일이 되도록 수정하였고, 실행되는 명령어들을 디스어셈블링(disassembling)하는 기능, 성능분석을 위한 프로파일링(profiling) 기능, GDB와 연동하는 기능 등이 추가되었다. 여기서 설명하는 것은 '$PROJECT/ch06/arm_iss' 디렉토리에 있다.

[그림 4]에 ARM ISS 생성과정을 보였다. 원천코드는 ARM ISS 라이브러리를 생

성하기 위한 것들과 단독수행 ISS를 위한 것들로 구분되며, 후자는 전자를 사용한다. ARM ISS를 생성함에 있어 다음과 같은 추가 라이브러리를 사용하며 각각은 독립된 디렉토리에 준비되어 있다.

- 'elf': 크로스컴파일된 결과 파일을 활용하기 위해 필요한 것
- 'ipc_socket': GDB와 연동하기 위해 필요한 Socket IPC

[그림 4]에서 타원으로 표시된 것들은 Visual Studio의 컴파일러와 링커 프로그램이다. ARM ISS를 생성하면 다음 두 가지가 만들어 진다.[3]

- arm_iss.lib 또는 libarm_iss.a: ARM ISS 라이브러리
- arm_iss_sim.exe 또는 arm_iss_sim: 독자수행가능 ARM ISS

[그림 4]에서는 Visual Studio를 이용한 경우를 설명했지만, Linux 또는 SUN Solaris에서 GNU GCC를 이용하여 ARM ISS를 만들 수도 있다. [그림 4]의 왼쪽에

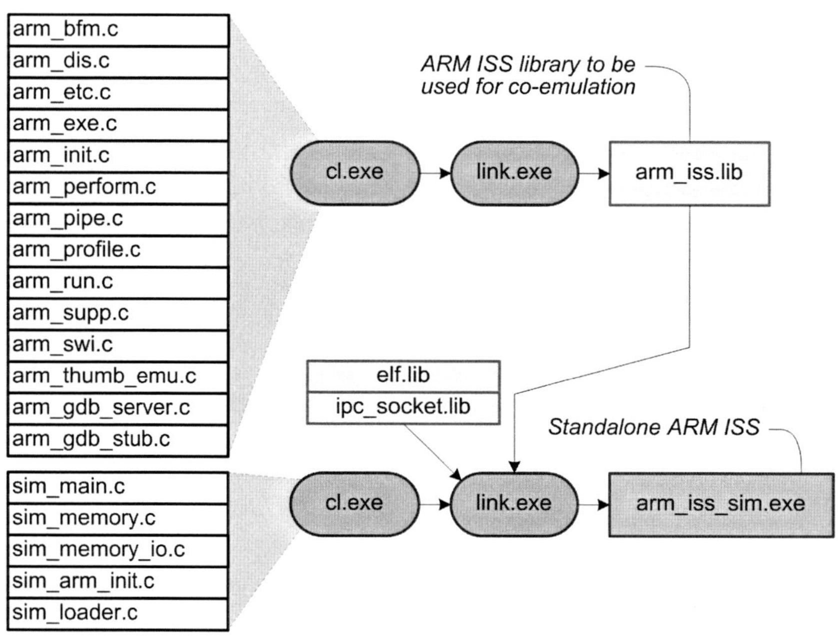

그림 4 ARM ISS 코드의 구성

[3] Windows와 Linux/Unix에서는 라이브러리의 파일 이름과 실행 파일의 파일 이름이 다르게 사용된다. 예로써, 라이브러리의 경우, Windows에서는 arm_iss.lib 또는 arm_iss.dll 등과 같이 사용하고, Linux에서는 libarm_iss.a 또는 libarm_iss.so 등과 같이 사용한다. 실행 파일의 경우, Windows에서는 exe를 확장자로 사용하지만 Linux에서는 확장자를 사용하지 않는 것이 일반적이다.

나열된 ARM ISS 원천코드외에 다음과 같은 것들이 있다.

- RunMe.bat와 Makefile.vc: DOS 스크립터로 RunMe.bat를 실행시키면 Makefile.vc를 nmake[4]로 실행[5]하여[그림 4]과정을 수행한다.
- arm_iss.dsp와 arm_iss.dsw: 'arm_iss.lib'를 Visual Studio로 생성한다.
- arm_iss_sim.dsp와 arm_iss_sim.dsw: 'arm_iss_sim.exe'를 Visual Studio로 생성한다.
- Makefile: Linux 또는 SUN Solaris에서 make[6] 명령어로 실행하면 'libarm_iss.a'와 'arm_iss_sim'을 생성한다.

Windows에서 'RunMe.bat'를 실행(double-click)하고, '4'와 '1'과 '2' 그리고 '0'을 차례로 선택함으로써, 'arm_iss.lib'와 'arm_iss_sim.exe'를 만들 수 있고, Linux에서는 make를 해당 디렉토리에서 수행함으로써, 'libarm_iss.a'와 'arm_iss_sim'을 만들 수 있다.

2.2 arm_iss.lib/libarm_iss.a

앞에서 설명한 바와 같이 ARM ISS의 중심 부분은 라이브러리로 만들고 이것을 이용하여 필요에 따라 시뮬레이터를 만든다. ARM ISS 라이브러리가 외부와 연동하는 데는 다음과 같은 함수(ARM ISS API)들이 이용되며 'arm_bfm.h'에 함수의 원형이 선언되어 있다.

- FetchInst(): 시뮬레이터가 실행할 명령어를 인출하기 위해 호출된다.
- LoadMemData(): 시뮬레이터가 특정 주소의 메모리 값을 읽기 위해 호출된다.
- StoreMemData(): 시뮬레이터가 특정 주소의 메모리에 값을 쓰기 위해 호출된다.
- CheckInterrupt(): 시뮬레이터가 인터럽트가 발생했는지 점검하기 위해 호출한다.

따라서 이들 함수들은 시뮬레이터 코드에서 추가로 정의되어야 하며, ARM ISS의 경우, 'sim_memory.c'에서 정의된다. 'sim_memory.c'에서는 내부 메모리 모델을 사용할 것인지 외부 메모리 모델을 사용할 것인지를 전달되는 주소에 따라 결정

4 NMAKE: Microsoft Program Maintenance Utility

5 이들 스크립터를 사용하기 위해서는 Visual Studio를 설치할 때 'Register Environment Variables' 을 선택하여 환경변수가 모두 지정되도록 해야 한다.

하고, 외부 메모리 모델을 사용해야 될 경우, 다음 함수들을 호출한다.

- FetchInstIO()
- LoadMemDataIO()
- StoreMemDataIO()
- CheckInterruptIO()

이들은 'sim_memory_io.c'에 정의되어 있고, 'socket_put()/socket_get()'을 이용하여 외부와 연동되며, 이들 IPC 소켓 라이브러리는 '제4장 BFM을 이용한 설계 자산의 기능검증'에서 설명한 것과 동일하다.

다음은 소켓을 통해 사용되는 메시지 패킷의 구성이다.

- 'cmd.type'을 통해 패킷의 종류와 요청과 응답에 관련된 정보를 담는다.
- 'cmd.type'의 최상위 비트가 '1'이면, 응답 패킷이고, '0'이면 요청 패킷이다.
- 'cmd.type'의 최상위 비트가 '0'인 요청 패킷은 명령어 인출, 읽기, 쓰기 등으로 구분된다.
- 'cmd.size'는 'data' 필드를 통해 전송되는 정보의 바이트 수를 정하며, 1,2,4 만이 허용된다.
- 'cmd.ack'는 'cmd.type'의 최상위 비트가 '1'인 응답 패킷에서 상태를 나타낸다.
- 'cmd.irq'는 'cmd.type'의 최상위 비트가 '1'인 응답 패킷에서 인터럽트 발생 여부를 나타내며, 아래쪽 두 개 비트가 FIQn과 IRQn 정보를 담는다.
- 'address'는 요청 패킷에서 주소 정보를 담는다.
- 'data'는 요청 또는 응답 패킷에서 데이터 정보를 담고, 해당 정보는 LSB(Least Significant Byte) 쪽으로 정렬된 형태이다.
- 'attr'은 향후 추가적인 기능을 위한 것이다.

```
typedef struct {
    struct {
        unsigned char type; // transfer types
        unsigned char size; // 1, 2, 4
        unsigned char ack;  // 0 for OK, 1 for ERROR
        unsigned char irq;  // interrupt when return
    } cmd;
    unsigned int addr;
```

```
    unsigned int data;
    unsigned int attr; // user-defined attribute
} packet_t;
```

ARM ISS 라이브러리를 이용하여 ARM ISS를 구성할 때 다음의 순서로 준비된 함수를 호출한다.

1. ARMul_Init(): ARM ISS의 자료구조를 초기화 한다.
2. Memory 초기화: 필요한 경우, 메모리 모델을 생성하고 초기화 한다.
3. 프로그램 로딩: 필요한 경우, 프로그램을 메모리 모델이 저장한다.
4. ARMul_Run(): ARM ISS를 다음 함수를 호출하여 실행하며 무한루프로 수행된다.
    a. ARMul_Fetch()
    b. ARMul_Execute()
    c. ARMul_Bfm()
    d. ARMul_AdvancePipeline()

이러한 일련의 과정은 'sim_main.c'와 'sim_arm_init.c'에서 확인해 볼 수 있다.

2.3 ARM ISS 실행

만들어진 독자수행가능 ARM ISS인 arm_iss_sim.exe는 다음과 같은 선택자를 지원한다. 여기서는 Windows의 Cygwin 창에서 수행한 예를 보였다. Windows Command 창에서도 'arm_iss_sim.exe'를 '-h' 선택자와 함께 수행시키면 그 활용법의 설명을 확인할 수 있다.

```
[adki@cygwin] ./arm_iss_sim.exe  -h

[Usage] arm_iss_sim.exe [options] -pbin prog.bin
        -dis                enable disassemble
        -prof               enable profile
        -gsp     port       enable GDB RSP connection through socket port (0)
        -h                     print help message
        -l                     print license message
        -pbin    prog       target program: ARM executable in binary format
        -r                     print version information
        -sa      addr       address to load target program: 0(0x0)
```

```
-ii       num       check interrupt every num cycles: default no
-hs       addr      IO start address: 0xffffffff
-he       addr      IO end   address: 0xffffffff
-bsn      server    BFM server name: localhost
-bsp      port      BFM socket port number: 7777

Example: arm_iss_sim.exe -pbin program.bin
```

다음과 같은 선택자(option)가 준비되어 있다.

- [-dis] 시뮬레이터가 프로그램을 실행하면서 디스어셈블리 한 결과를 출력한다. 즉, 실행되는 각 명령어를 확인해 볼 수 있다.
- [-prof] 시뮬레이션 종료 후, 실행된 명령어들과 메모리 참조 등의 종류와 횟수에 대한 정보를 출력한다.
- [-gsp port] 'port'는 숫자로 주어지며, 해당 소켓 포트를 통해 GDB가 연결된다.
- [-h] 활용법에 대한 설명이 출력된다.
- [-l] 라이센싱 관련 설명을 출력된다.
- [-pbin prog] 시뮬레이터가 실행할 프로그램의 바이너리 파일
- [-r] 버전 정보 출력
- [-sa] 시뮬레션할 프로그램을 로딩할 메모리의 시작 주소, 따로 지정하지 않으면 시뮬레이터가 자동으로 확인하여 사용함
- [-ii num] 인터럽트 상황을 점검하는 주기로서 'num'으로 주어진 명령어 수 만큼 실행 후, 인터럽트를 점검한다. 'num'이 '0'이면 인터럽트를 점검하지 않는다.
- [-hs addr] 외부 메모리로 할당할 주소의 시작 번지
- [-he addr] 외부 메모리로 할당할 주소의 끝 번지
- [-bsn server] 외부 메모리로 할당된 주소에 해당하는 메모리 모델이 있는 호스트 컴퓨터
- [-bsp port] 외부 메모리로 할당된 주소에 해당하는 메모리 모델이 있는 호스트 컴퓨터의 소켓 번호

ARM ISS를 내장 메모리 모델로 시뮬레이션 할 경우, '-hs/-he/-bsn/-bsp/-ii'는 사용하지 않는다.

단독실행 가능한 ARM ISS의 활용 예를 간단한 프로그램인 'hello.c'를 이용하여 설명한다.

우선 'hello.c'는 printf()를 이용하여 'Hello World!'라는 문장을 출력하는 간단한 프로그램이며, 이것을 ARM ISS에서 수행하려면 크로스컴파일을 해야 된다. 즉 [그림 5]에서와 같이 'hello.c'를 'arm-elf-gcc'로 컴파일 하고, 시스템 초기화에 관련된 코드인 'crt.s'를 'arm-elf-as'로 컴파일하고, 이들 결과를 'arm-elf-ld'로 링크한다. 링크할 때 필요한 라이브러리를 사용한다. 여기서 'libgcc.a'는 부동소수점연산에 관련된 라이브러리이고, 'libc.a'는 printf()와 같은 C 언어 표준 라이브러리이다. 결과적으로 생성된 'hello.elf'는 'arm-elf-objcopy'를 통해 ARM 프로세서가 해당 프로그램을 실행하는 데 꼭 필요한 정보를 추출하여 'hello.bin'으로 변환된다[6]. 'hello.bin'이 메모리에 저장되어 ARM ISS가 프로그램으로 실행하게 된다.

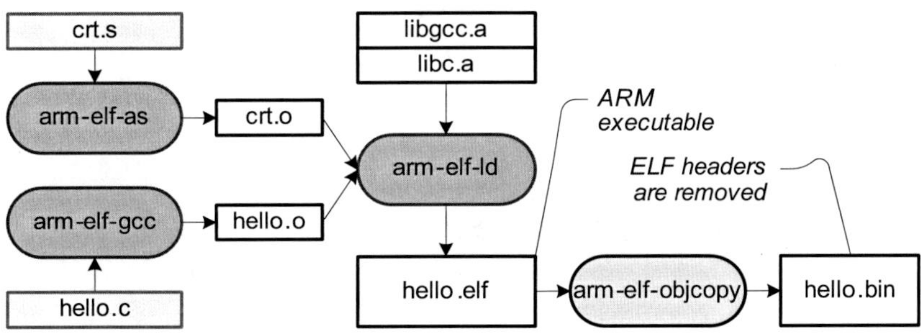

그림 5 단독실행 가능한 ARM ISS을 위한 크로스컴파일 과정

크로스 컴파일 된 결과를 '-pbin' 선택자를 사용하여 ARM ISS와 함께 다음과 같이 수행시킨다. 이때 'arm_iss_sim.exe'는 해당 ARM ISS 프로그램을 지칭해야 된다. 즉, '$PROJECT/ch06/arm_iss/arm_iss_sim.exe'가 된다.

```
[adki@cygwin] arm_iss_sim.exe -pbin hello.bin
```

또는 '-prof' 선택자를 추가함으로써 수행결과에 대한 정보를 출력할 수 도 있다.

```
[adki@cygwin] arm_iss_sim.exe -prof -pbin hello.bin
Info: loaded 38000(0x9470) byte image from "hello.bin".
```

6 ELF는 프로그램의 실행 코드 외에 각종 정보를 담고 있는 파일이므로 프로세서가 실행하기 위해서는 필요치 않는 부분을 제거할 필요가 있다.

```
Info: verification 38000-byte loaded at 0x0 OK!
Hello world!
Execution profile (may need revision)
nop      399  bx        0   mul      2
mla        0  swp       0   mull     0
mlal       0  str      13   ldr     22
and       12  eor       3   sub    115
rsb       22  add      78   adc      0
sbc        0  rsc       0   msr      5
mrs        0  tst      14   teq      0
cmp      212  cmn      24   orr     31
mov      304  bic      23   mvn      6
str      167  str       0   str     20
undef      0  ldr     221   stm     35
ldm       38  b       224   swi      4
Total instructions (sum)  : 1994
Load/Store instruction profile (may need revision)
load (word/half/byte):      467 (416/22/29)
store (word/half/byte):     429 (401/13/15)
swap:                         0
Simulation performance: 124525 IPS: (1994-ins 0.016-sec)
```

필요에 따라 '-dis' 선택자로 디스어셈블링한 결과를 확인할 수도 있다.

프로세서 모델인 ARM ISS는 종료하지 않는 프로그램으로 볼 수 있지만, 시뮬레이션의 편의를 위해 'SWI 0xFF'를 수행하면 종료하도록 프로그램 되었다. 이는 'arm_swi.c'에서 확인해 볼 수 있다.

2.4 원천코드 디버거와의 연동

ISS가 프로세서의 기능을 모델링한 것이고, 크로스컴파일된 실행 프로그램을 시뮬레이션하는 것이므로 프로그램을 시뮬레이션하는 과정에서 디버깅이 필수적으로 요구된다. 이를 위해 앞에서 만든 ARM ISS 독자수행 시뮬레이터에도 내부에 GDB와 연동될 수 있는 기능이 추가되었다. 즉, GDB 서버(GDB server)가 소켓 IPC를 통해 GDB와 연결되며 이 연결을 통해 RSP(Remote Serial Protocol)[7]에 따라 디버깅 명령어들을 받아 그에 따라 ARM ISS를 동작시킨다.

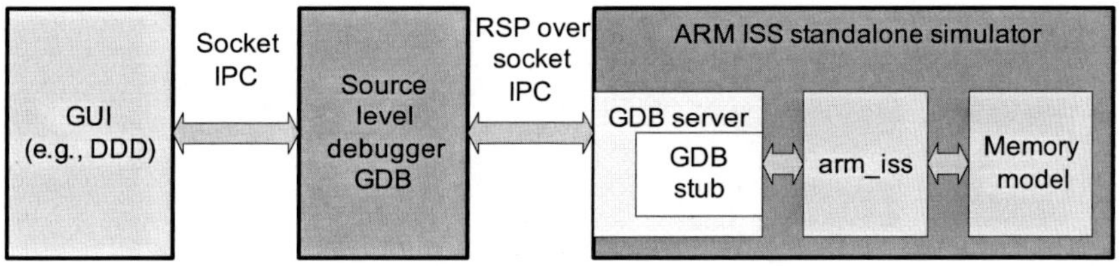

그림 6 GDB와 연동되는 개념도

이러한 구성은 [그림 6]에 보인 바와 같고, 필요에 따라 GDB는 다시 DDD와 같은 GUI(Graphical User Interface)와 연동될 수 있다. GDB와 GDB 서버는 소켓 IPC를 이용한 서버와 클라이언트 관계이므로 서버인 GDB 서버를 먼저 실행하고 이후 GDB를 실행해야 한다. GDB에는 이러한 환경을 지원하기 위해 'target'[8]이라는 명령어가 있다.

2.5 따라하기

앞에서 설명한 ARM ISS 생성은 다음과 같이 한다. 이에 앞서 Visual Studio가 미리 설치되어 있어야 한다.

2.5.1 ARM ISS 만들기

1. '$PROJECT/ch06/arm_iss' 디렉토리로 이동한다. 이때 $PROJECT는 이 책에서 사용할 코드들이 모여있는 디렉토리이다.
2. 'RunMe.bat'를 수행시킨다. Window에서 두 번 클릭하거나, Cywgin 창에서 직접 수행시킨다.
3. '4', '2'을 선택하여 ARM ISS를 만든다. 그리고 '0'을 선택하여 'RunMe.bat'를 종료한다.
4. 결과적으로 'arm_iss_sim.exe'가 생성된다.

2.5.2 ARM 크로스 컴파일러로 컴파일 하기

1. Cygwin 창을 연다.
2. '$PROJECT/ch05/standalone/applications/hello' 디렉토리로 이동한다. 이 디렉토리는 크로스 컴파일 과정에서 활용한 것이다.
3. 'make'을 실행한다. 'Makefile'의 'ARMCCPATH'는 ARM 크로스컴파일러가 있는 디렉토리를 지정해야되고, 여기서는 /usr/local/arm_cc를 가정하였다. 보다 상세한 것은 '제5장 크로스컴파일러'를 참고한다.

4. 결과적으로 'hello.elf'와 'hello.bin'이 생성된다.

2.5.3 ARM ISS 실행하기

이 예제는 '$PROJECT/ch06/ex_hello'에 있는 'RunMe.bat'를 실행하여 확인 할 수 있다.

1. '$PROJECT/ch05/standalone/applications/hello' 디렉토리에서 'arm_iss_sim.exe -pbin hello.bin'을 수행한다. 여기서 'arm_iss_sim.exe'가 어디에 있는지 정확히 지정해야 된다. 예로서,

```
[adki@cygwin] ../../../../ch06/arm_iss/arm_iss_sim.exe -pbin hello.bin
```

   또는 'make run_iss'를 실행한다.
2. 추가적으로 '-prof'나 '-dis' 선택자를 사용하여 프로파일링이나 디스어셈블되는 결과를 확인한다.

2.5.4 GDB와 ARM ISS를 같이 실행하기

이 예제는 '$PROJECT/ch06/ex_hello_gdb'에 있는 'RunMe.bat'를 실행하여 확인 할 수 있다.

1. GDB와 ARM ISS를 동시에 실행해야 되므로 명령어 창이 두 개 필요하다.
2. '$PROJECT/ch05/standalone/applications/hello' 디렉토리에서 'arm_iss_sim.exe -gsp 1234 -pbin hello.bin'을 수행한다. 여기서 'arm_iss_sim.exe'가 어디에 있는지 정확히 지정해야 된다. 여기서 '-gsp' 뒤에 오는 숫자는 소켓 포트 번호이다.

```
[adki@cygwin]../../../../ch06/arm_iss/arm_iss_sim.exe -gsp 1234 -pbin hello.bin
```

3. 또 다른 명령어 창에서 GDB를 실행한다. '$PROJECT/ch05/standalone/applications/hello' 디렉토리에서 실행하는 것을 가정하고 ARM 크로스컴파일러는 /usr/local/arm_cc에 설치되어 있는 것으로 가정한다. 이때 'hello.elf'를 사용함에 주의한다.

```
[adki@cygwin] /usr/local/arm_cc/bin/arm-elf-gdb.exe hello.elf
```

4. GDB가 실행되어 '(gdb)' 프롬트가 나타나면 다음을 실행한다. 이때

'localhost:1234'에서 사용한 숫자는 앞서 ARM ISS를 수행하면서 지정한 소켓 포트 번호와 동일해야 한다.

```
(gdb) target   remote   localhost:1234
(gdb) continue
(gdb) quit
```

3 종 합[7]

시스템집적반도체는 한 개 또는 그 이상의 프로세싱코어를 사용하는 것이 특징이다. 따라서 시스템집적반도체 모델을 설계하고 검증하는 데 프로세싱코어 모델이 필요하게 된다. 그러나 프로세싱코어는 그 자체만으로도 매우 복잡하므로 하드웨어 모델을 사용하기 어렵기 때문에 명령어집합시뮬레이터를 사용한다. 이것은 프로세싱코어의 동작을 고수준언어로 모델링 한 프로그램이다.

ARM ISS는 ARM 사의 제품에 포함되어 있는 ARMulator[9], GDB의 것을 수정한 SkyEye[10], 사이클 정확도가 있는 SWARM[11], 컴파일코드 방식의 ARMphetamine [12] 등 매우 다양하다.

여기에서는 명령어집합시뮬레이터가 무엇이며 어떻게 만들 수 있고 어떻게 사용할 수 있는지 설명하고, ARM 프로세서를 예로 들어 ARM ISS를 만들고 예제 프로그램을 시뮬레이션 해 보았다.

4 연습문제

1. 명령어집합시뮬레이터의 구현 방법에 따른 세 가지로 구분하였는데, 관련자료

7 참고자료 [1][13]의 내용을 기본으로 작성되었다.

를 조사하여 이들을 보다 세밀하게 더 구분해 본다. 특히 시뮬레이션 성능향상 측면에서 컴파일코드 ISS를 주목해 보고, 이것을 보다 세밀하게 구분해 본다.

2. 명령어집합시뮬레이터의 구현 방법에 따른 구분을 설명하였는데, 참고자료들을 분석하여 장단점을 정리해 본다.
3. '2.5 따라하기'에서 '-prof' 선택자를 이용하여 여러 응용 프로그램을 ARM ISS로 시뮬레이션 해 본다.
4. '2.5 따라하기'에서 '-dis' 선택자를 이용하여 여러 응용 프로그램을 ARM ISS로 시뮬레이션 해 본다.
5. '2.5 따라하기'에서 GDB를 ARM ISS와 연동하였는데 이것에 더하여 DDD를 연동하여 본다. 이때 break 포인터를 설정하는 등 GDB 명령어를 사용해 본다.

5 참고자료

[1] 기안도, HW/SW 동시협조시뮬레이션 – Verilog 시뮬레이터와 ARM ISS, 반도체설계교육센터(IDEC KAIST) 강좌자료, 2006.2.

[2] J. Zhu and D.D. Gajski, An ultra-fast instruction set simulator, IEEE Trans. On VLSI Systems, Vol.10, No.3, June 2002. p. 363-373.

[3] G. Braun et. al, A universal technique for fast and flexible instruction-set architecture simulation, IEEE Trans. On Computer-Aided Design of Integrated Circuits and Systems, Vol. 23, No.12, Dec. 2004, p.1625-1639.

[4] M.-K. Chung and C.-M. Kyung, Enhancing Performance of HW/SW Cosimulation and Coemulation by Reducing Communication Overhead, IEEE Transactions on Computers, vol. 55, no. 2, pp.125-136, Feb. 2006.

[5] Richard Stallman, Roland Pesch, Stan Shebs, et al., Debugging with gdb - The gnu Source-Level Debugger, Ninth Edition, for gdb version 6.8, 2006 Free Software Foundation, Inc.

[6] Richard Stallman, Roland McGrath, Paul D. Smith, GNU Make – A program for directing recompilation, GNU make Version 3.81, April 2006.

[7] Richard Stallman, Roland Pesch, Stan Shebs, et al., Debugging with gdb - The gnu Source-Level Debugger, Appendix D gdb Remote Serial

Protocol, Ninth Edition, for gdb version 6.8, 2006 Free Software Foundation, Inc.

[8] Richard Stallman, Roland Pesch, Stan Shebs, et al., Debugging with gdb - The gnu Source-Level Debugger, 17 Debugging Remote Programs, Ninth Edition, for gdb version 6.8, 2006 Free Software Foundation, Inc.

[9] ARM Developer Suite – Debug Target Guide, Version 1.2, ARM, 2001.

[10] SkyEye – Open Source simulator, www.skyeye.org.

[11] SWARM - SoftWare ARM, www.cl.cam.ac.uk/~mwd24/phd/ swarm.html.

[12] Julian T. Brown, ARMphetamine - A Dynamically Recompiling ARM Emulator, Part II Computer Science, Queens' Colleage, May 9, 2000. (ARMphetamine, armphetamine.sourceforge.net.)

[13] 기안도, System-on-a-Chip Design and Verification, Part III – 명령어집합시뮬레이터, IDEC Newsletter, 통권 113호, 2006년11월. (idec.kaist.ac.kr)

CHAPTER 07

HW/SW 통합시뮬레이션[1]

시스템집적반도체는 프로세싱 코어를 내장하고 있으므로 제대로 동작을 하려면 프로그램이 수행되고 그에 따라 하드웨어가 동작을 해야 된다. 하드웨어와 소프트웨어가 공존하는 시스템을 물리적으로 구성하기 이전에 기능을 검증하는 방법이 필요하고, 그 방법인 하드웨어-소프트웨어 통합시뮬레이션에 대해 살펴본다.

[1] HW/SW co-simulation

1 HW/SW 통합시뮬레이션

하드웨어와 소프트웨어가 연동하는 시스템을 설계하는 것을 하드웨어-소프트웨어 통합설계(HW/SW Co-Design)라 하고, 그 목적은 구현할 시스템의 기능을 최적으로 또는 적절하게 분할하여 일부 기능은 프로세서에서 수행되는 프로그램으로 나머지는 하드웨어로 구현하는 것이다. 결과적으로 활용 가능한 자원을 이용하여 필요한 기능을 구현하는 것이며, 크게 보아 활용 가능한 자원은 프로세서와 하드웨어가 된다.

이와 같은 하드웨어-소프트웨어 통합설계에는 프로세서에서 수행되는 프로그램 그리고 이것과 연동하여 동작하는 하드웨어의 기능을 동시에 검증하는 방법이 필요하며, 그 핵심이 하드웨어-소프트웨어 통합시뮬레이션(HW/SW Co-Simulation)이라 할 수 있다. [그림 1]에서와 같이 명령어집합시뮬레이터(ISS: Instruction Set Simulator)로 된 프로세서 모델을 이용하여 크로스 컴파일된 프로그램을 수행시키고 HDL(Hardware Description Language) 로직 시뮬레이터(Logic Simulator)를 이용하여 하드웨어 모델을 시뮬레이션 한다.

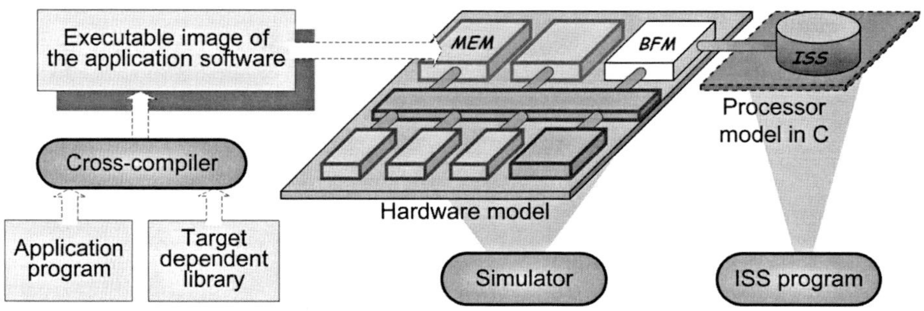

그림 1 HW/SW 통합시뮬레이션 환경의 개념도

2 HW/SW 통합시뮬레이션 환경의 분류

HW/SW 통합시뮬레이션 기법은 모델링 언어와 시뮬레이션 방법 그리고 연동방법 등에 따라 구분이 가능하고, 각각 특성이 다르다. 또한 명령어집합시뮬레이터를 이용한 HW/SW 통합시뮬레이션 환경은 명령어 집합시뮬레이터와 하드웨어 모델 사이의 동기화 수준에 따라 전송수준(Transaction-level), 사이클수준(Cycle-level) 등으로 구분할 수 있다. 여기서는 모델링 언어와 인터페이스 방법을 중심으로 살펴본다.

2.1 모델링 언어와 시뮬레이션 커널에 따른 분류

HW/SW 통합시뮬레이션 환경을 하드웨어 모델링 언어와 소프트웨어 모델링 언어를 기준으로 3가지로 구분할 수 있다[1].

- Homogeneous co-simulation environment
  - 하드웨어와 소프트웨어를 동일한 언어로 모델링 한다.
  - 하드웨어와 소프트웨어를 하나의 엔진으로 시뮬레이션 한다.
  - Ptolemy[3]와 Polis[2] 등이 이런 부류로 분류될 수 있다.
- Heterogeneous co-simulation environment
  - 하드웨어는 Verilog나 VHDL과 같은 HDL 언어로 모델링하고 소프트웨어는 C 언어로 모델링 한다.
  - 하드웨어는 사건구동(event-driven) 시뮬레이터로 시뮬레이션하고 소프트웨어는 사이클기반(cycle-based) 명령어집합시뮬레이터(ISS)로 시뮬레이션 한다.
  - Seamless CVE[4][6]와 V-CPU[5] 그리고 Eglei[7] 등이 이런 부류로 분류된다.
- Semi-homogeneous co-simulation environment
  - 모델링 언어 측면에서 하드웨어와 소프트웨어는 동일한 언어로 모델링된다.
  - 시뮬레이션 관점에서는 사건구동시뮬레이터와 사이클기반 명령어집합시뮬레이터(ISS)를 사용한다.
  - ConvergenSC[8]와 SoC Designer/MaxSim[9] 등이 이런 부류로 분류된다.

Homogeneous co-simulation 환경은 하드웨어-소프트웨어 분할 이전 단계에서 사용되며, heterogeneous co-simulation 환경이 시스템집적반도체 설계에 주로 사용되었다. 그러나 최근 들어서는 SystemC[10]를 이용한 semi-homogeneous co-simulation 환경이 시스템집적반도체의 시스템 수준 설계 단계에 채택되고 있다. 그러나 이들 환경은 HDL 시뮬레이터와의 연동기능을 지원하고 있으므로 여기서 다루는 내용이 여전히 유용하고 필요하다.

2.2 인터페이스 기법에 따른 분류

HW/SW 통합시뮬레이션 환경을 HDL 로직 시뮬레이터와 프로세서 모델을 이용한 사이의 관계를 기준으로 구분 할 수 있고[11], 여기서는 [그림 2]와 같이 좀 더 구체적으로 구분하여 설명한다. [그림 2]에서 프로세서 코어와 시스템집적반도체 그리고 주변장치로 구성되는 하드웨어 시스템은 HDL로 모델링 되어 HDL 시뮬레이터에서 시뮬레이션 되고, 프로그램을 수행할 프로세싱 코어는 다양한 형태와 방법으로 HDL 시뮬레이터와 연동한다.

- Core-model co-simulation
  - 명령어집합시뮬레이터 대신 RTL로 된 프로세서 모델을 사용한다.
  - 정확한 시스템 시뮬레이션이 가능하지만 시뮬레이션 성능을 높이기 어렵고, 또한 RTL로 된 프로세서 모델을 확보해야 된다는 단점이 있다.
- Real-chip co-simulation
  - 실소자인 프로세서를 사용한다.
  - 정확한 시스템 시뮬레이션이 가능하지만 실소자와의 연동을 위한 특별한 장치가 필요하다.
- Native-code co-simulation[2]
  - 명령어집합시뮬레이터를 사용하지 않고, 호스트 컴퓨터에서 컴파일 한 프로그램을 HDL 시뮬레이터와 연동한다.
  - C 언어로 된 프로그램을 HDL 시뮬레이터에 연결하기 위한 특별한 기법이 필요하며, 보통 PLI/VPI/FLI를 사용한다.
  - 타겟 프로세서와 다른 동작 특성을 갖기 때문에 상대적으로 정확도가 낮고,

---

[2] 시뮬레이션에 관련되는 코드의 종류에 따라 구분할 경우, native-code co-simulation은 host-code co-simulation으로 그리고 ISS-based co-simulation은 target-code co-simulation으로 통칭할 수 있다.

소프트웨어의 일부 기능을 시뮬레이션 할 수 없다는 단점이 있다.

- Integrated-ISS (Linked-ISS) co-simulation
  - 명령어집합시뮬레이터를 HDL 시뮬레이터에 직접적으로 연동시킨다.
  - C 언어로 된 명령어집합시뮬레이터를 HDL 시뮬레이터에 연결하기 위한 특별한 기법이 필요하다.

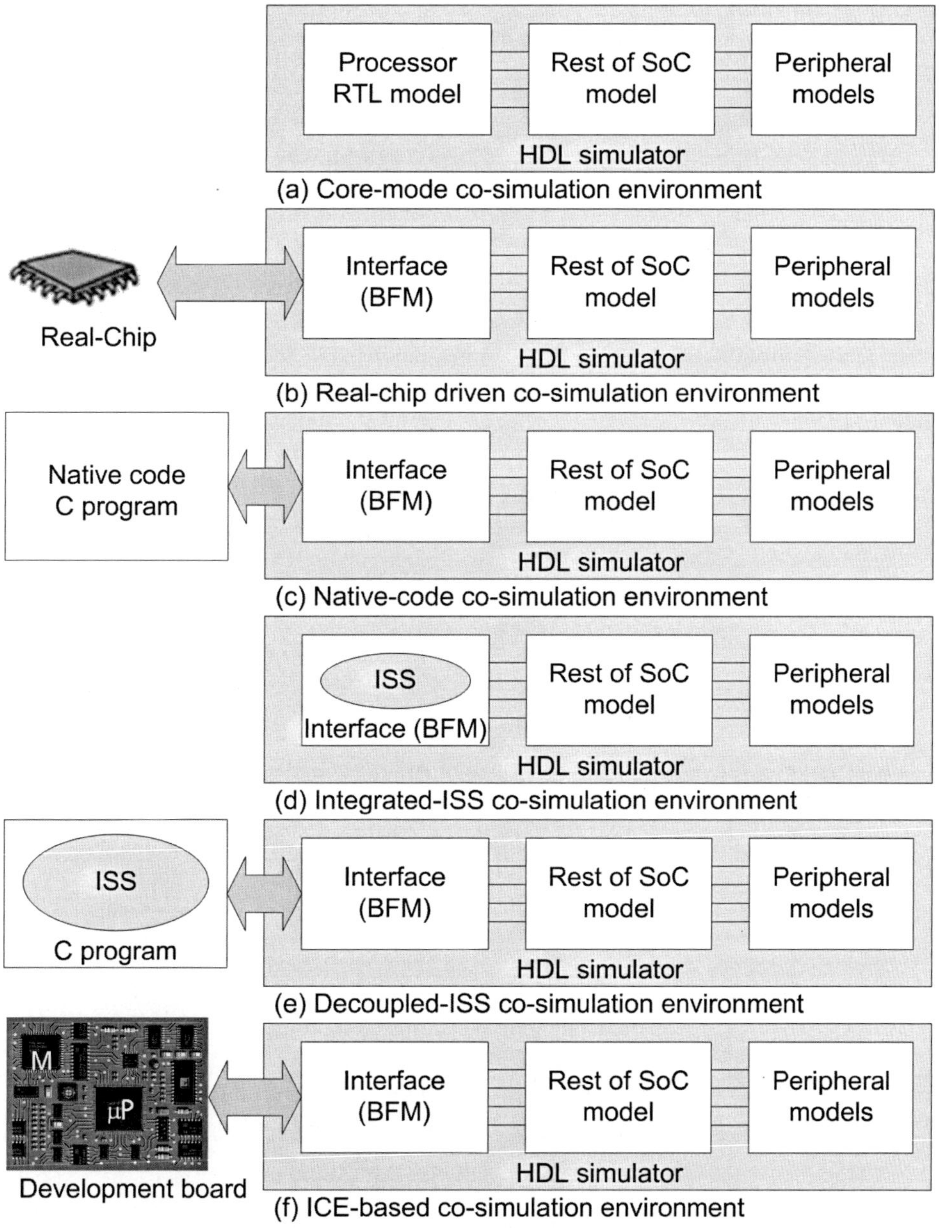

그림 2 HW/SW 통합시뮬레이션의 인터페이스 분류

- Decoupled-ISS (Remote-ISS) co-simulation
  - 명령어집합시뮬레이터를 IPC(Inter-Process Communication)를 통해 HDL 시뮬레이터와 연동시킨다.
  - 독립적인 두 개 프로그램을 연동하는 방법이 필요하고, 보통 소켓 IPC를 사용한다.
  - Integrated-ISS 방법보다 환경 구축이 용이한 반면, 성능면에서 불리하다.
- ICE-based co-simulation
  - 특별한 인터페이스 프로토콜을 통해 프로세서가 장착된 하드웨어 보드와 연동한다. 물리적인 연결에 JTAG, Serial, Parallel, Ethernet, USB 등이 이용된다.
  - 물리적인 연결을 통해 RDI(Remote Debug Interface) 또는 RSP(Remote Serial Protocol)와 같은 디버깅 프로토콜을 사용한다.

3 Native-code 통합시뮬레이션 환경

Native-code 통합시뮬레이션 환경은 [그림 2.c]에서 보인 바와 같이 명령어집합시뮬레이터를 사용하지 않으므로, 프로세싱 코어에서 수행할 프로그램을 크로스 컴파일 하지 않고 호스트 컴퓨터에서 바로 컴파일 하여 사용한다. 이러한 환경에서는 명령어 인출(Fetch)은 생성되지 않고, 연산자(Operand) 읽기와 쓰기에 관련된 전송만이 BFM을 통해 HDL 시뮬레이터에서 시뮬레이션 된다. 따라서 정확하지 않은 단점은 있지만 프로그램에 의해 제어되는 하드웨어 자원 참조는 시뮬레이션이 되므로 매우 효과적이고 신속하게 시뮬레이션 할 수 있다는 장점이 있다. '제4장 BFM을 이용한 설계자산의 기능검증'에서 다룬 native-code driven BFM 기법을 그대로 사용하는 방법이다.

시스템집적반도체에 적용할 응용 프로그램을 컴파일 하여 독립적인 프로그램을 만든다([그림 3]의 제일 오른쪽 흐름). HDL 시뮬레이터와 C 프로그램을 연동할 수 있도록 VPI 라이브러리를 만든다([그림 3]에서 왼쪽에서 두 번째 흐름). 시스템집적반도체의 하드웨어 모델은 Verilog[12]로 준비하고, 이것을 Verilog 컴파일러로 컴

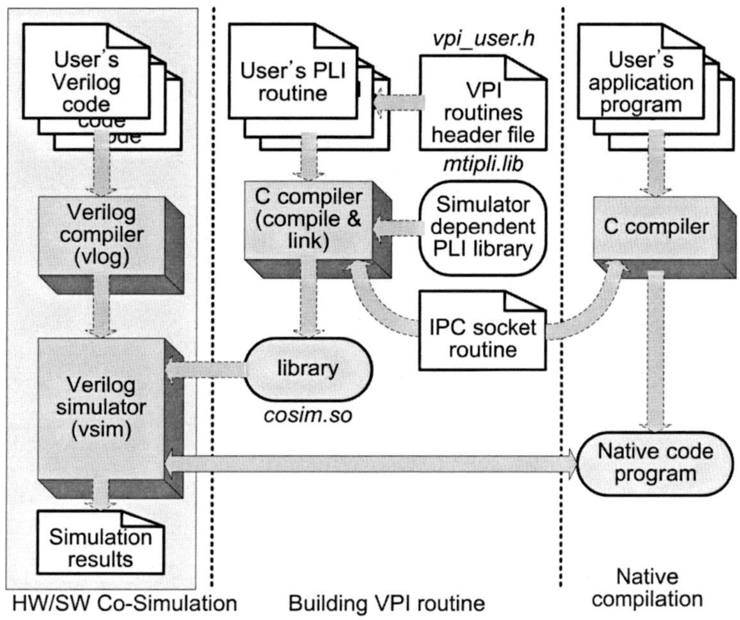

그림 3 Native-code 환경의 전체 흐름도

파일 한 후, 시뮬레이션 한다. 이때 미리 준비된 VPI[13]라이브러리를 사용하며, 컴파일 된 응용 프로그램과 연동한다.

이러한 연동에서 다음과 같은 API들이 사용되며, 보다 상세한 설명은 '제4장 BFM을 이용한 설계자산의 기능검증'을 참고한다.

- BFM API
  - int AhbWrite()
  - int AhbRead()
- Socket API
  - int srv_open()
  - int srv_accept()
  - int cli_connect()
  - int socket_close()
  - int socket_put()
  - int socket_get()
- VPI API
  - $cosim_socket_open()

- $cosim_socket_get()
- $cosim_socket_put()

이러한 API들은 [그림 4]에 도식한 것과 같이 상호 연관을 갖는다. 즉, 사용자 프로그램에서 읽기를 시도하면, BFM API의 AhbRead()를 호출하고, 이것은 다시 socket API인 socket_put()을 호출 한다. 이때 HDL 시뮬레이터 쪽에서는 이와 상응하는 socket_get()이 소켓 IPC를 통해 정보(패킷, packet)를 받아 BFM 동작을 한다. 쓰기도 유사한 과정을 통해 동작한다.

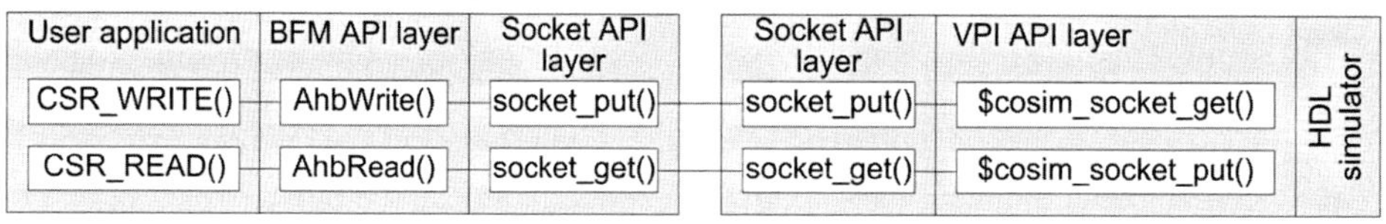

그림 4 API와의 상호관계

3.1 예제 설계

[그림 5]에 보인 매우 단순한 형태의 시스템집적반도체를 예제로 사용한다. ARM 프로세싱 코어, SSRAM(Synchronous Static Random Access Memory) 인터페이스, UART(Universal Asynchronous Receiver and Transmitter)가 AHB와 APB로 연결된 시스템집적반도체와 외부에 SSRAM과 터미널이 연결된다. 이러한 구성의 시스템은 SSRAM에 저장된 프로그램을 ARM이 수행하여 그 결과를 UART를 통해 출력하는 매우 단순한 형태의 컴퓨터라고 할 수 있다. 그러나 여기에서는 ARM 프로세서 대신 BFM을 통해 응용 프로그램과 HDL 시뮬레이터가 연동하도록 구성한다.

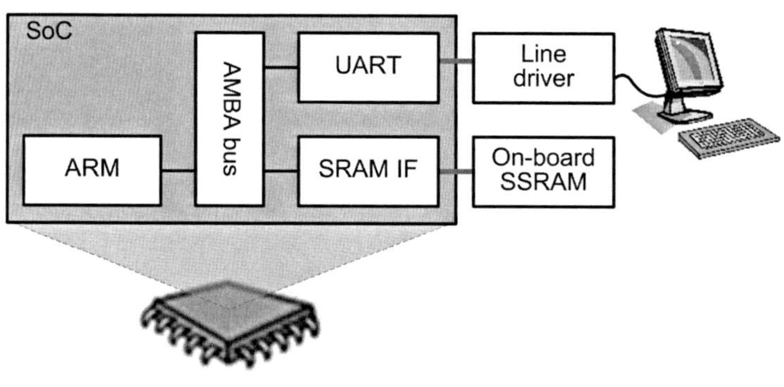

그림 5 간단한 시스템집적반도체의 예제

[그림 5]의 시스템집적반도체를 구성하는 기능 블록들은 Verilog로 준비한다. (여기서 $PROJECT는 사용할 코드들이 모여 있는 디렉토리이다.)

- 'ahb_lite': AHB-Lite를 구현한 것이다.
  - $PROJECT/ch03/ex_amba/design/ahb_lite.v
- 'ahb_bfm': 소켓과 VPI를 통해 ARM ISS와 연동되는 AHB BFM이다.
  - $PROJECT/ch07/ex_native/hw/ahb_bfm_socket/ahb_bfm_socket.v
- 'apb_uart': 직렬통신 블록으로 RS-232C 프로토콜을 구현한 것이다.
  - $PROJECT/ch07/ex_native/hw/apb_uart/design/apb_uart.v
- 'ahb_sram_if': SSRAM과의 인터페이스를 구현한 것이다.
  - $PROJECT/ch07/ex_native/hw/ahb_sram_if/ahb_sram_if.v

AMBA 버스에 대한 것은 '제3장 ARM 프로세싱 코어와 AMBA 버스'를 참고하고, 메모리 인터페이스에 대한 것은 '제4장 BFM을 이용한 설계자산의 기능검증'을 참고한다.

시스템집적반도체 모델의 외부 블록들에 대한 모델도 필요한데 여기에서는 SSRAM 모델과 모니터 모델을 사용한다. UART의 입출력을 처리하기 위한 가상적인 터미널(tty)이 필요하고, 아울러 SSRAM 모델이 필요하다. 가상 터미널은 Verilog로 모델링하고, SSRAM은 삼성 메모리 모델을 사용한다.

- 'tty': $PROJECT/ch07/hw/tty/design/tty.v
- 'k7a163600a_R05': $PROJECT/ch07/hw/ssram/k7a163600a_R05.v

이들을 모두 연결한 것이 [그림 6]과 같고, 이것은 다음에 있다.

- $PROJECT/ch07/hw/soc/soc.v: 시스템집적반도체를 모델링 한 것이며 ahb_lite, ahb_bfm_socket, apb_uart, ahb_sram_if로 구성된다.
- $PROJECT/ch07/hw/bench/top.v: soc와 그 외부에 연결될 ssram, tty로 구성된다.

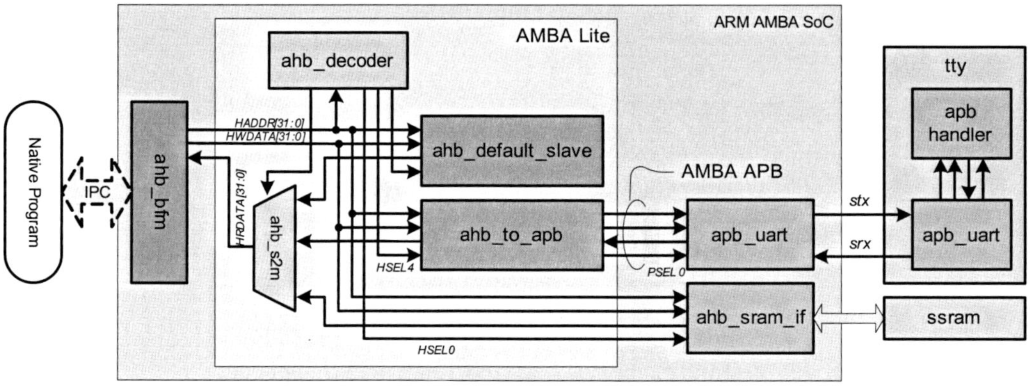

그림 6 예제 시스템집적반도체의 블록도

[그림 6]에 보인 시스템의 주소공간은 크게 AHB 메모리 주소 공간과 APB 주소 공간으로 나뉘고, AHB 메모리 주소공간은 SSRAM 영역으로 정하고, APB 주소공간 중 일부를 UART 주소공간으로 정한다. 이에 대한 정보는 '$PROJECT/ch03/ex_amba/ahb_config.v'와 '$PROJECT/ch03/ex_amba/apb_config.v'에 정해놓았다. 그러나 이번 예제에서는 native-code로 UART를 제어하므로 프로그램을 위한 메모리는 사용하지 않는다.

3.2 예제 설계 시뮬레이션

예제를 수행하는 순서는 다음과 같다. 이들 과정이 복잡하고 순서에 민감하므로 차례로 실행하는 DOS 스크립트 'RunMe.bat'를 '$PROJECT/ch07/ex_native'에 준비하였다.

1. 소켓 IPC 라이브러리 준비: 'ipc_socket' 디렉토리에서 'RunMe.bat' 를 실행시켜서 'ipc_socket.lib'를 만든다. 이것은 C 프로그램과 VPI 라이브러리 생성 때 필요하다.
2. VPI 라이브러리 준비: 'vpi' 디렉토리에서 'RunMe.bat'를 실행시켜서 'cosim_socket.dll'을 만든다. 이것은 HDL 시뮬레이터에서 사용된다. 이때 ModelSim[14]의 'mtipli.lib'가 어디에 위치하는지 등이 RunMe.bat에 반영되어야 한다. 여기서 자동으로 찾도록 되어 있다.
3. C 프로그램 준비: 'sw/uart' 디렉토리에서 'RunMe.bat'를 실행시켜서 'run.exe'를 만든다.

4. HDL 시뮬레이터 실행: 'hw/sim' 디렉토리에서 'RunMe.bat'를 실행시켜서 시뮬레이터를 시작시킨다. 이어서 소켓 IPC 채널이 생성되고, 클라이언트로부터 연결 요청이 오기를 기다린다.
5. 프로그램 실행: 'sw/uart' 디렉토리에서 'run.exe' 를 실행시킨다.

4번과 5번 과정은 독립적인 프로그램을 실행시키는 것이다. Windows의 경우, Windows Explorer에서 각각을 두 번 클릭함으로써 가능하지만, Linux나 Solaris의 경우 두 개의 독립적인 명령어 창이 필요하다. 4번을 실행할 때 HDL 시뮬레이터에서 9999번 포트를 사용하도록 되어 있다. 5번에서도 따로 지정하지 않으면 같은 호스트 컴퓨터에서 9999번 포트를 사용하도록 되어 있다. 따라서 원격 호스트를 사용하거나 포트 번호가 다를 경우, 'run.exe'를 수행할 때, '-s host'와 '-p port' 선택자를 사용하여 정확히 지정해 주어야 한다. 여기서 '-s' 선택자의 'host'는 HDL 시뮬레이터가 실행되고 있는 컴퓨터의 IP 주소이고, '-p'의 'port'는 포터 번호이다. 특히 주의할 점은 HDL 시뮬레이터가 서버로서 동작해야 되므로 'run.exe'에 앞서서 HDL 시뮬레이터가 먼저 시작되어 있어야 한다.

[그림 7]에 예제를 실행시킨 결과를 보였다. 앞쪽 창은 HDL 시뮬레이터가 수행된 결과이고 뒤쪽 창은 C 프로그램이 수행된 결과이다. 여기서 C 프로그램에 의해 UART가 제어되고 그 결과가 HDL 시뮬레이터의 출력으로 'Hello World'가 앞쪽 창에 출력된다.

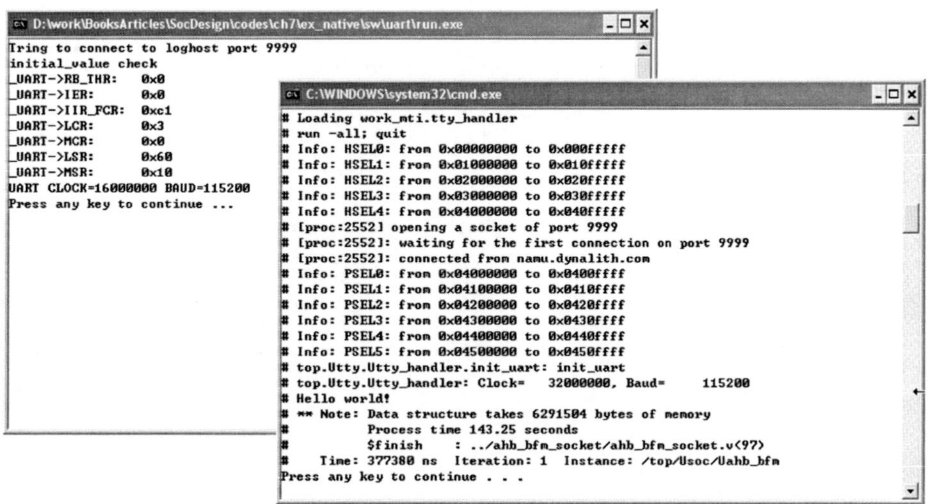

그림 7 Native-code 예제의 실행 일례

4 Integrated-ISS 통합시뮬레이션 환경

[그림 1]에서 설명한 바와 같이 HW/SW 통합시뮬레이션 환경은 크게 다음 세 가지가 필요하다.

- 크로스컴파일 환경: 타겟 프로세서에서 실행할 프로그램을 컴파일 하기 위해 필요
- ISS 프로그램: 타겟 프로세서의 모델로 사용되며 크로스컴파일 된 프로그램을 시뮬레이션 하기 위해 필요
- 하드웨어 시뮬레이션 환경: 하드웨어를 시뮬레이션 하기 위해 필요

ISS가 하드웨어 모델에 통합된 형태의 경우는 [그림 8]과 같은 HW/SW 통합시뮬레이션 환경을 만들 수 있다. 시스템집적반도체의 프로세싱 코어용 크로스컴파일러를 만든다([그림 8]의 제일 왼쪽 흐름). 이 크로스컴파일러로 시스템집적반도체의 프로세싱 코어에서 실행될 프로그램을 크로스컴파일 한다([그림 8]에서 왼쪽에서 두 번째 흐름). 시스템집적반도체의 프로세싱 코어 모델인 명령어집합시뮬레이터를 라이브러리로 만든다([그림 8]의 제일 오른쪽 흐름). 컴파일된 명령어집합시뮬레이터 라이브러리를 Verilog와 연동할 수 있도록 VPI 루틴을 준비한다([그림 8]의 오른쪽에서 두 번째 흐름). 시스템집적반도체의 하드웨어 모델은 Verilog로 준비하고, 이것을 Verilog 컴파일러로 컴파일 한 후, 시뮬레이션 한다. 이때 미리 준비된 크로

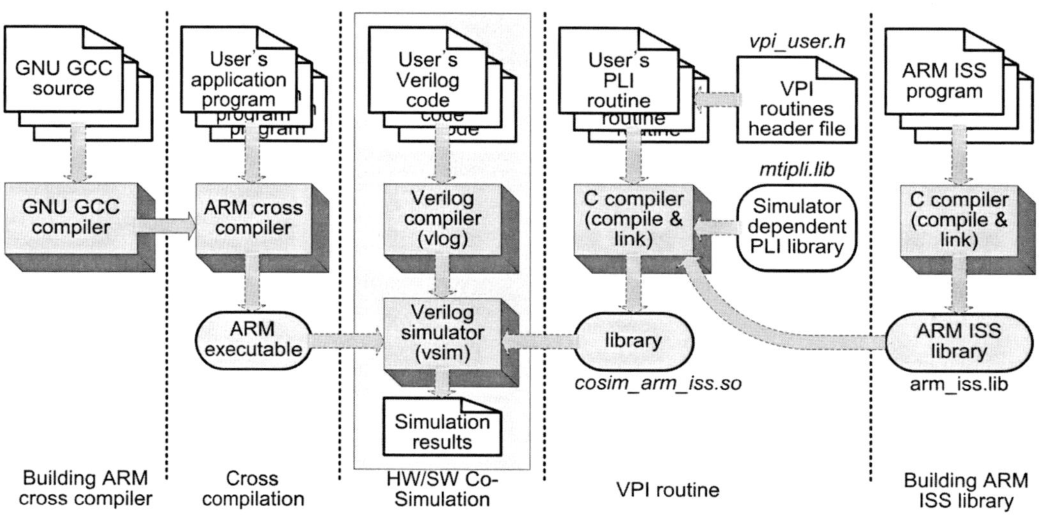

그림 8 Integrated-ISS 환경의 전체 흐름도

스컴파일 결과와 VPI 루틴을 시뮬레이터에서 사용한다([그림 8]의 중앙 흐름). 특히 크로스컴파일 결과인 프로그램은 Verilog의 시스템 타스크인 $readmemh()를 이용하여 하드웨어 모델에 있는 메모리에 로딩한다.

4.1 예제 설계

사용할 예제 설계는 [그림 5]에서 사용한 것과 동일하며, [그림 9]에 보인 바와 같이 ARM ISS와 VPI로 연결되는 'ahb_bfm_vpi'를 사용한다. 여기서 사용하는 VPI API는 이전 것과는 다른 것으로 다음과 같고, '$PROJECT/ch07/ex_integrated_iss/vpi'에 있는 'cosim_arm.c'에서 정의된다.

- $cosim_arm_execute(): 내부적으로 ARMul_Execute()를 호출하여 명령어를 실행한다.
- $cosim_arm_reg_update(): 명령어를 실행한 결과를 레지스터 모델에 반영한다.
- $cosim_arm_advance_pipeline: 내부적으로 ARMul_AdvancePipeline()을 호출한다.

[그림 9]에 보인 시스템의 주소공간은 크게 AHB 메모리 주소공간과 APB 주소공간으로 나누고, AHB 메모리 주소공간은 SSRAM 영역으로 정하고, APB 주소공간 중 일부를 UART 주소공간으로 정한다. 이에 대한 것은 '$PROJECT/ch03/ex_amba/ahb_config.v'와 '$PROJECT/ch03/ex_amba/apb_config.v'에서 정한다. 이번 예제에서는 크로스컴파일 된 실행 프로그램을 SRAM에 로딩하여 사용한다.

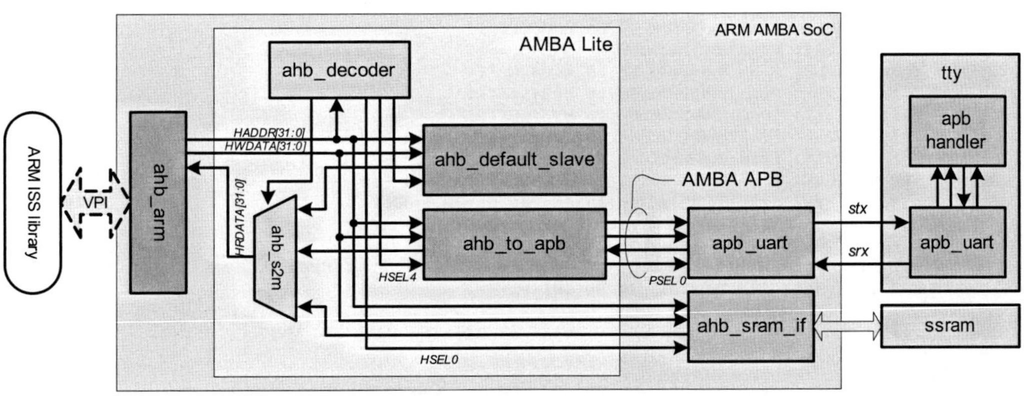

그림 9 예제 시스템집적반도체의 블록도

4.2 예제 설계 시뮬레이션

예제를 수행하는 순서는 다음과 같다. 이들 과정을 모아서 DOS 스크립트인 'RunMe.bat'를 '$PROJECT/ch07/ex_integrated_iss'에 준비하였다.

1. ARM ISS 라이브러리 준비: '$PROJECT/ch06/arm_iss' 디렉토리에서 'RunMe.bat' 를 실행시켜서 'arm_iss.lib'를 만든다.

2. VPI 라이브러리 준비: 'vpi' 디렉토리에서 'RunMe.bat'를 실행시켜서 'cosim.dll'을 만든다. 이것은 HDL 시뮬레이터에서 사용된다.

3. C 프로그램 준비: 'sw/hello' 디렉토리에서 'make'를 실행시켜서 'hello.imgx'를 만든다. 이 과정은 ARM 크로스 컴파일을 사용하므로 Cygwin 창에서 수행한다.

4. HDL 시뮬레이터 실행: 'hw/sim' 디렉토리에서 'RunMe.bat'를 실행시켜서 시뮬레이터를 시작시킨다. 이때 'modelsim.args' 파일에 '+define+COSIM_PROFILE'이나 '+define+COSIM_DISASSEMBLE'을 추가하여 시뮬레이션해 본다.

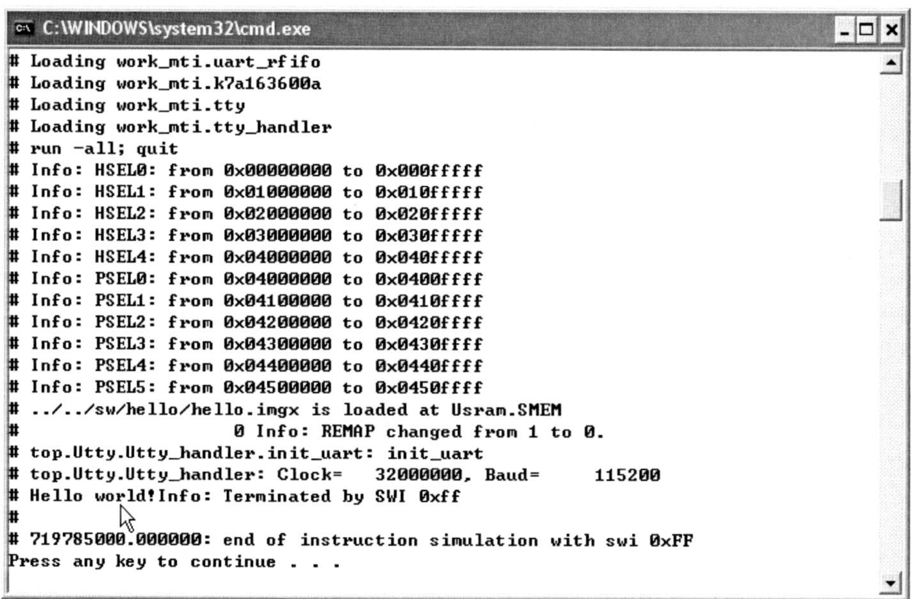

그림 10 Integrated-ISS 예제의 실행 결과

[그림 10]에 실행 결과를 보였다. 특히 아래쪽의 화살표 표시자(cursor)가 있는 곳에 'Hello world!'라고 출력된 것을 확인해 볼 수 있다. 다른 프로그램을 실행시키기 위해서는 'hw/sim' 디렉토리에 있는 'modelsim.args' 파일에서 'PROGRAM_IMG'와 'PROGRAM_ELF' 마크로의 값을 다른 프로그램으로 수정하면 된다.

5 Decoupled-ISS 통합시뮬레이션 환경

ISS가 하드웨어 모델과 독립적인 프로그램으로 된 경우는 [그림 11]과 같은 HW/SW 통합시뮬레이션 환경을 만들 수 있다.

시스템집적반도체의 프로세싱 코어용 크로스컴파일러를 만든다([그림 11]의 제일 왼쪽 흐름). 이 크로스컴파일러로 시스템집적반도체의 프로세싱 코어에서 실행될 프로그램을 크로스컴파일 한다([그림 11]에서 왼쪽에서 두 번째 흐름). 시스템집적반도체의 프로세싱 코어 모델인 명령어집합시뮬레이터를 독립 프로그램으로 만든다([그림 11]의 제일 오른쪽 흐름). 컴파일된 명령어집합시뮬레이터 라이브러리를 Verilog와 연동할 수 있도록 VPI 루틴을 준비한다([그림 11]의 오른쪽에서 두 번째

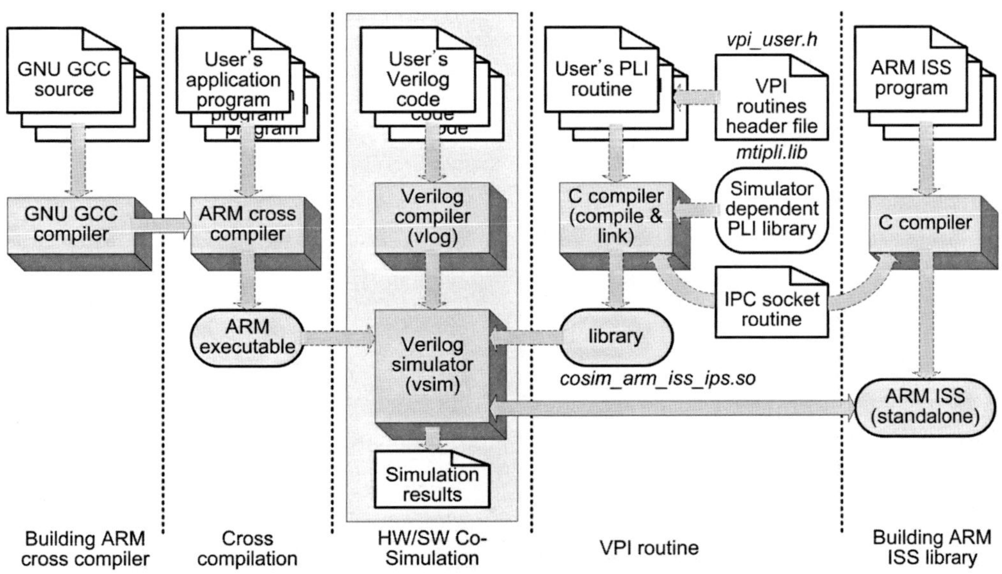

그림 11 Decupled-ISS 환경의 전체 흐름도

흐름). 시스템집적반도체의 하드웨어 모델은 Verilog로 준비하고, 이것을 Verilog 컴파일러로 컴파일한 후, 시뮬레이션한다. 이때 미리 준비된 크로스컴파일 결과와 VPI 루틴을 시뮬레이터에서 사용한다([그림 11]의 중앙 흐름).

5.1 예제 설계

사용할 예제 설계는 [그림 5]에서 사용한 것과 동일하며, [그림 12]에 보인 바와 같이 ARM ISS 프로그램과 VPI로 연결되는 ahb_bfm_socket을 사용하는데 이는 앞 절인 'Native-code 통합시뮬레이션'에서 사용한 것과 동일한 것이다.

[그림 12]의 시스템의 주소공간은 크게 AHB 메모리 주소 공간과 APB 주소 공간으로 나누고, AHB 메모리 주소공간은 SSRAM 영역으로 정하고, APB 주소공간 중 일부를 UART 주소공간으로 정한다. 이에 대한 정보는 '$PROJECT/ch03/ex_amba/ahb_config.v'와 '$PROJECT/ch03/ex_amba/apb_config.v'에 정해놓았다. 특히 이번 예제에서는 크로스컴파일된 실행 프로그램을 SRAM에 로딩하여 사용한다.

5.2 예제 설계 시뮬레이션

예제를 수행하는 순서는 다음과 같다. 이들 과정을 모아서 DOS 스크립트(script)인 'RunMe.bat'를 '$PROJECT/ch07/ex_integrated_iss'에 준비하였다.

1. ARM ISS 프로그램 준비: '$PROJECT/ch06/arm_iss' 디렉토리에서

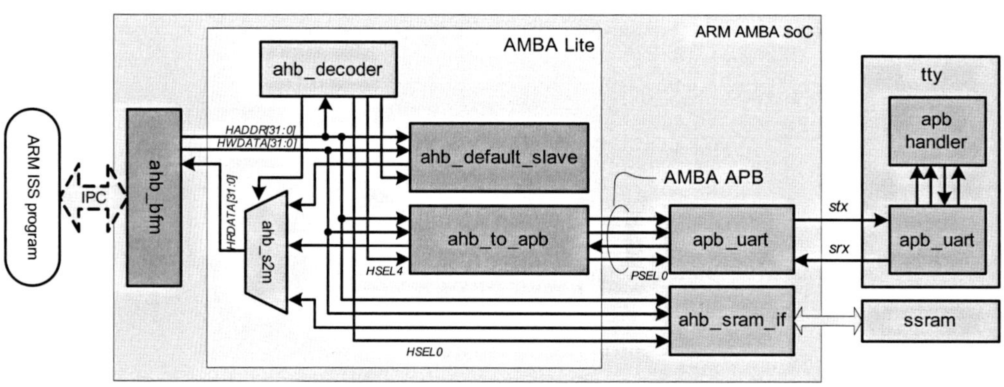

그림 12 예제 시스템집적반도체의 블록도

'RunMe.bat'를 실행시켜서 'arm_iss_ipc.exe'를 만든다.

2. 소켓 IPC 라이브러리 준비: '$PROJECT/ch07/ex_native/ipc_socket' 디렉토리에서 'RunMe.bat' 를 실행시켜서 'ipc_socket.lib'를 만든다. 이것은 C 프로그램과 VPI 라이브르리 생성 때 필요하다.
3. VPI 라이브러리 준비: '$PROJECT/ch4/ex_bfm_native_sram/vpi' 디렉토리에서 'RunMe.bat'를 실행시켜서 'cosim_socket.dll'을 만든다. 이것은 HDL 시뮬레이터에서 사용된다.
4. C 프로그램 준비: '$PROJECT/ch07/ex_integrated_iss/sw/qsort' 디렉토리에서 'make'를 실행시켜서 'qsort.bin'를 만든다. 이 과정은 ARM 크로스 컴파일을 사용하므로 Cygwin 창에서 수행한다.
5. HDL 시뮬레이터 실행: 'hw/sim' 디렉토리에서 'RunMe.bat'를 실행시켜서 시뮬레이터를 시작시킨다. 이어서 소켓 IPC 채널이 생성되고, 클라이언트로부터 연결 요청이 오기를 기다린다.
6. C 프로그램 실행: '$PROJECT/ch06/arm_iss' 디렉토리에서 'arm_iss_sim.exe'를 실행시킨다. 이때 '-hs' 선택자를 통해 하드웨어에 할당된 메모리 공간의 시작 주소를 지정한다.

[그림 13]에 실행 결과를 보였다. 다른 프로그램을 실행시키기 위해서는

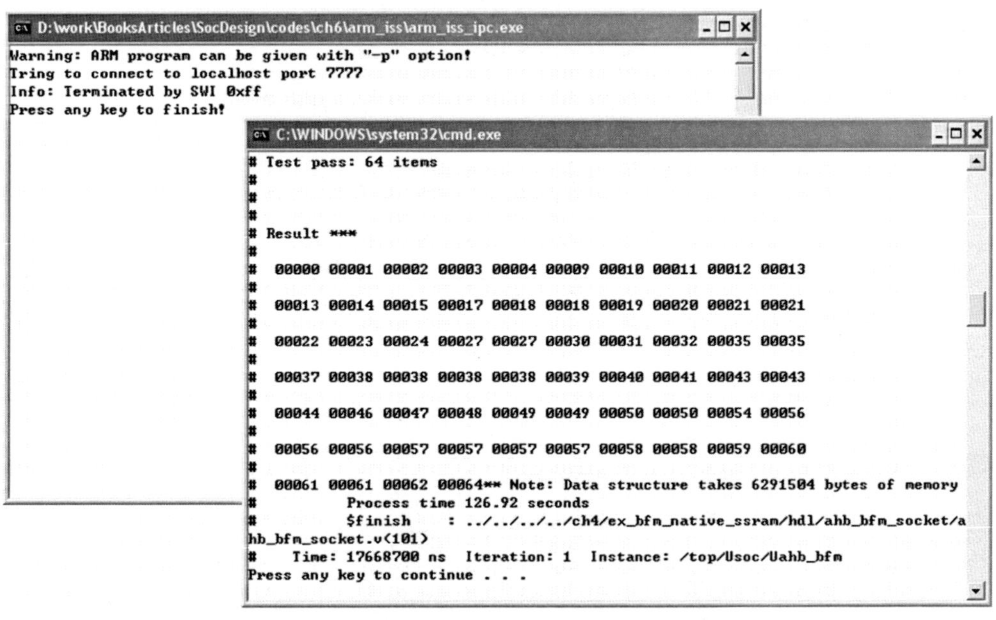

그림 13 Decoupled-ISS 예제의 실행 결과

'arm_iss_sim.exe'을 실행할 때 '-pbin' 선택자에 다른 프로그램을 지정한다. 즉, 'RunMe.bat'의 'BIN' 변수에 다른 프로그램을 설정하면 된다.

6 종 합

시스템집적반도체를 설계하고 기능을 검증하는 핵심은 하드웨어와 소프트웨어를 동시에 다루는 것이며, 여기서는 이를 위한 HW/SW 통합시뮬레이션 환경에 대해 설명하였다.

HW/SW 통합시뮬레이션 환경은 프로세서 모델과 하드웨어 모델을 어떤 형식과 방법으로 연동시키는가에 따라 다양하게 분류할 수 있으며, 여기서는 native-code, integrated-ISS, decoupled-ISS 방법에 대해 예제를 통해 설명하였다.

7 연습문제

1. '2.1 모델링 언어와 시뮬레이션 커널에 따른 분류'에서 언급한 참고자료 [1]을 읽어 보고, 각 분류의 특성을 상호 비교해 본다.
2. '2.2 인터페이스 기법에 따른 분류'와 참고자료 [11]의 분류를 비교하고, 각 분류의 특성을 상호 비교해 본다.
3. '3. Native-code 통합시뮬레이션 환경'에서 UART를 제어하여 출력하는 예제를 수행하여 보았는데, 이것을 기초로 다른 프로그램을 작성하여 수행시켜 본다.
4. '4. Integrated-ISS 통합시뮬레이션 환경'의 예제로 'hello' 프로그램을 수행해 보았는데 다른 예제도 수행해 본다. 또한 'modelsim.args' 파일에 '+define+COSIM_PROFILE'이나 '+define+COSIM_DISASSEMBLE'을 추가하여 시뮬레이션해 본다.
5. '5. Decoupled-ISS 통합시뮬레이션 환경'의 예제로 'qsort' 프로그램을 수행해 보았는데 다른 예제도 수행해 본다.
6. 여기서 다룬 여러 가지 HW/SW 통합시뮬레이션 방법을 통해 소프트웨어를 시뮬레이션 할 때 성능에서 어떤 차이가 생기는지 확인해 보고, 그 이유에 대해

토론해 본 후, 성능을 향상할 수 있는 방법에 대해 논의해 본다.

8 참고자료

[1] L. Formaggio et. al., A timing-accurate HW/SW co-simulation of an ISS with SystemC, CODES+ISSS'04, 2004, p.152-157.

[2] F. Balarin, et. al, Hardware-Software Co-Design of Embedded Systems, Kluwer Academic Pub., 1997.

[3] J. Buck, S. Ha, E.A. Lee and D.G. Masserschmitt, Ptolemy: a framework for simulating and prototyping heterogeneous systems, International Journal of Computer Simulation, special issue on Simulation Software Development, Jan. 1990.

[4] R. Klein, Miami: a hardware software co-simulation environment, p.173, Seventh IEEE International Workshop on Rapid System Prototyping (RSP'96), 1996.

[5] B. Schnaider and E. Yogev, Software Development in a Hardware Simulation Environment, 33rd Annual Conference on Design Automation (DAC'96), pp. 684-689, 1996.

[6] Seamless, Mentor Graphics.

[7] Eaglei, Synopsys.

[8] ConvergenSC, CoWare.

[9] SoC Designer, ARM.

[10] SystemC, Open SystemC Initiative, www.systemc.org.

[11] L. Benini, et. al., SystemC cosimulation and emulation of multiprocessor SoC designs, IEEE Computer, April 2003, p.53-59.

[12] IEEE Standard Verilog Hardware Description Language, IEEE Std 1364-2001, IEEE Computer Society.

[13] The Verilog PLI Handbook, 2nd ED., S. Sutherland, KAP, 2002.

[14] ModelSim SE User's Manual, Mentor Graphics, 2003.

CHAPTER

08

HW/SW 통합에뮬레이션[1]

하드웨어와 소프트웨어가 공존하는 시스템집적반도체를 물리적으로 구성하기 이전에 기능을 검증하는 방법이 하드웨어-소프트웨어 통합시뮬레이션인데 이 경우 하드웨어 모델을 시뮬레이션 하게 되므로 경우에 따라 성능저하가 수반되어 충분한 시뮬레이션을 하기 어렵게 된다. 대안으로 하드웨어 모델을 FPGA와 같은 실제 하드웨어를 사용할 수 있고, 여기서는 그 방법인 하드웨어-소프트웨어 통합에뮬레이션에 대해 살펴본다.

[1] HW/SW co-emulation

1 시뮬레이션, 가속, 에뮬레이션 그리고 프로토타이핑

하드웨어 설계는 구현한 후 오류가 발견될 경우 수정이 어렵기 때문에 실소자로 구현하기 전에 기능을 검증하는 것이 필요하다. 기능을 검증하려면 해당 설계가 동작하는 것을 가상적으로 또는 실제적으로 확인해야 되므로 모델이 필요하다. 모델의 동작 여부를 확인하기 위해서는 모델 주변 또한 모델링되어야 하며, 이들 모두를 포함하는 것을 프로토타이핑(prototyping)이라 할 수 있다.

프로토타이핑은 모델링 하는 방법에 따라 크게 소프트 프로토타이핑(soft prototyping)과 하드 프로토타이핑(hard prototyping)으로 구분할 수 있다[1]. 소프트 프로토타이핑은 순수 소프트웨어를 이용하는 것으로, 하드웨어기술언어(HDL)를 이용하여 시뮬레이션 가능한 모델을 만든 것이 대표적이다. 하드 프로토타이핑은 어떤 형태든 하드웨어를 활용하는 것으로 FPGA 프로토타이핑이 대표적인 경우라 할 수 있다.

[그림 1]에 정리한 바와 같이, 시뮬레이션 모델과 FPGA 프로토타이핑 사이에 다양한 프로토타이핑 기법이 있다. 설계를 하는 부분(그림에서 Design Under Verification이라 표현)과 이를 시험하기 위한 부분(그림에서 Test-Bench)으로 나누어 생각하고, 이들이 어떻게 모델링되고 수행되는지에 따라 구분할 수 있다.

- 소프트웨어 시뮬레이션(software simulation): 특별한 모델링 언어로 구현된 하드웨어 설계를 소프트웨어적으로 동작시켜서 기능을 검증한다. 통상적으로 Verilog나 VHDL 또는 SystemC와 같은 하드웨어기술언어와 시뮬레이터가 사용된다. 소프트웨어 시뮬레이터는 그 시뮬레이션 기법에 따라 사건구동 시뮬레이터(event-driven simulator)와 사이클기반 시뮬레이터(cycle-based simulator)로 구분한다.
- 시뮬레이션 가속(simulation acceleration): 하드웨어의 기능이 복잡하고 설계의 규모가 큰 경우, 순수 소프트웨어 시뮬레이션은 충분한 성능을 얻기 어려워지므로, 시뮬레이션 속도를 높이기 위해 특별한 하드웨어를 사용한다. 하드웨어와 소프트웨어 시뮬레이터를 연동하며, 설계의 일부만을 하드웨어에 적용한다. 가속을 위해 FPGA를 이용하거나 프로세서(processor)를 이용하는 방법이 있다.

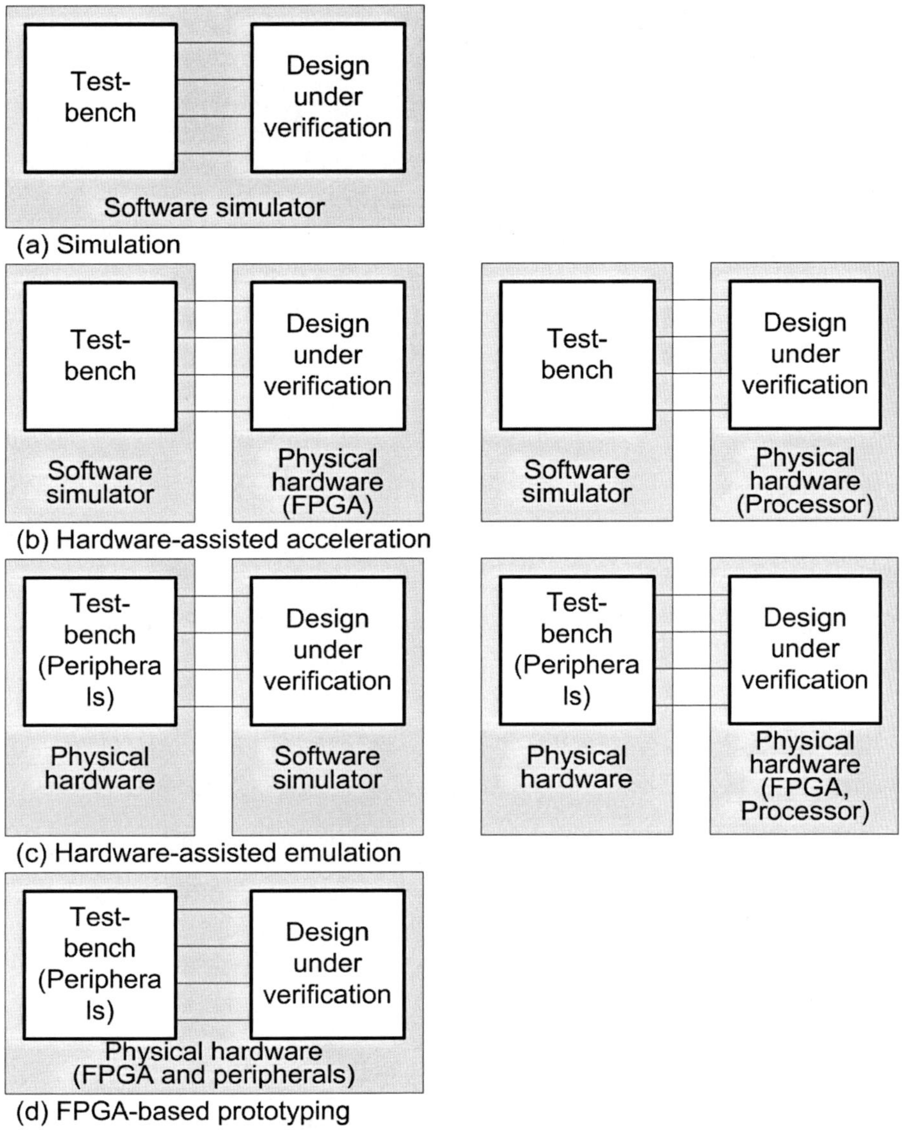

그림 1 시뮬레이션, 가속, 에뮬레이션 그리고 프로토타이핑

- 하드웨어 에뮬레이션(hardware emulation): 하드웨어기반 시뮬레이션 가속의 일종으로 볼 수 있으며, 실제 타겟보드를 이용하여 설계와 연동한다. 기능을 검증할 부분을 시뮬레이터에서 수행시키거나 하드웨어에 수행시키는 방법이 있다.
- 프로토타이핑(prototyping): 전체시스템을 모두 하드웨어로 구현하는 경우로, 최종 완성 제품은 아니지만 정해진 응용과 목적에 특화되게 맞춤형으로 만든 하드웨어이다.

표 1 시뮬레이션, 가속, 에뮬레이션, 프로토타이핑 비교

	Real HW	Simulator	Accelerator	Emulator	Prototype
Speed	Real time	~10cps	~100kcps	~1Mcps	~10Mcps
Visibility	Poor	Excellent	Excellent	Excellent	Poor
Debug	Poor	Excellent	Excellent	Good	Poor
Setup time	Very long	Very short	Short	Medium	Long
Coverage	High	Low	Medium	Medium	Medium
Cost	Very high	Low	Medium	High	Medium

[표 1]에 시뮬레이션, 가속, 에뮬레이션, 그리고 프로토타이핑에 대한 특징을 비교하였다[2]. 'Speed'란 검증에 소요되는 시간으로 특정 응용을 수행하는 데 걸리는 시간, 'Visibility'란 설계 내부의 상태를 관측하는 용이성, 'Debug'란 발견된 문제를 해결하기 위해 설계를 수정하는 용이성, 'Setup time'은 해당 기술을 사용하는 데 필요한 초기 투자시간, 'Coverage'란 해당 기술을 통해 검증하였을 때 어느 정도 검증이 되었는지 여부, 'Cost'란 해당 기술을 적용하는 데 소요되는 비용을 의미한다.

따라서 실소자가 가장 빠르지만 검증 측면에서는 여러 가지 어려움이 있고, 시뮬레이션은 사용하기 용이하지만 충분한 성능을 얻기 어렵고, 가속기는 시뮬레이터와 비슷한 특징이 있으며 성능면에서 유리하고, 에뮬레이터는 시뮬레이터 보다 우수한 특징이 있지만 비용 측면에서 불리하고, 프로토타입은 매우 우수한 성능을 얻을 수 있지만 준비하는 데 시간과 노력이 많이 든다.

하드웨어 가속기와 하드웨어 에뮬레이터는 그 사용방법과 목적에 차이가 있지만 근본적인 구성이 같기 때문에 최근 들어서는 따로 구분하지 않는다. 따라서 여기에서도 가속기와 에뮬레이터를 따로 구분하지 않고 편의상 에뮬레이터라 통일하여 사용한다.

2 사이클 수준과 전송 수준 에뮬레이션

컴퓨터 프로세서에서 수행되는 프로그램(예로서 시뮬레이터)과 FPGA에서 동작하는 하드웨어 블록이 연동하기 위해서는 상호 정보를 교환해야 된다. 즉, 프로그램

입장에서 FPGA에 맵핑된 하드웨어 블록의 입력 포트들의 값을 생성하고 구동해 주어야 하고, 출력 포트들의 값을 확인하여 다음 동작을 위한 처리에 사용해야 된다. 따라서 프로그램과 하드웨어가 연동하기 위해서는 하드웨어 블록의 입출력 포트의 값이 변하면 정보전송이 필요하다. 이는 앞서 언급한 사건구동시뮬레이션 기법을 그대로 적용한 경우라고 할 수 있다. 이 경우, 입출력 포트의 값의 변화에 따라 정보전송이 필요하기 때문에 구현이 어렵고 통신량이 많아진다는 단점이 있다.

그러나 하드웨어 블록이 특정 클럭 신호에 동기 되어 동작한다면, 클럭의 유효모서리가 발생하는 시점에서 입력 포트의 값이 중요하고, 유효 모서리 이후 일정 시간 이후 출력 포트의 값이 중요하므로 클럭의 유효모서리에서만 정보를 주고받음으로써 연동이 가능하다[3]. 이는 앞서 언급한 사이클기반시뮬레이션 기법과 동일한 경우라 할 수 있다. 이를 사이클 수준 에뮬레이션이라 한다.

사이클 수준 에뮬레이션의 경우, 매 클럭 사이클 마다 정보전송이 필요하므로, 설계 블록에서 여러 종류의 클럭을 사용하거나 상승모서리와 하강모서리를 모두 사용한다면 통신량이 증가하게 된다. 통신량이 증가하면 궁극적으로 하드웨어를 통한 가속효과를 줄이는 결과를 초래하게 된다. 이러한 문제를 해결할 수 있는 방법으로 전송수준 에뮬레이션을 사용할 수 있다.

[그림 2]에 보인 바와 같이 매 사이클마다 정보가 전달되는 방법(BCA: Bus Cycle

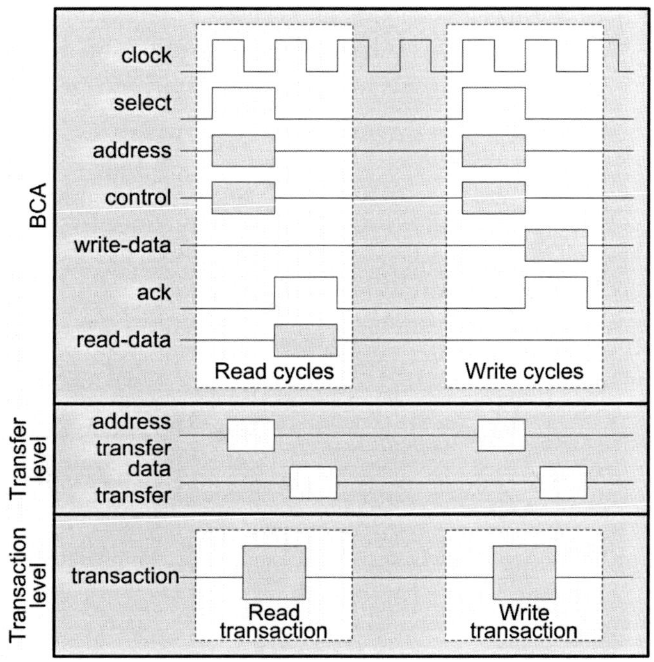

그림 2 사이클 수준과 전송 수준의 개념적 비교

Accurate)과 밀접하게 연관이 있는 정보를 모아서 전달하는 방법(Transfer level) 그리고 필요한 전송에 관련이 있는 정보를 한 번에 전달하는 방법(TL: Transaction level)으로 구분해 볼 수 있다.

하드웨어를 이용하는 에뮬레이션 환경에서 전송수준 기법을 사용하기 위해서는 [그림 3]에 보인 바와 같이 프로그램에서 생성되어 전달되는 전송수준 명령어를 해석하여 핀 수준으로 변환하는 트랜젝터(transactor)가 필요하다. 이 트랜젝터는 BFM(Bus Functional Model)과 동일한 기능을 한다. 통상 프로그램과 연동되는 하드웨어 사이의 통신 채널은 상대적으로 저속이거나 통신량에 제한을 받게 되므로 전송수준을 적용할 경우, 성능향상에 크게 도움이 된다.

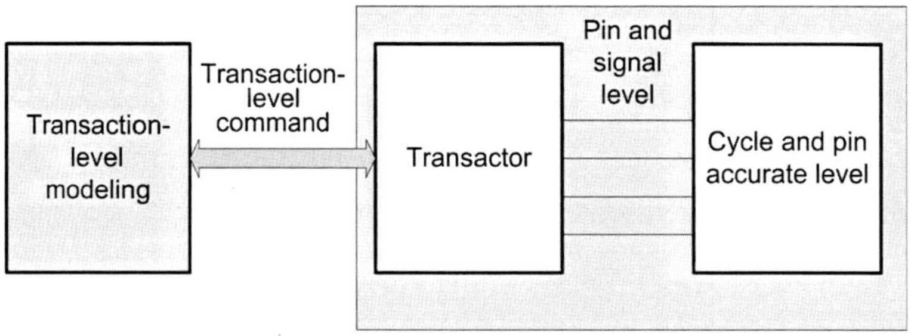

그림 3 전송 수준 에뮬레이션의 구성

여기에서는 전송수준에 대해 하드웨어 에뮬레이션과 관련된 부분만을 설명하였고, 전송수준은 매우 광범위하게 사용되는 개념이며 보다 상세한 내용은 참고자료 [4]를 읽어 본다.

3 iNCITE 소개

iNCITE[2][6]는 FPGA가 장착된 보드로서 USB를 통해 컴퓨터와 연결된다[5]. 이 USB 채널을 통해 컴퓨터에서 실행되는 프로그램과 FPGA에 맵핑된 하드웨어 기능 블록이 정보를 주고받을 수 있다. 이 기능을 이용하여 HW/SW 통합에뮬레이션을 한다.

2 인싸이트

3.1 iNCITE의 용법들

iNCITE는 FPGA 보드이며, 이 보드를 위한 설계 환경은 iNSPIRE[3][7]를 사용한다. iNSPIRE는 사용자 설계를 입력으로 받아 FPGA에 맵핑될 정보와 FPGA에 맵핑된 하드웨어를 대신하여 시뮬레이터에서 사용할 프록시(proxy) 모듈을 생성한다.

iNCITE를 [그림 4] 왼쪽 그림에서와 같이 로직시뮬레이터와 연동하여 사용할 수 있다. 이는 [그림 1]의 두 번째 구성과 동일하므로 하드웨어 가속기[4]라고 할 수 있다. 소프트웨어 시뮬레이터로 시뮬레이션하던 일부 설계 블록을 적절한 변환 과정을 거쳐 FPGA에 맵핑하고, 나머지 블록은 이전과 동일한 소프트웨어 시뮬레이터로 시뮬레이션한다. 이러한 환경은 FPGA를 소프트웨어 시뮬레이터의 한 부분으로 사용할 수 있다는 장점을 제공한다.

iNCITE를 [그림 4] 오른쪽 그림에서와 같이 고급프로그래밍 언어와 연동하여 사용할 수 있다. 이는 복잡한 기능의 설계를 시험하는 데 프로그램이 용이한 고급언어를 사용할 수 있다는 뜻이 된다. 통상적으로 C 언어를 사용할 수 있고, 더 나아가 SystemC나 Matlab/Simulink 등을 사용할 수 있다[3][11].

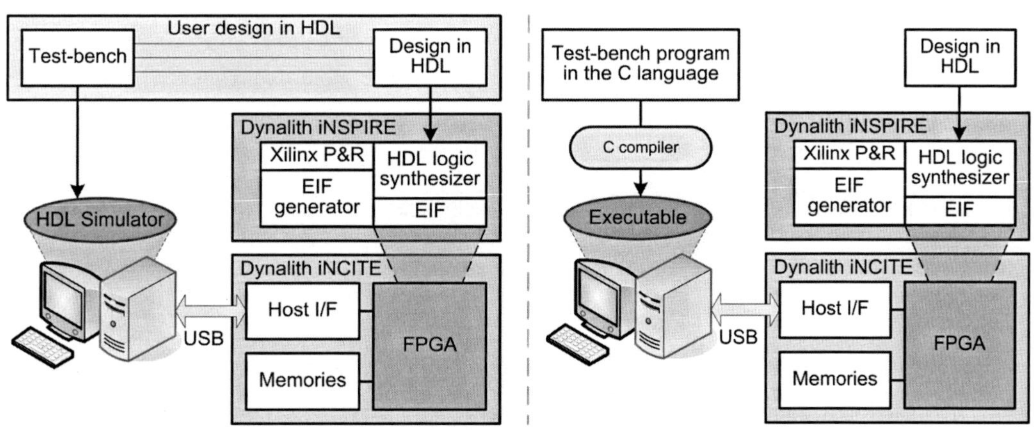

그림 4 iNCITE의 용법들

3 인스파이어 (iNSPIRE)

4 iNCITE는 컴퓨터와의 통신 채널에 USB를 사용하기 때문에 통신속도의 제약으로 가속효과를 보기 위해서는 FPGA에 맵핑되는 설계가 충분한 크기가 되어야 한다. 반면 iPROVE 또는 iTUTOR는 PCI를 사용하므로 iNCITE에 비해 비교적 적은 규모의 설계에서도 가속효과를 기대할 수 있다.

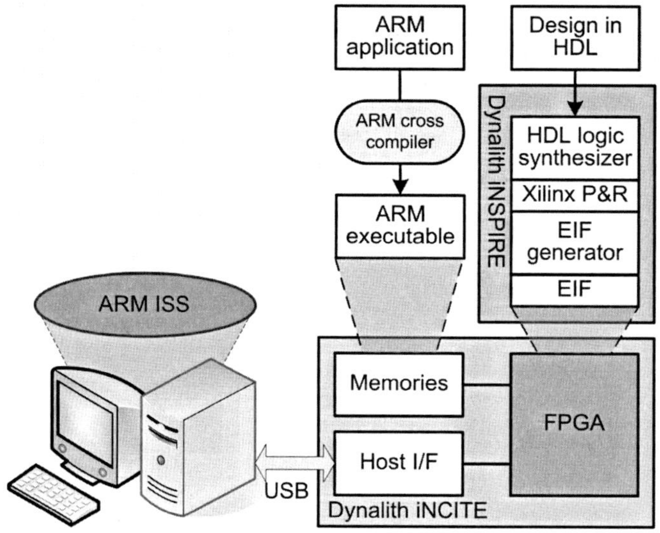

그림 5 iNCITE를 HW/SW 통합에뮬레이터로 사용

iNCITE를 [그림 5]에서와 같이 프로세서 모델인 ISS와 FPGA를 연동하는 환경으로 사용할 수 있다. ARM 프로세서에서 수행될 프로그램을 ARM 교차컴파일러로 컴파일하여 실행이미지를 만든다. ARM 프로세서를 제외한 하드웨어는 합성과 P&R 등의 과정을 거쳐 FPGA에 맵핑된다. 크로스컴파일된 실행이미지는 메모리에 로딩되고, 이것을 ARM ISS가 실행한다.

3.2 iNCITE의 사이클 수준 설계 흐름

iNCITE가 FPGA 보드이므로 설계 블록을 FPGA에 맵핑하기 위한 과정이 필요하다. [그림 6]은 간략하게 설명한 iNCITE의 설계 흐름이다.

1. 사용자의 설계를 소프트웨어 시뮬레이터로 시뮬레이션하여 동작 여부를 확인한다.
2. 사용자의 설계 중 하드웨어 수준에서 기능을 검증할 부분(그림에서 DUT라 표현)을 합성하여 EDIF[5]를 만든다.
3. EDIF를 iNSPIRE로 처리하여 EIF[6]와 Proxy(프록시) 모듈을 생성한다. 여기서 EIF는 FGPA를 맵핑하는 데 사용하고, Proxy 모듈은 FPGA에 맵핑된 블록을

5 EDIF: Electronic Design Interchange Format의 약자로 여기서는 합성된 결과인 네트리스트를 의미한다.
6 EIF: Emulation Information Format의 약자로 FPGA 맵핑용 데이터와 에뮬레이션에 필요한 정보를 담은 파일이다.

대신하여 시뮬레이터에서 사용할 껍데기 모듈이 된다.

4. 이전 1번 과정과 동일하게 시뮬레이터를 수행하며, 시뮬레이션과정에서 DUT는 FPGA에 맵핑된 것을 자동으로 사용하므로 이 과정을 에뮬레이션(emulation)이라 한다.

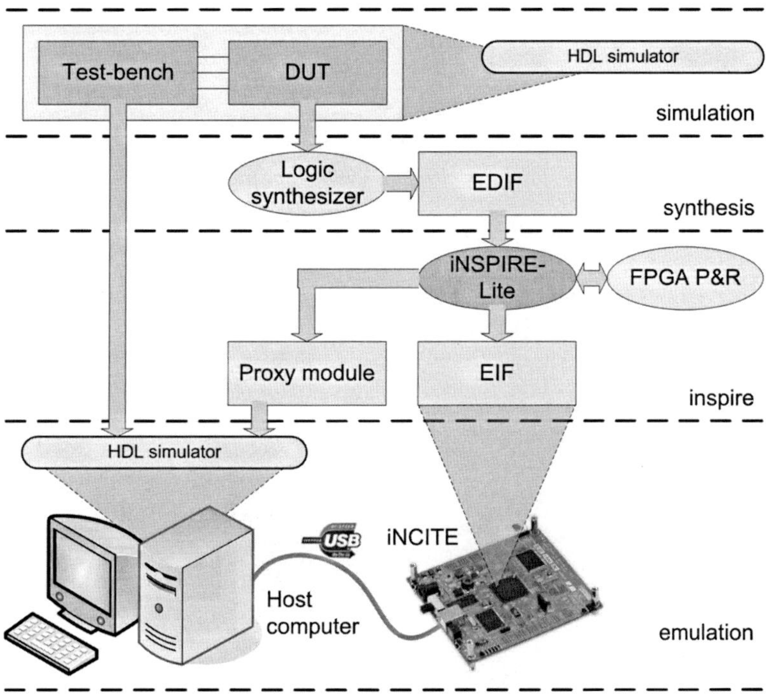

그림 6 iNCITE 설계 흐름

이러한 iNCITE 환경은 사용자 측면에서 소프트웨어 시뮬레이터로 시뮬레이션하는 것과 동일하지만, 실제로는 일부 설계가 FPGA에서 동작하는 것이므로 시뮬레이션 가속 효과를 기대할 수 있고, 게이트 수준에서 기능 검증이 된다는 장점이 있다.

3.3 iNCITE의 전송 수준 에뮬레이션 설계 흐름

[그림 6]에는 iNCITE를 사이클 수준 에뮬레이터로 사용하기 위한 설계 흐름을 보였는데, [그림 7]에 전송 수준 에뮬레이션의 설계 흐름을 보였고, 세 가지 설계 흐름이 필요하다.

- 첫째로 설계블록(DUT: Design Under Test)을 설계하는 흐름이고, ([그림 7]

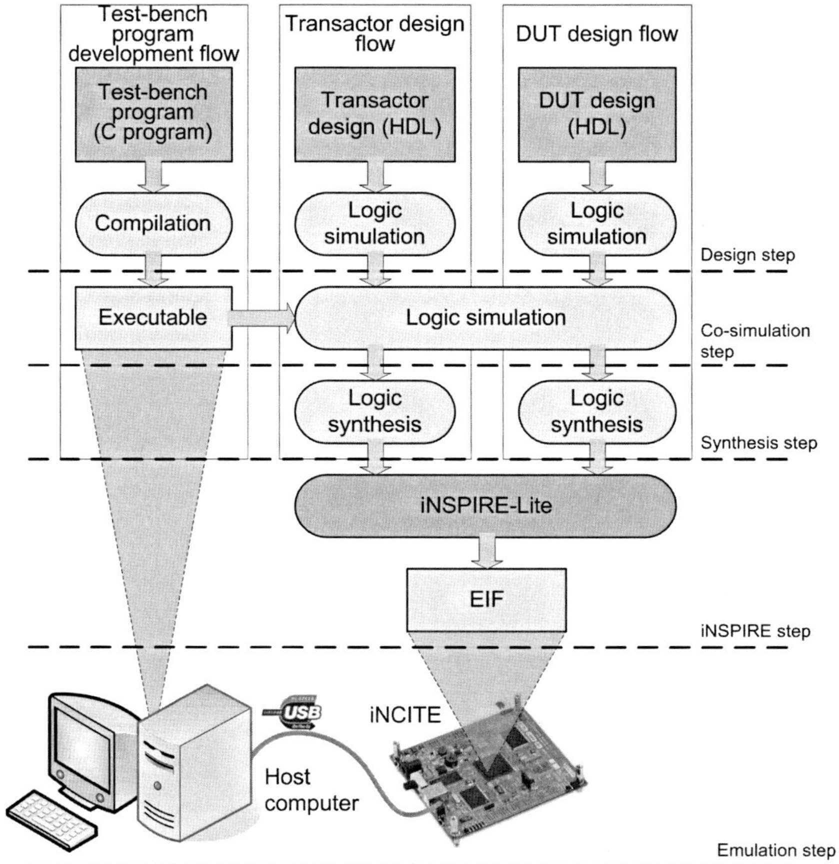

그림 7 전송 수준 에뮬레이션을 위한 iNCITE 설계 흐름

의 제일 오른쪽)

- 둘째로 트랜젝터를 설계하는 흐름이고, ([그림 7]의 중간)
- 셋째로 시험을 위한 C 프로그램을 준비하는 흐름이다. ([그림 7]의 제일 왼쪽)

세 개 설계 흐름은 독립적이지 않고, 상호 연관이 있기 때문에 각 설계 흐름은 단계별로 다음과 같이 준비한다.

1. [Design step] 사용자의 설계블록과 트랜젝터를 설계하여 시뮬레이터로 시뮬레이션하여 동작 여부를 확인하고, 동시에 설계블록을 트랜젝터를 통해 시험할 C 프로그램을 준비한다.
2. [Co-simulation step] C 프로그램과 트랜젝터 그리고 설계블록을 동시에 시뮬레이션하여 전체 동작을 확인한다. 이 과정에서 HW/SW 통합시뮬레이션 기법이 사용된다. 즉, C 프로그램과 HDL 시뮬레이터를 연동하여 시뮬레이션한다.

3. [Synthesis step] 사용자의 설계 중 하드웨어 수준에서 기능을 검증할 부분(그림에서 DUT라 표현)과 트랜젝터를 합성하여 EDIF를 만든다.
4. [iNSPIRE step] EDIF를 iNSPIRE로 처리하여 EIF을 생성한다. 여기서 EIF는 FGPA를 맵핑하는 데 사용된다.
5. [Emulation step] 마지막으로 전송수준 에뮬레이션을 한다. 즉, 호스트 컴퓨터에서 C 프로그램이 수행되고 이 프로그램에서 생성되는 전송 명령들이 iNCITE의 FPGA에 맵핑된 트랜젝터를 통해 설계블록과 연동된다.

시험용 C 프로그램은 USB를 통해 FPGA와 연동하기 위해 특별하게 준비된 iPROVE API[9]를 사용하고, 트랜젝터는 미리 정의된 통신규약[10]으로 전송명령들을 받아 설계블록에 맞도록 전기신호를 생성한다.

4 사이클 수준 에뮬레이션 예제

HDL 시뮬레이터와 FPGA를 연동하는 예제로 비교적 단순한 32x32-bit 곱셈기를 사용한다. 여기서 사용할 32x32-bit 곱셈기는 OpenRISC 1200[8]에서 발췌한 것으로 [그림 8]에 보인 바와 같이 32-bit 입력 두 개를 받아서 이들 둘을 곱한 값인 64-bit 결과를 출력한다. 특히 모든 동작은 클럭의 상승모서리에 동기 되어 동작하고, 입력과 출력의 관계는 입력이 내부 레지스터에 저장되는 클럭의 상승모서리에서 두 번째 상승모서리에 결과 값이 준비된다.

특정 설계 블록을 설계하여 기능을 검증하기 위해서는 HDL로 설계를 하고, 이것을 시뮬레이션 한 후, 합성하여 다시 시뮬레이션하고, 필요에 따라 FPGA를 이용하여 에뮬레이션하고, 최종적으로 타겟 라이브러리로 합성하여 반도체로 만드는 과정을 따르게 된다. 여기서는 설계 블록이 이미 준비된 것을 가정하고, 시뮬레이션과 FPGA를 이용한 에뮬레이션을 살펴본다.

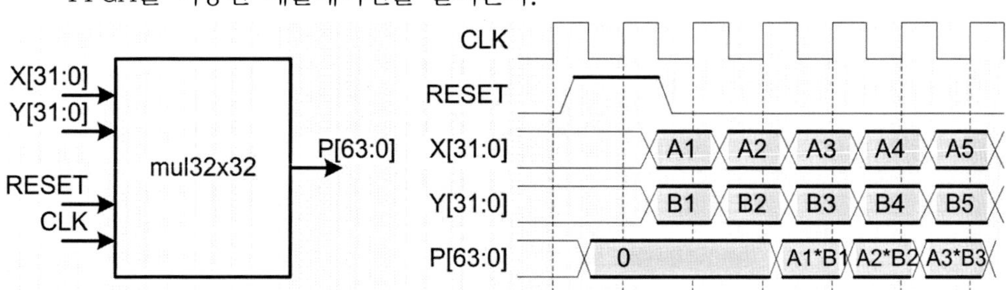

그림 8 32x32-bit 곱셈기의 블록도와 타이밍도

4.1 시뮬레이션

[그림 6]에서 설명한 바와 같이, 기능검증의 첫 번째 과정은 시뮬레이션이므로 [그림 9]에서와 같이 설계블록(mul32x32)과 이 블록의 입출력을 생성하는 시험블록(tester)을 HDL 시뮬레이터로 시뮬레이션 한다. 해당 예제는 '$PROJECT/ch08/ex_mul32x32_sim' 디렉토리에 있다.

설계블록의 의미 있는 입력으로 32-bit 두 개가 사용되므로 모든 가능한 입력벡터의 조합은 2^{64}가지가 된다. 만약 한 개 입력벡터를 시뮬레이션하는데 100-nano sec가 소요된다고 가정하면 전체 벡터를 모두 시뮬레이션하는데 약 6만년이 필요하므로, 모든 경우를 시뮬레이션 하는 것은 현실적이지 못하다. 따라서 보통의 경우, 모서리 시험(corner case testing)과 무작위 시험(random testing)을 하며 이때 능동적이고 지능적인 시험환경을 통해 시뮬레이션과 동시에 오류를 검출 할 수 있도록 하는 것이 필요하다. 이를 위해 시험블록인 tester에 시험 벡터를 생성하는 부분과 설계블록의 결과를 점검하는 부분을 모두 구현하여 사용한다. 상세한 것은 '$PROJECT/ch08/ex_mul32x32_sim/bench/tester.v'를 참고한다.

시뮬레이션 방법은 다음과 같다.

1. 'design' 디렉토리에 있는 설계를 살펴본다.
2. 'bench' 디렉토리에 있는 시험블록을 살펴본다. 특히 'tester.v'에서 어떻게 모서리 시험과 무작위 시험을 하는지 확인해 본다.
3. 'sim/modelsim' 디렉토리에서 'RunMe.bat'를 실행하여 시뮬레이션 한다.

[프로그램 1]은 'RunMe.bat'의 일례이며, vlib, vlog, vsim은 모두 ModelSim의

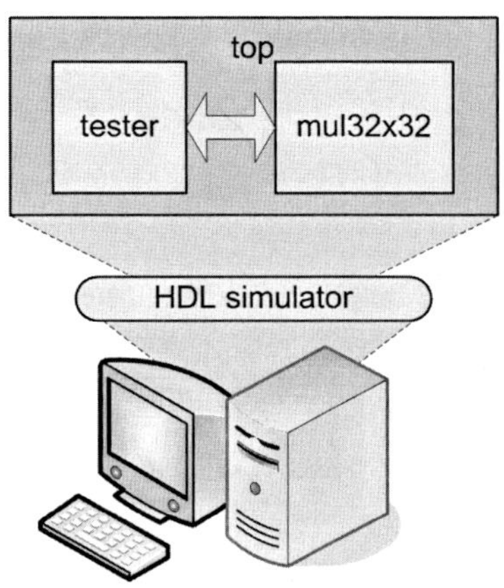

그림 9 32x32-bit 곱셈기 시뮬레이션 환경

시뮬레이터 명령어로서, vlib는 컴파일 결과를 저장하는 위치를 지정하고, vlog는 Verilog 코드를 컴파일하고, vsim은 컴파일 결과로 시뮬레이션을 한다.

프로그램 1: mul32x32 시뮬레이션 스크립트 – RunMe.bat

```
vlib work
vlog -work work -f modelsim.args
vsim -c -do "run -all; quit"   work.top
```

[프로그램 2]에는 [프로그램 1]에서 컴파일 과정에 사용한 입력 스크립트로서 컴파일하는 과정에 사용할 선택자와 컴파일할 코드들을 지정한다.

프로그램 2: mul32x32 시뮬레이션 입력 스크립트 – modelsim.args

```
+define+VCD
+incdir+../../bench
+incdir+../../design
        ../../bench/top.v
        ../../bench/tester.v
        ../../design/mul32x32.v
```

[프로그램 2]의 첫째 줄에서 'VCD'를 정의하면, bench 디렉토리에 있는 'top.v' 코드에서 $dumpfile()과 $dumpvars() 시스템 타스크가 사용되고, 시뮬레이션의 결과로 'wave.vcd' 파일이 생성되므로 신호파형으로 동작을 확인해 볼 수 있다.

4.2 에뮬레이션

[그림 6]에서 설명한 바와 같이, 시뮬레이션 이후, 설계블록을 합성하고, 합성한 결과를 iNSPIRE로 처리하여 EIF와 Proxy 모듈을 생성한다. 해당 예제는 '$PROJECT/ch08/ex_mul32x32_emul' 디렉토리에 있고, 상세한 설명은 'doc' 디렉토리에 있는 문서를 참고한다.

EIF는 iNCITE의 FPGA를 구성하는 데 사용하고, proxy 모듈을 FPGA에 맵핑된 설계블록을 대신하여 HDL 시뮬레이터에서 사용한다. 이는 [그림 10]에 개념적으로 표현하였다. 즉, HDL 시뮬레이터가 시험블록인 tester와 설계블록인 mul32x32를 시뮬레이션 함에 있어, 실제로는 iNCITE의 FPGA에 맵핑된 mul32x32 설계 블록을 사용한다.

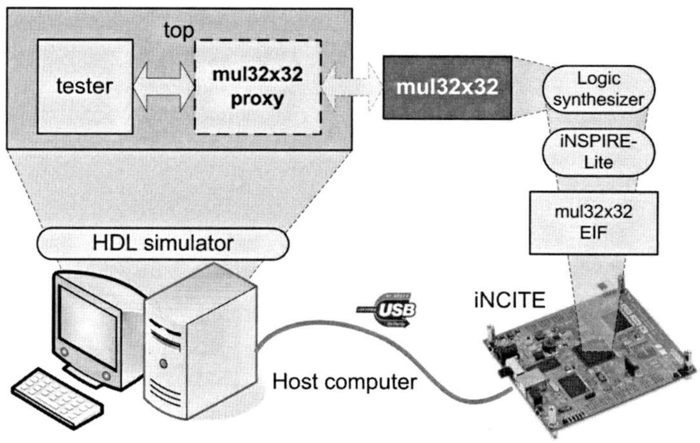

그림 10 32x32-bit 곱셈기 에뮬레이션 환경

설명한 에뮬레이션에서 사용자의 설계블록을 FPGA에 맵핑하고, 이것을 HDL 시뮬레이터와 연동함으로써 합성된 사용자 설계블록의 동작에 대한 신뢰도를 높일 수 있고, 하드웨어를 사용함으로써 가속효과를 얻을 수 있으며, 이를 통해 보다 복잡하고 많은 시험을 상대적으로 짧은 시간 안에 수행할 수 있게 된다.

에뮬레이션 방법은 다음과 같다.

1. 'design' 디렉토리에 있는 설계를 살펴본다. 이것은 앞서 시뮬레이션 과정에서 사용한 것과 동일하다.
2. 'bench' 디렉토리에 있는 시험블록을 살펴본다. 이것은 앞서 시뮬레이션 과정에서 사용한 것과 동일하지만, 에뮬레이션을 위해 약간의 수정이 필요하다.
3. 'syn/xst' 디렉토리에서 'RunMe.bat'를 실행하여 합성한다.
4. 'inspire' 디렉토리에서 'project.nsp'를 이용하여 iNSPIRE를 실행한다. 상세한 설명은 'doc' 디렉토리에 있는 문서를 참고한다.
5. iNCITE를 시뮬레이터가 수행될 컴퓨터에 USB를 통해 연결한다. 이때 디바이스 드라이브 설치 등의 과정이 필요하다[7].
6. 'emul/modelsim' 디렉토리에서 'RunMe.bat'를 실행하여 시뮬레이션 한다.

[프로그램 3]에 에뮬레이션을 위해 필요한 파라메터가 어떻게 최상위 모듈(top.v

7 USB 디바이스 드라이브(iVORY)는 iNSPIRE[7] 소프트웨어 패키지를 설치한 후 iNCITE를 USB에 처음 연결할 때 설치할 수 있다.

에 있는 모듈)에서 사용되는지 보였다. 즉, iPROVE_EIF_FILE이라는 파라메터에 iNSPIRE 결과로 생성된 EIF의 위치를 지정한다.

프로그램 3: 에뮬레이션을 위한 top.v의 수정

```
module top;
parameter iPROVE_EIF_FILE="../../inspire/par/fpga0.eif";
 ... ...
emdmodule
```

[프로그램 4]에 에뮬레이션을 위한 시뮬레이터 스크립트를 보였다. [프로그램 1]과 비교해 보면, '-pli' 선택자를 통해 에뮬레이션용 PLI/VPI 라이브러리(iprpli.dll)를 추가하여 사용함을 알 수 있다.

프로그램 4: mul32x32 에뮬레이션 스크립트 – RunMe.bat

```
SET PLI= C:\iNSPIRE\eda₩modelsim\5.8c\iprpli.dll
vlib work
vlog -work work -f modelsim.args
vsim -pli %PLI% -c -do "run -all; quit"   work.top
```

[프로그램 5]는 [프로그램 4]에서 컴파일 과정에 사용한 입력 스크립트이며, 컴파일하는 과정에 사용할 선택자와 컴파일할 코드들을 지정한다. 이것과 [프로그램 2]를 비교해 보면 원래 설계인 'mul32x32.v' 대신 iNSPIRE 결과로 생성된 프록시 모듈인 'mul3x32_proxy.v'를 사용함을 알 수 있다.

프로그램 5: mul32x32 에뮬레이션 입력 스크립트 – modelsim.args

```
+define+VCD
+incdir+../../bench
+incdir+../../design
         ../../bench/top.v
         ../../bench/tester.v
         ../../inspire/sim_verilog/mul32x32_proxy.v
```

[프로그램 6]에 프록시 모듈의 내용을 생략하지 않고 보였다. 프록시 모듈은 원래 설계 모듈인 'mul32x32'가 FPGA에 맵핑되었을 때, 이것을 대신하여 시뮬레이터에서 사용할 일종의 껍데기 모듈로서, 포트 정보와 에뮬레이션에 필요한 PLI/VPI 함수를 불러주는 것으로 구성된다.

프로그램 6: mul32x32 proxy module – mul32x32_proxy.v

```
module mul32x32 (   CLK,   RST,   P,   X,   Y  );
   input CLK, RST;
   output [63:0] P; reg [63:0] P;
   input [31:0] X, Y;
   initial $iProveEmulation;
endmodule
```

에뮬레이션 과정에서 ModelSim을 사용하며, 시뮬레이션의 결과로 출력되는 내용과 생성된 'wave.vcd' 파일을 통해 시뮬레이션과 동일한 결과로 되었는지 확인한다.

5 전송 수준 에뮬레이션 예제

앞 절에서 사이클 수준 에뮬레이션 예제로 사용한 32x32-bit 곱셈기의 기능검증을 전송 수준에 적용해 본다. [그림 11]에 보인 바와 같이 사용자 설계인 mul32x32 곱셈기와 이것과 연결되는 트랜젝터가 하드웨어로 준비되어서 FPGA에 맵핑되고, 트랜젝터와 연동되는 프로그램이 컴퓨터에서 실행되어 FPGA 내부에 있는 사용자 설계를 시험한다. 해당 예제는 '$PROJECT/ch08/ex_mul32x32_trans' 디렉토리에 있다.

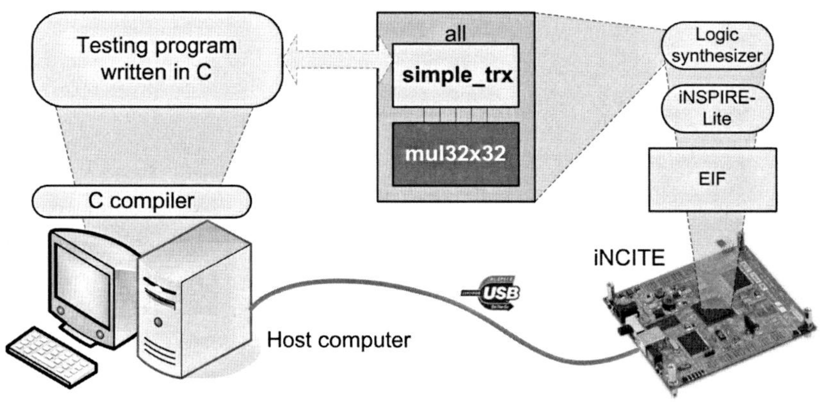

그림 11 32x32-bit 곱셈기 전송수준 에뮬레이션 환경

에뮬레이션 방법은 다음과 같다.

1. 'design' 디렉토리에 있는 설계를 살펴본다.
   a. 'mul32x32.v': 32-bit 곱셈기 설계
   b. 'simple_trx.v': 트랜잭터 설계
   c. 'all.v': FPGA에 맵핑될 설계로서 mul32x32와 simple_trx를 연결한 것
2. 'prog' 디렉토리에 있는 시험 프로그램을 살펴본다.
   a. 'main.c': 메인 프로그램
   b. 'init_fpga.c': iNCITE에 있는 FPGA를 초기화하는 프로그램으로 iNSPIRE를 통해 생성되는 파일들이 사용됨
   c. 'mul32x32_test.c': 곱셈기를 시험하는 프로그램으로 FPGA에 맵핑된 설계 블록과의 통신을 위해 iPROVE API(iProveDataWrite(), iProveDataRead())를 사용한다. 또한 모서리 시험과 무작위 시험 등을 위한 시험벡터를 생성한다.
3. 'bench' 디렉토리에 있는 시험환경을 살펴본다. 이곳의 내용은 다음 과정으로 수행할 iNSPIRE의 결과를 사용하는 것이다.
   a. 'sim.v': 최상위 모델로서 iNCITE의 기능모델
   b. 'fpga0.v': FPGAP에 맵핑될 모든 설계를 표현한 모델
   c. 'hif.v': 사용자 설계와 USB를 연결하는 데 사용되는 블록의 모델
   d. 'clkmgra.v': FPGA 내부에서 사용되는 각종 클럭을 생성하는 블록의 모델
4. 'sim/modelsim' 디렉토리에서 'RunMe.bat'를 실행한다. 이것은 'prog' 디렉토리에 있는 C 프로그램과 'trx'와 'design' 디렉토리에 있는 HDL 설계를 연동하여 HW/SW 통합시뮬레이션하는 일련의 과정을 DOS 스크립터로 준비한 것이다.
   a. 'sim/modelsim' 디렉토리에 있는 'RunMe_trsim.bat'를 실행하여, HDL 시뮬레이터를 기동시킨다.
   b. 'prog' 디렉토리에 있는 'RunMe_trsim.bat'를 실행하여 HDL 시뮬레이터와 연동되는 C 프로그램을 컴파일하여 실행한다.
5. 'syn/xst' 디렉토리에서 'RunMe.bat'를 실행하여 합성한다.
6. 'inspire' 디렉토리에서 'project.nsp'를 이용하여 iNSPIRE를 실행한다.
   a. 'sim_verilog' 디렉토리에는 앞서 수행한 시뮬레이션에서 사용할 수 있는

각종 모델이 생성된다.

b. 'par' 디렉토리에는 iNCITE의 FPGA에 맵핑될 정보가 담긴 'fpga0.eif[8]'가 생성된다.

7. iNCITE를 시뮬레이터가 수행될 컴퓨터에 USB를 통해 연결한다. 이때 디바이스 드라이브 설치 등의 과정이 필요하다.
8. 'prog' 디렉토리에서 'RunMe.bat'를 실행하고, '4'를 선택하여 불필요한 것을 지우고, '1'을 선택하여 컴파일하고, '2'를 선택하여 프로그램을 실행한다. 프로그램이 실행되면서 iNCITE의 FPGA가 맵핑되고 맵핑된 설계와 C 프로그램이 연동하여 실행된다. 마지막으로 '0'을 선택하여 종료한다.

[프로그램 7]에 전송수준 에뮬레이션의 결과를 보였다. 어디에 있는 EIF를 사용했고(첫 번째 줄), 어떤 FPGA가 사용되었고 (여덟 번째와 아홉 번째 줄, 여기서는 Xilinx Spartan3), 어떤 에뮬레이터가 사용되었고 (열 번째 줄, 여기서는 iNCITE), FPGA가 맵핑이 잘 되었고 (열한 번째 줄), 에뮬레이션 결과가 어떻게 되었는지 등을 확인해 볼 수 있다.

프로그램 7: mul32x32 전송수준 에뮬레이션의 결과 일례

```
INFO: Loading emulation information file '../inspire/par/fpga0.eif'
INFO: Version of iPROVE API : Unknown
INFO: Version of Emulation Information File(EIF) : 1.01
INFO: Card ID 0: Version of iProveBaseBoard Controller : 1.27
INFO: Card ID 0: Version of device driver : 1.22
INFO: Card ID 0: Card share-mode is disabled.
INFO: Card ID 0: iPROVE USB Card was opened successfully.
INFO: Card ID 0: Target device of TCF file    :spartan3 3s1000fg456
INFO: Card ID 0: Device of emulator    :SPARTAN3 3s1000fg456 (0)
INFO: Card ID 0: Type of emulator    :iNCITE
INFO: Card ID 0: Configuring FPGA.......Done
INFO: Card ID 0: Checking FPGA configuration...Done
INFO: Card ID 0: Version of iProveAppBoard Controller : ?.??
Corner Case Test ...
Corner Case Test ... 24 pattern OK
Random Test ...
Random Test ... 255 pattern OK
```

8 'fpga0.eif' 에서 0의 의미는 iNCITE의 Card ID이며, 컴퓨터에 USB를 통해 여러 iNCITE가 연결될 수 있고, 이들 각각은 서로 다른 CID로 설정되어야 한다.

6 종 합

시뮬레이터, 가속, 에뮬레이터, 프로토타입에 대해 살펴보고, FPGA를 내장한 iNCITE를 이용하여 HDL 시뮬레이터와 FPGA를 연동하는 사이클 수준 에뮬레이션과 C 프로그램과 FPGA를 연동하는 전송 수준 에뮬레이션에 대해 살펴보았다.

지면에 제한이 있어 상세하게 설명하지 못한 부분은 첨부된 CD의 13, 14, 15 번 자료들을 참고한다. 이들은 iNCITE를 이용한 사이클 수준과 전송수준의 경우를 예제를 통해 설명한 자료들이다.

7 연습문제

1. '1. 시뮬레이션, 가속, 에뮬레이션 그리고 프로토타이핑'에서 언급한 참고자료 [2]를 읽어 보고, [표1]에 정리한 각 분류의 특성을 상호 비교해 본다.
2. '1. 시뮬레이션, 가속, 에뮬레이션 그리고 프로토타이핑'에서 언급한 사건구동 시뮬레이터와 사이클기반시뮬레이터에 대해 조사해 보고 그 장단점을 정리해 본다.
3. [그림 1]의 (b)와 (c)에서 언급한 FPGA를 기반으로 한 하드웨어 가속기와 프로세서를 기반으로 한 하드웨어 가속기에 대해 조사하여 비교해 본다.
4. '4. 사이클 수준 에뮬레이션 예제'에서 다룬 순수 시뮬레이션과 에뮬레이션의 수행속도를 비교해 본다. 이때 'bench' 디렉토리에 있는 'tester.v'에서 Verilog 시스템 타스크인 $finish(2)를 사용함으로써 시뮬레이션에 소요된 시간을 확인할 수 있다. 여기서 FPGA를 이용한 에뮬레이션이 순수 시뮬레이션 보다 더 오랜 시간이 소요되는 이유에 대해 분석해 보고, 그 해결 방법에 대해 생각해 본다.
5. '4. 사이클 수준 에뮬레이션 예제'에서 한 개의 mul32x32 설계를 사용하였는데, 이것을 여러 개 사용한 설계를 만들어서 시뮬레이션과 에뮬레이션을 수행해 본다. 이를 통해 설계의 크기에 따라 시뮬레이션과 에뮬레이션의 성능 차이

를 분석해 본다.

6. '5. 전송 수준 에뮬레이션 예제'에서 다른 에뮬레이션의 수행속도와 '4. 사이클 수준 에뮬레이션 예제'에서 수행한 시뮬레이션 및 에뮬레이션의 수행속도를 비교해 본다.

8 참고자료

[1] Ando Ki et. al., Chapter 7. SoC Prototyping and Verification, Essential Issues in SOC Design - Design Complex Systems-on-Chip, Ed. Young-Long Lin, Spinger, 2006.

[2] D.L. Perry and H.D. Foster, Chapter 3. Current Verification Techniques, Applied Formal Verification, McGraw-Hill, 2005.

[3] Ando Ki et. al., Cycle-Accurate Co-Emulation with SystemC, SoC Design Conference 2003, COEX ASEM Hall, Seoul Korea, Nov. 5-6, 2003.

[4] 기안도, 시스템집적반도체 전송수준모델, IDEC Newsletter, 2007년12월호.

[5] Ando Ki, FPGA-Based Simulation for Rapid Prototyping, Xilinx Xcell Journal Issue 61, Third Quarter 2007.

[6] iNCITE User Manual, Dynalith Systems. (www.dynalith.com)

[7] iNSPIRE User Manual, Dynalith Systems. (www.dynalith.com)

[8] OpenRISC,. OpenCores, www.opencores.org/projects.cgi/web/or1k/openrisc_1200.

[9] iPROVE User Manual, Chapter 4. Application Programming Interfaces, Dynalith Systems. (www.dynalith.com)

[10] iPROVE Transactor Design Manual, Dynalith Systems. (www.dynalith.com)

[11] SystemC Coemulation Manual, Dynalith Systems. (www.dynalith.com)

CHAPTER

09

직렬통신 제어기 검증

직렬통신 기법은 시스템집적반도체에서 외부와의 통신을 위해 기본적으로 사용된다. 여기에서 하드웨어-소프트웨어 통합검증 기법을 통해 직렬통신 제어기의 기능을 검증하여 본다.

1 직렬통신

디지털 정보를 처리하는 장치는 외부와 데이터 통신을 필요로 한다. 데이터 통신(data communication)이란 둘 이상의 디지털 장치가 전자정보전달시스템(electronic transmission system)을 통해 0과 1로 구성되는 정보를 주고받는 것으로 디지털 데이터의 전달 형태에 따라 병렬 데이터 통신(parallel data transmission)과 직렬 데이터 통신(serial data transmission)으로 구분할 수 있다. 병렬 데이터 통신은 여러 비트로 구성되는 정보를 동시에 전송하는 방식이고, 직렬 데이터 통신은 한 번에 한 비트 씩 전송하는 방식이다. 병렬 방식은 여러 전기 신호선을 사용하기 때문에 먼 거리에 적용하거나 고속으로 전송하는 데 적합하지 않아 최근의 고속 데이터 전송에는 직렬 데이터 통신이 주로 사용된다. 시스템집적반도체의 경우, 핀 수 제한이 있기 때문에 병렬로 정보를 입출력 하는 것보다 직렬로 인터페이스 하는 것이 적합하다.

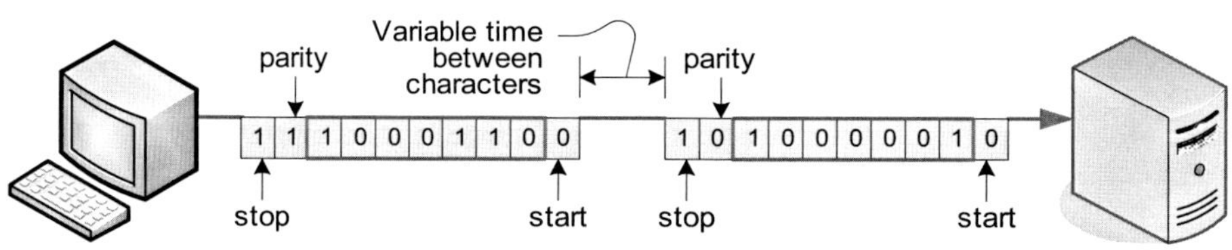

그림 1 직렬 데이터 통신의 개념도

직렬 데이터 통신에는 전송방식에 따라 동기식 전송(synchronous transmission)과 비동기식 전송(asynchronous transmission)으로 구분한다. 동기식은 클럭을 위한 신호선을 전용으로 사용하거나 아니면 전송되는 정보에 클럭이 포함되는 경우이며, 비동기식은 클럭에 대한 정보가 직접적으로 전송되지 않는다. 통신에 사용되는 정보의 방향에 따라 단방향(simplex), 전이중(full-duplex), 반이중(half-duplex)으로 구분한다. 단방향은 한 쪽에서 다른 쪽으로만 정보가 전달 될 수 있고, 전이중은 양쪽이 독립적으로 정보를 주고받을 수 있고, 반이중은 시간을 달리하여 양쪽이 정보를 주고받을 수 있다.

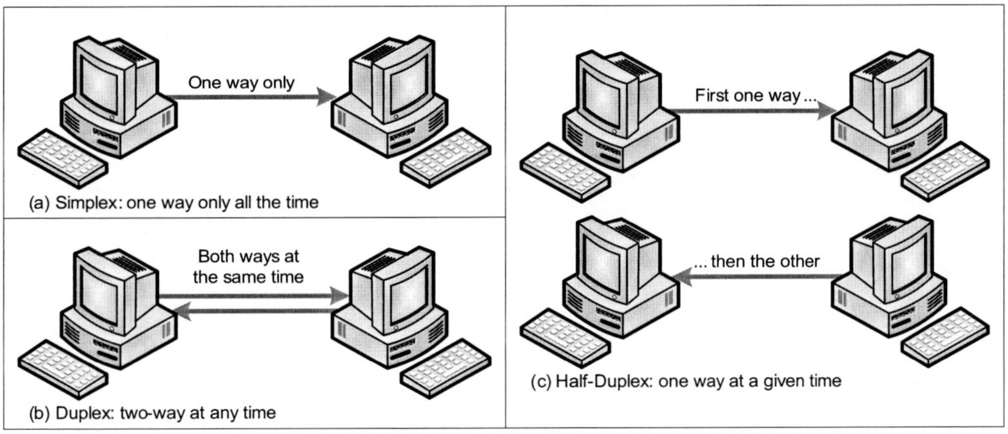

그림 2 직렬통신의 전송 방향에 따른 구분

2 RS-232C

시스템집적반도체가 외부와 정보를 주고받거나 사용자와 대화를 위해 기본적으로 채택하는 것이 직렬통신이며, 그 대표적인 것이 RS-232C[1] 통신규약을 이용한 것으로 비동기식 전이중 양방향 전송 방식이다. RS-232C는 IEA(Electronic Industries Association)에서 IEA-232-C[1]로 규정한 것을 CCITT에서 V.24와 V.28로 표준화한 것이다.

RS-232C의 신호는 +15~−15 Volt 사이[2]의 전압으로 규정하고, +15~+3 Volt 범위를 '0'으로 −3~−15 Volt 범위를 '1'로 규정하며, 모든 정보는 시작비트(start bit, '0')에서 종료비트(stop bit; '1') 사이에 전달되며, 종료비트에서 다음 시작비트 사이는 '1'로 유지하며 시간제약을 두지 않으므로 RS-232C는 'START-STOP 비동기' 통신으로 구분한다.

RS-232C를 통해 전송되는 정보는 주로 바이트 단위의 ASCII 코드[3]이며, lsb(least significant bit)부터 전송이 시작된다.

---

1 RS: Recommended Standards

2 +15~−15V 또는 +25~−25V를 사용하는 경우도 있지만, 모든 경우 +3~−3V 사이는 미정의로 규정하는 것은 일반적이다.

3 ASCII 코드는 기본적으로 7-비트이지만, 통상 '0'을 msb에 붙여서 8-비트로 전송한다.

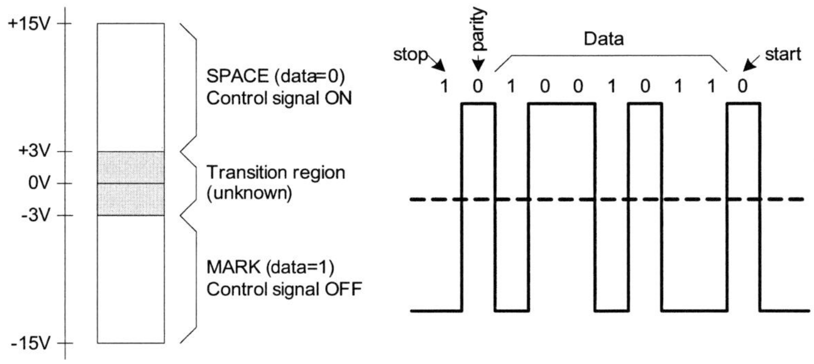

그림 3 RS-232C 신호의 전기 규격

데이터 전송을 위해 송신(TD)과 수신용(RD) 신호선을 분리하여 사용하고, 추가적인 제어용 신호선을 사용하며, 동기화 통신을 위한 신호선도 따로 정의한다. 보통의 경우, 데이터 전송용 신호선 두 개(TD, RD)와 접지(ground; SG) 신호만을 사용하고, 나머지 제어용 신호선들은 사용하지 않는다.

3 UART

RS-232C 규약에 맞추어 정보를 처리하는 기능블록이 필요한데, 이를 직렬통신제어기(UART: Universal Asynchronous Receiver and Transmitter, 범용 비동기 송수신기)라 한다. 즉, UART는 시스템집적반도체의 프로세싱 코어의 제어를 받아 RS-232C 통신 규약에 따라 바이트 정보를 외부로 전송하거나 반대로 외부에서 수신한다. 반도체 소자의 경우, 신호의 전압이 0~5V[4] 또는 0~3.3V[5]를 주로 사용하고, 0V를 '0'으로, 높은 전압을 '1'로 규정하므로, RS-232C의 신호선 전압과 논리값이 일치하지 않는다. 이러한 서로 다른 전압과 논리값을 변환해 주는 라인 드라이버(line driver)를 사용한다.

[그림 4]에 프로세서, UART, 라인 드라이버의 연결과 정보전달의 과정을 개략적

4 TTL: Transistor-Transistor Logic
5 LVTTL: Low Voltage TTL

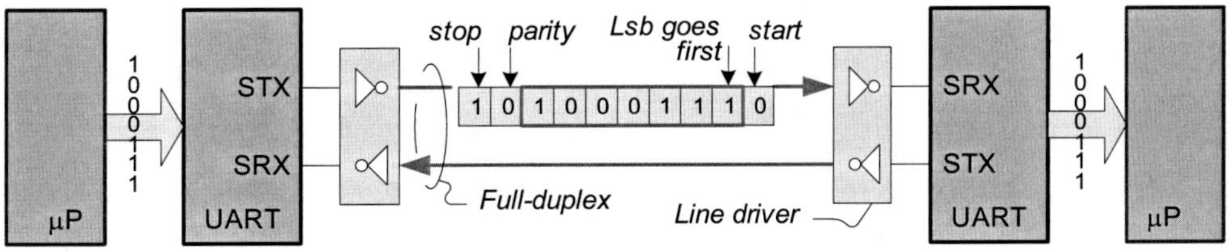

그림 4 UART와 Line Driver

으로 정리하였다. 프로세서가 전송할 정보를 UART의 레지스터에 저장한다. UART는 프로세서로부터 받은 병렬 정보를 직렬화하여 라인 드라이브로 출력한다. 라인 드라이버는 신호의 전압을 RS-232C 수준에 맞도록 변화하여 구동한다. 수신 쪽 라인 드라이버는 신호의 전압을 변환하여 UART로 입력하고, UART는 수신한 정보를 내부 레지스터에 저장한다. 프로세서가 UART에 저장된 정보를 읽어서 정보 전달이 이루어진다.

송신 UART와 수신 UART는 전달되는 정보의 구성과 전달 속도 등이 사전에 동일하게 설정되어야 한다. 즉, 순수 데이터로 사용될 비트 수, 패리티(parity)를 사용할 것인지, 사용한다면 우수(even) 또는 기수(odd)로 사용할 것인지 등과 전송 속도가 그 예가 된다. 이러한 것은 UART에 있는 제어 레지스터에 특정한 값을 설정함으로써 해결한다. 전송속도로 사용되는 단위는 4800, 9600, 19200, 115200 보오드(baud)이며, 보오드[6]의 의미는 초당 몇 번의 신호 변화가 가능한지를 의미한다.

대표적으로 사용되는 UART로는 8250과 그 후속 버전인 16550계열이 있으며, 이들이 계속적으로 사용되는 이유는 첫째로 하드웨어적인 회로의 수정을 최소화하고 싶은 설계자들의 속성과 소프트웨어적으로 하드웨어 내부의 CSR과 관련이 있는 각종 라이브러리들을 재활용할 필요 때문이라 할 수 있다. 즉, 호환성 문제를 쉽게 해결하기 위한 선택이라 할 수 있다.

4 UART16550

여기서는 OpenCores에서 공개하고 있는 UART16550[2]을 AMBA APB 인터페이스

[6] Baud rate: symbols/second를 의미하며, RS-232C와 같이 비트 단위를 '0' 과 1' 로 표현하여 전송할 경우, baud와 bps (bits/second)는 동일하다.

가 되도록 수정한 'apb_uart'를 사용하며, 그 CSR은 다음 [표 1]과 같고, NS16550A와 호환된다. CSR에는 몇 가지 특이한 점이 있다. 첫째로 동일 주소공간에 여러 레지스터들이 할당되어 있다. RB와 THR, IIR과 FCR, RB와 CDRL, IER과 CDRH가 그 예이다. 둘째로, 읽기만 허용되는 것과 쓰기만 허용되는 것이 있으며, 읽기와 쓰기가 모두 허용되는 것이 있다. 따라서 +0[7]번지를 읽으면 RB가 읽히고, +0번지에 쓰면 THR에 쓰게 된다. CDRL과 CDRH는 LCR의 msb(첫 번째 비트를 lsb라할 때 여덟 번째 비트를 msb라 한다) 가 '1'인 경우 참조된다. 따라서 +0번지의 경우, 읽기인지 쓰기인지 그리고 LCR의 msb의 값에 따라 RB, THR, CDRL 중 하나가 참조된다. 각 레지스터의 비트들은 중요한 의미를 갖게 되며, 이들에 대한 상세한 내용은 참고자료[2]를 살펴본다.

표 1 UART16550 CSR

Register name	address	Width (bit)	access	Description
RB	+0	8	R	Receiver Buffer: FIFO output
THR	+0	8	W	Transmit Holding Register: FIFO input
IER	+1	8	RW	Interrupt enable register
IIR	+2	8	R	Interrupt identification register
FCR	+2	8	W	FIFO control register
LCR	+3	8	RW	Line control register
MCR	+4	8	W	Modem control register
LSR	+5	8	R	Line status register
MSR	+6	8	R	Modem status register
CDRL	+0	8	RW	Clock divisor register lower part
CDRH	+1	8	RW	Clock divisor register higher part

보드 속도는 동작 클럭과 밀접한 관련이 있는데 여기서 사용하는 UART16550은 다음 식으로 계산이 된다.

```
DIVISOR = UART_CLOCK/16/BAUDRATE+0.5
DIVISOR_HIGH_BYTE = (DIVISOR>>8)&0xFF
DIVISOR_LOW_BYTE = DIVISOR&0xFF
```

즉, ahb_uart의 입력 클럭인 PCLK의 주파수를 16과 설정할 보드 속도로 나누고, 그 결과의 상위 8-비트와 하위 8-비트를 CDRH와 CDRL에 쓴다.

7 +N의 의미는 해당 UART가 특정 주소 공간에 할당될 경우, 해당 주소 공간 번지수에 N을 더한 주소라는 의미이다.

AMBA APB의 경우, 32-비트 데이터를 한 번에 전송하는 것을 기본으로 하며, 한 개 또는 두 개 바이트와 같이 부분적으로 전송하는 것을 허용하지 않기 때문에 [표 1]에 정리한 CSR와 같이 바이트 단위의 구성을 곧 바로 적용할 수 없다. 따라서 [프로그램 1]과 같이 각 레지스터를 4-바이트 주소공간에 할당하고, 상위 3-바이트는 사용하지 않도록 한다. 이럴 경우, [표 1]에서 +3으로 표시한 주소공간은 실제로는 +(3*4)가 된다.

프로그램 1: UART16550 CSR 자료구조

```
struct uart16550 {
  unsigned int RB_THR;  // 0x0: read for RB, write for THR
  unsigned int IER;     // 0x4: read/write
  unsigned int IIR_FCR; // 0x8: read for IIR, write for FCR
  unsigned int LCR;     // 0xC: read/write (0x03) - line_control;
  unsigned int MCR;     // 0x10: write only (0x00) - modem_control;
  unsigned int LSR;     // 0x14: read only - line_status;
  unsigned int MSR;     // 0x18: read only - modem_status;
} *_UART;
```

[그림 5]에 UART16550을 제어하는 흐름도를 보였다. 왼쪽은 초기화 동작으로 보드 속도를 설정하고, 내부 FIFO의 크기를 설정한 후, 인터럽트를 활성화하는 과정을 수행한다. 중간 그림은 8-비트 정보를 출력하는 과정으로, LSR 레지스터를 읽어서 출력에 사용할 버퍼가 비었는지 확인하고, THR 레지스터에 전송할 정보를 쓴다. 오른쪽 그림은 8-비트 정보를 입력하는 과정으로, LSR 레지스터를 읽어서 입력 버퍼에 정보가 도착했는지 확인하고, RB 레지스터에 저장된 수신 정보를 읽는다.

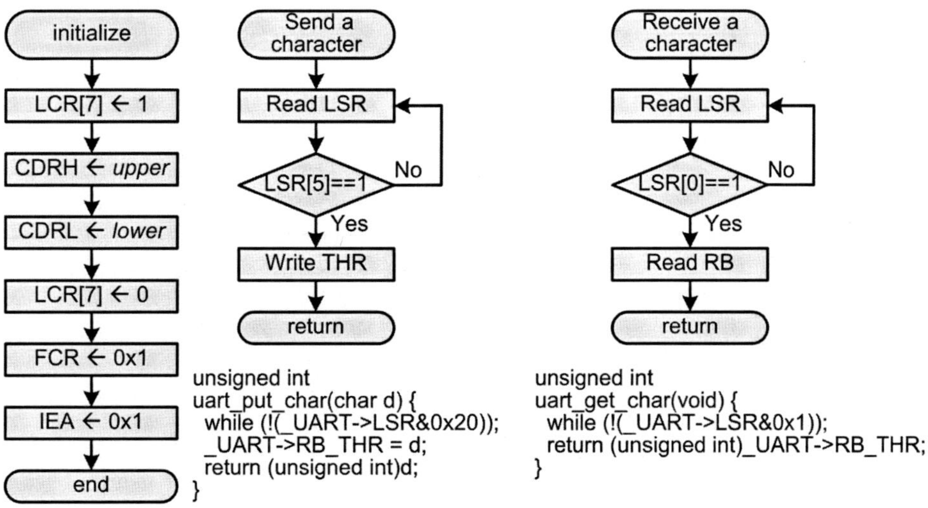

그림 5 UART 제어 흐름도

프로세서에서 실행되는 프로그램에 의해 정보가 직렬통신 채널로 전송되는 일련의 과정을 [그림 6]에 정리하였다. 시스템 라이브러리 중 하나인 printf()는 함수 내부에서 UART를 제어하는 함수인 uart_put_char() 함수를 호출하게 되고, 이 함수는 UART 하드웨어 내부의 상태제어레지스터를 참조하여 UART를 제어한다. 이때 UART 하드웨어 내부의 상태제어레지스터를 참조하기 위해서는 UART가 연결되어 있는 AMBA 버스에 해당 주소공간에 대한 읽기와 쓰기 동작이 진행된다.

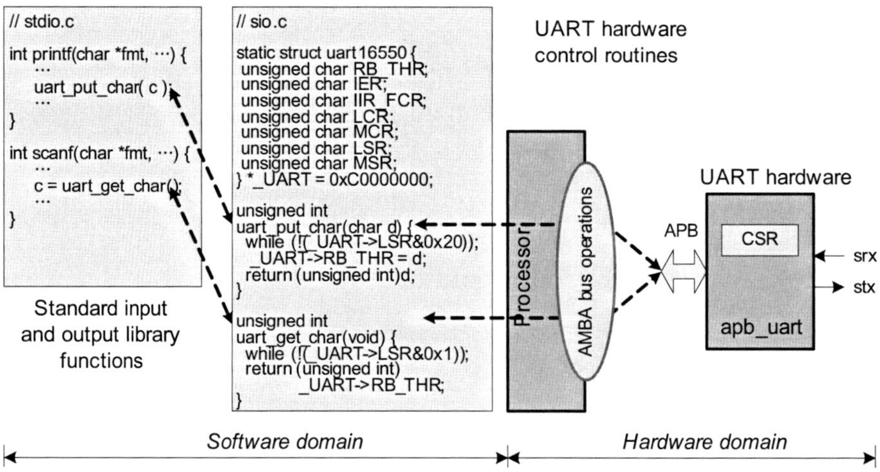

그림 6 프로그램을 통한 UART 제어 개념도

시스템집적반도체의 프로세싱 코어는 수십에서 수백 메가(mega) 헤르츠 정도의 매우 빠른 클럭으로 동작하는 반면 UART는 수십 킬로에서 수백 킬로(kilo) 헤르츠로 데이터 전송을 하므로 이들 사이의 시간차가 크다. 즉, 편지를 우체통에 넣는 데 1시간이 걸렸는데, 그 편지가 목적지에 도착하는 데 한 달 반 정도 걸리고, 답장을 받기까지 세 달 정도 걸린다는 뜻이다. 이러한 이유로 UART를 사용하는 환경에서는 인터럽트를 사용하게 된다. 즉, 전송할 정보를 UART의 CSR에 쓰고, 전송이 끝날 때까지 기다리는 대신, UART가 자동으로 전송하게 하고, 전송이 끝나면 인터럽트를 발생하도록 한다. 반대의 경우도, 수신된 정보가 있으면 UART가 인터럽트를 발생하여 프로세서가 필요한 시점에 해당 정보를 읽어가도록 한다. 이런 기능을 위해 [표 1]에서 정리된 바와 같이 IER과 IIR 레지스터가 있다.

5 기능검증: Task-based BFM

설계한 UART의 기능을 검증하기 위해 [그림 7]과 같이 구성한다. AMBA APB 인터페이스를 갖는 UART(apb_uart)를 AHB 버스 프로토콜을 APB 버스 프로토콜로 바꾸는 버스 변환기(ahb_to_apb)에 연결하고, 이 버스 변환기는 AHB BFM에 연결된다. AHB BFM은 내부에 AHB 버스 전송을 생성하는 타스크와 이 타스크를 이용하는 UART 참조 타스크를 사용한다. UART는 직렬 정보 출력 포트(TD)와 입력 포트(RD)를 연결하여 단순하게 정보를 되돌려 주도록 구성한다[8]. 이 예제는 '$PROJECT/ch09/ex_uart_task'에 있다.

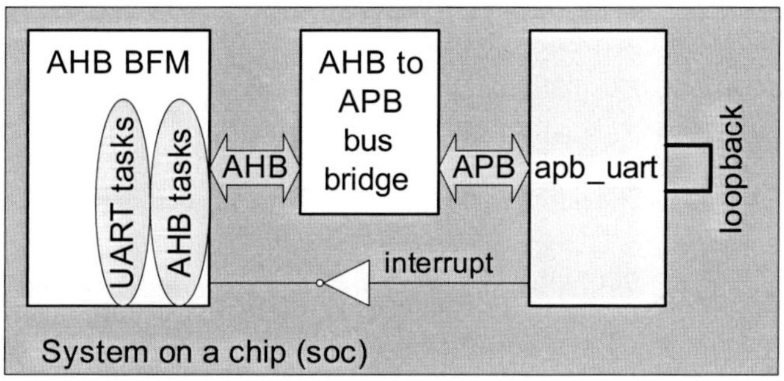

그림 7 UART 기능 검증 구성: Task-based BFM

AHB BFM에서 사용하는 AHB 타스크는 '제4장 BFM을 이용한 설계자산의 기능검증'에서 사용한 것과 동일하므로 여기서는 상세하게 다루지 않는다. AHB 버스 타스크는 'ahb_bfm' 디렉토리의 'ahb_tasks.v'에 준비되어 있다. UART 참조 타스크는 'ahb_bfm' 디렉토리의 'uart_tasks.v'에 준비되어 있고, 크게 UART를 초기화하는 것과 UART를 통해 단일 문자 정보를 송신 또는 수신하는 것으로 구성된다.

UART 초기화 타스크는 [프로그램 2]에 보인 바와 같이 'ahb_write()' 타스크를 이용하여 UART 내부의 CSR에 특정한 값으로 쓰기를 한다. 이는 [그림 5]에서 설명한 내용과 동일하다.

---

8 RS-232C의 loop-back은 TD–RD, DTR–DSR–CD, RTS–CTS를 연결하는 것이 일반적이다.

프로그램 2: UART 초기화 타스크

```
task uart_init;
        input [15:0] baud;
        begin
        ahb_write(LCR,       1,  32'h83);
        ahb_write(IER,       1, {24'h0, baud[15:8]});
        ahb_write(RB_THR,    1, {24'h0, baud[7:0]});
        ahb_write(LCR,       1, 32'h03);
        ahb_write(IIR_FCR,   1, 32'h01);
        ahb_write(IER,       1, 32'h01);
        end
endtask
```

LCR를 0x83으로 설정하여 8-bit data, 1-stop-bit, no-parity로 설정하고, 동시에 IER과 RB_THR을 CDRH와 CDRL로 보이게 msb를 '1'로 만든다. 이어서 보드 속도를 설정하고, LCR의 msb를 '0'으로 만들어 IER과 RB_THR이 제대로 보이게 한 후, IIR의 lsb를 '1'로 만들어 이전의 인터럽트를 제거하고, IER의 lsb를 '1'로 설정하여 직렬 통신 입력 포트로 정보가 수신되면 인터럽트가 발생하도록 설정한다.

UART를 통해 문자(ASCII)를 전송하는 타스크 send_a_character는 [프로그램 3]과 같고, 이는 [그림 5]에서 설명한 내용과 동일하다.

프로그램 3: UART 를 통해 단일 문자를 전송하는 타스크

```
task send_a_character;
        input [7:0]   char;
        reg    [31:0] tmp, data;
        begin
          ahb_read(LSR, 1, tmp);
          while (!(tmp&8'h20)) ahb_read(LSR, 1, tmp); // wait until buffer empty
          data = {24'h0, char};
          ahb_write(RB_THR, 1, data);
        end
endtask
```

UART를 통해 문자(ASCII)를 수신하는 타스크 receive_a_character는 [프로그램 4]와 같고, 이는 [그림 5]에서 설명한 내용과 동일하다.

프로그램 4: UART를 통해 단일 문자를 수신하는 타스크

```
task receive_a_character;
     output [7:0]  char;
     reg     [31:0] tmp, data;
     begin
         ahb_read(LSR, 1, tmp);
         while (!(tmp&8'h01)) ahb_read(LSR, 1, tmp); // wait until a character received
         ahb_read(RB_THR, 1, data);
         char = data[7:0];
     end
endtask
```

이 예제를 실행하는 방법은 다음과 같다.

1. 'apb_uart' 디렉토리에 있는 다음 설계들을 살펴본다.
    - 'apb_uart.v': APB UART의 최상위 모듈
    - 'apb_interface.v': APB 버스 요청을 UART 내부 레지스터 참조용 프로토콜로 변환
    - 'uart16550': 디렉토리에 OpenCores UART16550 설계가 있다.
2. 'ahb_to_apb' 디렉토리에 있는 설계를 살펴본다. 이는 AHB 버스 전송을 APB 전송으로 변환하는 블록이다.
3. 'ahb_bfm' 디렉토리에 있는 다음 설계들을 살펴본다.
    - 'ahb_bfm.v': 타스크를 이용하여 UART를 시험하는 설계
    - 'ahb_tasks.v': AHB 타스크의 모음
    - 'uart_tasks.v': UART 타스크의 모음
4. 'design' 디렉토리에 있는 'soc.v'를 살펴본다. 이는 [그림 7]의 구성을 Verilog로 기술한 것이다.
5. 'bench' 디렉토리에는 전체 검증 환경의 최상위 구성이 'top.v'에 기술되어 있다.
6. 'sim/modelsim' 디렉토리에서 DOS 스크립터인 'RunMe.bat'를 실행하여 시뮬레이션한다. 시뮬레이션 결과는 A, B, C 문자가 송신되고 수신되는 것을 시험한다.

위 6번 과정에서 해당 디렉토리의 'modelsim.args' 파일에 '+define+VCD'를 추가할 경우, 시뮬레이션 결과로 'wave.vcd' 파일이 생기고, 이 파일은 VCD 출력 프

로그램으로 신호파형을 확인할 수 있다.

이 예제의 구성에서 'ahb_bfm' 디렉토리에 있는 'ahb_bfm' 모듈의 'uart_test' 타스크를 적절하게 수정함으로써 다양한 시험을 할 수 있다. 그러나 시험각본을 수정하기 위해서는 코드를 수정해야 되는 불편한 점이 있다.

6 기능검증: Native-code driven BFM

프로그램이 UART를 사용하여 입출력을 제어할 것이므로, UART의 기능을 C 프로그램으로 시험하는 것이 바람직할 것이다. [그림 8]과 같이 C 프로그램으로 UART를 시험하는 환경을 구성한다. [그림 7]에서 사용한 타스크 구동 BFM을 IPC를 통해 C 프로그램과 연동하는 BFM으로 바꾸고, 이 BFM을 통해 C 프로그램으로 UART를 시험한다. 또, [그림 7]에서는 UART의 출력과 입력을 묶어서 사용했지만, 여기서는 문자를 출력하는 TTY 모델을 사용하여 좀 더 실제 상황에 가깝게 모델링한다.

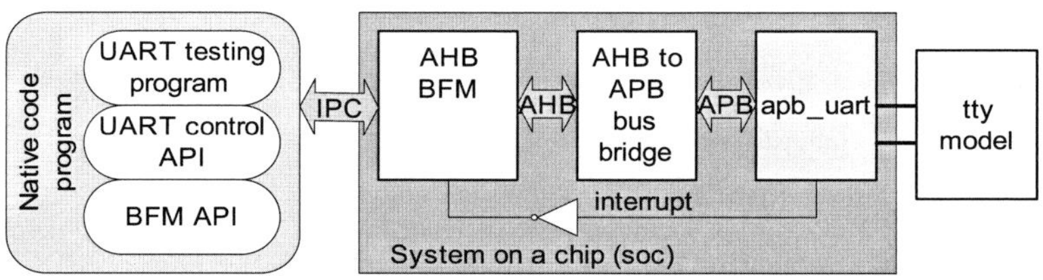

그림 8 UART 기능 검증 구성: Native-code driven BFM

이 예제는 '$PROJECT/ch09/ex_uart_native' 디렉토리에 있고, 디렉토리 구조는 다음과 같다.

- c: UART를 시험한 C 프로그램이 있다.
- hdl: [그림 8]의 구성이 하드웨어로 모델링 되어 있다. 단, 앞 절의 [그림 7]과 동일한 부분은 '$PROJECT/ch09/ex_uart_task' 디렉토리에 있는 것을 그대로 사용한다.
- ipc_socket: HDL 시뮬레이터와 C 프로그램이 연동하기 위해 필요한 IPC 통신

라이브러리가 있다.

- vpi: Verilog에서 C 루틴을 호출하기 위해 필요한 VPI 라이브러리가 있다.

이 예제에서 사용한 TTY 모델은 [그림 9]와 같이 내부에 시험할 UART와 동일한 'ahb_uart'를 사용하고, 이 UART가 생성하는 인터럽트로 동작하는 'tty_handler'로 구성된다. 즉, 직렬 통신 채널을 통해 문자가 수신되면 TTY 내부 UART가 인터럽트를 생성하고, 이 인터럽트로 'tty_handler'에서 TTY 내부의 APB 버스를 통해 UART의 레지스터를 참조하여 수신된 문자를 출력한다.

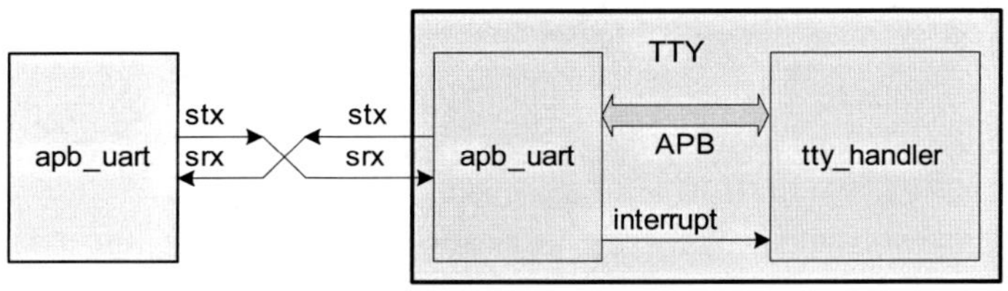

그림 9 TTY 모델

이 예제에서 사용하는 UART 시험용 C 프로그램은 앞 절에서 설명한 UART 시험용 타스크와 개념적으로 동일하다. [프로그램 5]에 UART를 초기화하는 코드를 보였다. [프로그램 1]에서 설명한 UART CSR를 표현하는 자료구조의 포인터에 UART 하드웨어가 할당된 주소를 절정 한다. 이 예제에서는 0x04000000이 할당되었다. 이어 보드 속도를 설정하는 데 이는 [프로그램 6]에 보인 루틴을 호출하고, 인터럽트가 활성화 되도록 한다. 여기서 사용한 'CSR_WRITE()'와 'CSR_READ()'는 마크로인데, 'bfm_api.c'에 있는 'AhbWrite()'와 'AhbRead()'로 대치되어 AHB 버스를 통해 UART의 CSR를 참조하게 된다.

프로그램 5: UART 초기화 루틴

```
void uart_init(void* UartStart, unsigned int clk, unsigned int baud) {
     unsigned int tmp;
     _UART = (struct uart16550*)UartStart;
     uart_set_baud(clk, baud);
     tmp = 0x01;
     CSR_WRITE(_UART->IIR_FCR, tmp); // set receiver FIFO trigger level to 1-byte
     CSR_WRITE(_UART->IER,     tmp); // activate receive-data available interrupt
}
```

[프로그램 6]은 UART의 보드 속도를 설정하는 루틴이며, 앞서 설명한 바와 같이 UART에 입력되는 클럭과 설정할 보드 속도에 따라 계산된 값을 특정 레지스터에 쓰는 동작을 한다.

프로그램 6: UART 보드 속도 설정

```
void uart_set_baud(unsigned int clk, unsigned int baudrate) {
     unsigned int tmp;
     unsigned int divisor, divisorH, divisorL;
     extern int printf(const char *fmt, ...);
     divisor = (int)((float)clk/16.0/(float)baudrate+0.5);
     divisorH = divisor>>8; // divisor/256;
     divisorL = divisor&0xFF; // divisor%256;
     tmp = 0x83;
     CSR_WRITE(_UART->LCR,      tmp);
     CSR_WRITE(_UART->IER,      divisorH);
     CSR_WRITE(_UART->RB_THR, divisorL);
     tmp = 0x03;
     CSR_WRITE(_UART->LCR,      tmp);
}
```

[프로그램 7]에 C 프로그램을 통해 문자를 입력 또는 출력하는 루틴을 정리하였다. 이들은 [프로그램 3]과 [프로그램 4]에서 설명한 타스크와 동일한 것이며, [그림 5]에서도 설명하였다.

프로그램 7: UART를 통한 문자 입출력 루틴

```
unsigned int uart_getc(void) {
  unsigned int tmp;
  do { CSR_READ(_UART->LSR, tmp);
  } while (!(tmp&0x1)); // wait until a character has been received
  return (unsigned int)(_UART->RB_THR&0xFF);
}

unsigned int uart_putc(char d) {
  unsigned int tmp;
  do { CSR_READ(_UART->LSR, tmp);
  } while (!(tmp&0x20)); // wait until transmitter FIFO is empty
  tmp = (unsigned int)d;
  CSR_WRITE(_UART->RB_THR, tmp);
  return (unsigned int)d;
}
```

이 예제를 실행하는 방법은 다음과 같고, '제4장 BFM을 이용한 설계자산의 기능 검증'에서 다룬 'Native-code driven BFM'과 동일한 과정이며, 비교적 복잡하므로 이들 일련의 과정을 DOS 스크립트로 준비한 것이 'RunMe.bat'이다. 따라서 '$PROJECT/ch09/ex_uart_native' 디렉토리에 있는 'RunMe.bat'를 실행하면 아래 과정을 자동으로 수행한다.

1. UART와 AHB 그리고 APB와 관련된 설계는 이전 예제와 동일하므로 해당 설계를 참조한다.
2. 'hdl/ahb_bfm_socket' 디렉토리에 있는 다음 설계들을 살펴본다.
   - 'ahb_bfm_socket.v': VPI와 IPC를 통해 C 프로그램과 연동하며, AHB 타스크를 이용하여 AHB 버스 전송을 생성한다.
   - 'ahb_tasks.v': AHB 타스크의 모음
3. 'hdl/tty' 디렉토리에서 TTY 모델이 어떻게 구성되었는지 살펴본다. 특히, 'interrupt'에 의해 'receive_a_character()' 타스크가 실행되어 수신된 문자가 출력됨을 확인한다.
4. 'hdl/bench' 디렉토리에는 전체 검증 환경의 최상위 구성이 'top.v'로 기술되어 있고, [그림 8]에서와 같이 TTY를 사용한다. 여기서 'soc' 모듈은 이전 예제의 것을 그대로 사용한다.
5. 'ipc_socket' 디렉토리에서 'RunMe.bat'를 실행하여 IPC 라이브러리인 'ipc_socket.lib'를 만든다.
6. 'vpi' 디렉토리에서 'RunMe.bat'를 실행하여 'cosim_socket.dll'을 만든다. 이것은 IPC 라이브러리를 활용하여 HDL 시뮬레이터와 C 프로그램이 연동되는데 필요한 VPI 라이브러리이다.
7. 'c' 디렉토리에서 각종 API 프로그램을 살펴본다.
8. 'c' 디렉토리에서 'RunMe.bat'를 실행하여 'run.exe' 프로그램을 만든다.
9. 'hdl/sim/modelsim' 디렉토리에서 'RunMe.bat'를 실행하여 HDL 시뮬레이터를 시작시킨다. HDL 시뮬레이터가 IPC 채널을 통해 접속을 기다리는 상태가 될 때까지 기다린다. 즉, 'run -all'를 수행할 때까지 기다린다.
10. 'c' 디렉토리에서 'run.exe'를 실행한다.

위 일련의 과정이 잘 진행되었다면 HDL 시뮬레이터와 C 프로그램이 상호 연동하여 UART블록을 시험하게 된다.

7 기능검증: ISS-driven BFM

시스템집적반도체에서 수행될 프로그램은 프로세싱 코어의 역할이므로 특정프로세싱 코어에서 실행되는 프로그램으로 하드웨어 블록의 기능을 시험하는 것이 필요하다. 여기서는 앞 절에서 설명한 구성을 ISS로 시험하는 경우를 살펴본다. 즉, [그림 8]에서 native code로 된 부분을 ISS로 대체하여 [그림 10]과 같이 구성한다. [그림 10]의 왼쪽에 표현된 바와 같이 시험 프로그램을 교차컴파일하고, 그 결과를 ISS가 실행함으로써 UART를 시험한다.

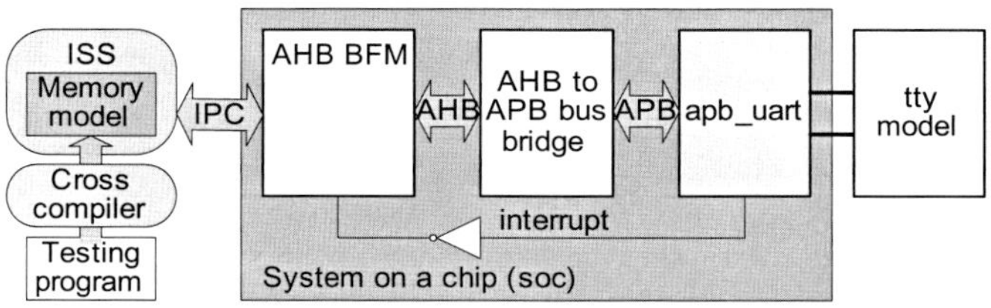

그림 10 UART 기능 검증 구성: ISS

이 예제를 실행하는 방법은 다음과 같고, 이들을 정리하여 DOS 스크립트로 준비한 것이 '$PROJECT/ch09/ex_uart_iss' 디렉토리의 'RunMe.bat'이다.

1. 하드웨어는 '6. 기능검증: Native-code driven BFM'과 동일하므로 '$PROJECT/ch9/ex_uart_native/hdl/ahb_bfm_socket' 디렉토리에 있는 'ahb_bfm_socket.v'를 살펴본다. 또한 'ipc_socket.lib'와 'cosim_socket.dll'도 역시, '6. 기능검증: Native-code driven BFM'와 동일한 것을 사용한다.
2. 'c/uart_test' 디렉토리에서 'main.c'를 살펴본다. 이 프로그램은 'uart16550.c'에 있는 UART 제어용 API를 사용한다.
3. 'c' 디렉토리에서 'RunMe.bat'를 실행하여 'uart_test.bin' 프로그램을 만든다. 이것은 ARM 교차 컴파일러로 컴파일 하는 과정이다.
4. '$PROJECT/ch09/ex_uart_native' 디렉토리에 있는 'hdl/sim/modelsim' 디렉토리에서 'RunMe.bat'를 실행하여 HDL 시뮬레이터를 시작시킨다. HDL 시뮬레이터가 IPC 채널을 통해 접속을 기다리는 상태가 될 때까지 기다린다.

즉, 'run -all'를 수행할 때까지 기다린다.

5. '$PROJECT/ch06/arm_iss' 디렉토리에서 있는 'arm_iss_sim.exe'를 실행한다. 이것은 ARM ISS 프로그램이다. 특히 이 ISS는 '-hs' 선택자를 통해 프로그램이 실행되는 동안 발생하는 참조 중 내부 메모리 모델이 아닌 외부 메모리 모델을 참조해야 할 주소의 시작을 설정할 수 있다. 여기서는 UART가 0x04000000번지에 할당된 것을 가정하였다.

위 일련의 과정이 잘 진행되었다면 HDL 시뮬레이터와 C 프로그램이 상호 연동하여 UART 블록을 시험하게 된다. '$PROJECT/ch09/ex_uart_iss' 디렉토리의 'RunMe.bat'가 실행되는 과정에서 필요한 라이브러리와 ARM ISS 등을 생성하게 되는데, 이들은 출력되는 메시지를 잘 읽어 보고 그에 따라 적절하게 선택하여 실행시킨다.

8 기능검증: 사이클 수준 에뮬레이션

앞 절에서 수행한 여러 검증 과정은 순수한 HDL 시뮬레이션에 한정되므로 좀 더 완성도 있게 기능을 검증하기 위해서는 FPGA를 이용한 기능 검증이 필요하다. 이러한 목적에 맞도록 '5. 기능검증: Task-based BFM'에서 사용한 구성을 iNCITE[3]에 적용해 본다. 이를 위한 과정은 [그림 11]과 같이 크게 네 개로 구분된다.

- 첫째, 순수하게 시뮬레이션을 한다. 이 과정은 '5. 기능검증: Task-based BFM'에서 한 과정을 의미한다.
- 둘째, 기능을 검증할 블록을 합성한다.
- 셋째, iNSPIRE[5]로 사이클 수준 에뮬레이션에서 필요한 파일들을 준비한다.
- 넷째, HDL 시뮬레이터와 FPGA를 연동하여 에뮬레이션 한다.

이러한 일련이 과정은 '제8장 HW/SW 통합에뮬레이션'에서 상세하게 설명하였다.

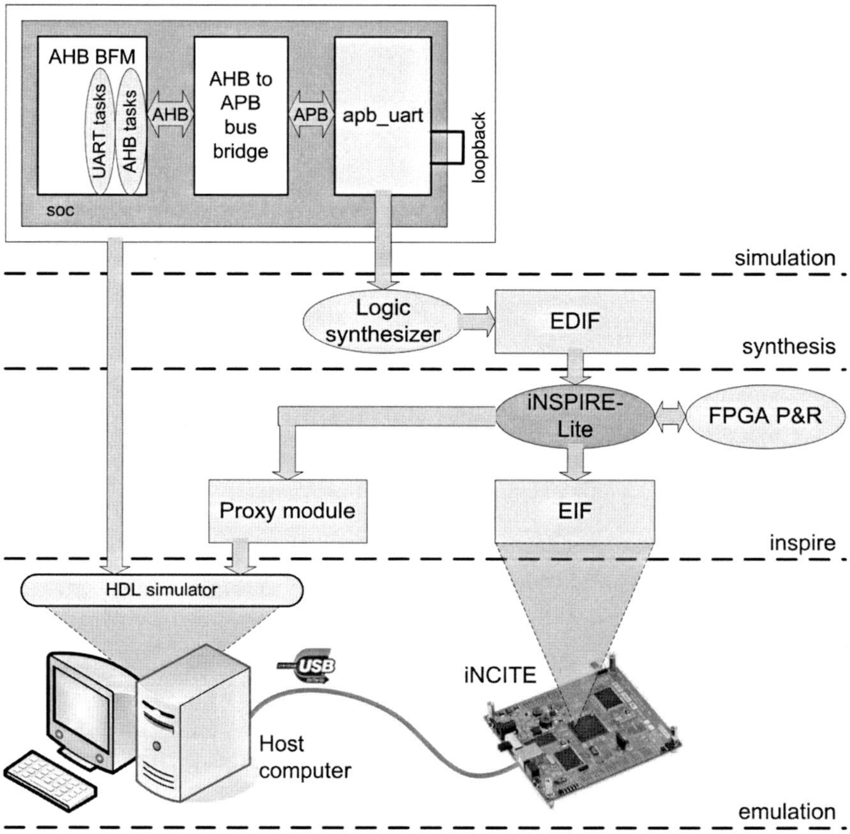

그림 11 UART 기능검증: Cycle-level emulation

이 예제는 '$PROJECT/ch09/ex_uart_emul_cycle'에 있다. 전체 구성은 '5. 기능 검증: Task-based BFM'의 것을 그대로 사용한다.

1. 'bench' 디렉토리에 있는 최상위 수준 모듈인 'top.v'를 살펴본다.
   - iNCITE와의 연동을 위해 다음이 파라메터로 추가되어 있음을 알 수 있다.

```
parameter  iPROVE_EIF_FILE="../../inspire/par/fpga0.eif";
```

   - 이 파라메터는 EIF 파일이 어디에 있는지 설정하는 것이며, HDL 시뮬레이터가 실행되는 디렉토리에서 상대 경로로 표시하였다.
   - 이 파라메터에 의해 HDL 시뮬레이터가 실행될 때 파라메터의 값으로 주어진 파일로 FPGA가 자동으로 초기화 된다.
2. 'syn/xst' 디렉토리에서 'RunMe.bat'를 실행한다. 합성 과정으로 'apb_uart.edif'

가 생성된다.

3. 'inspire' 디렉토리에서 'project.nsp'를 이용하여 iNSPIRE[5]를 실행해 iNCITE에 필요한 EIF 파일과 'ahb_uart_proxy.v'을 준비한다. iNSPIRE를 실행할 때 다음을 주의한다.
   - Cycle-mode로 설정한다.
   - Clock domain은 PCLK를 both-edge로 설정한다. 그 이유는 UART의 APB 버스는 PCLK의 상승 모서리만 사용하지만, 직렬 통신 포트에서 생성되는 신호들은 PCLK의 상승 및 하강 모서리에서 값이 중요할 수 있기 때문이다.
4. 'emul/modelsim' 디렉토리에서 'RunMe.bat'를 실행하여 에뮬레이션한다. 'RunMe.bat'를 실행하기에 앞서 iNCITE를 USB를 통해 컴퓨터에 연결하고, iNCITE에 전원을 인가한다.

이 과정이 FPGA를 이용한 에뮬레이션이지만 순수 HDL 시뮬레이터를 이용한 경우보다 시뮬레이션 속도가 늦게 된다. 그 이유는 FPGA에 맵핑되는 설계의 크기가 충분하게 크지 못하기 때문이다. 또한 FPGA를 이용하여 에뮬레이션 했지만 HDL 시뮬레이터에서 출력한다는 한계가 있다.

9 기능검증: Native-code를 이용한 전송 수준 에뮬레이션

UART의 기능을 검증하기 위해 C 프로그램을 사용하고 동시에 실제 출력을 하드웨어로 확인하는 경우를 살펴본다. [그림 12]와 같이 FPGA에 UART를 맵핑하고, 컴퓨터에서 UART 시험 프로그램을 실행하며, FPGA의 UART는 외부의 문자 출력 하드웨어에 연결한다. 이렇게 함으로써, UART가 사용되는 실 환경을 그대로 재현하여 기능을 검증한다. 이를 위해 iNCITE와 더불어 iNCITE-AVREM[4]을 사용한다. iNCITE-AVREM은 iNCITE의 응용 보드로 iNCITE에 장착되며, 다양한 입출력 기능을 제공하고, 여기서는 UART용 Line Driver와 9-핀 RS-232C 콘넥터를 사용한다.

[그림 12]는 크게 세 개 과정으로 구성된다.

- 첫째, 순수하게 시뮬레이션을 한다. 이 과정은 '6. 기능검증: Native-code driven BFM'에서 한 과정을 의미한다.
- 둘째, 기능을 검증할 블록을 합성한다. 즉, FPGA에 구현될 하드웨어를 합성

한다.

- 셋째, iNSPIRE를 통해 사이클 수준 에뮬레이션에서 필요한 파일들을 준비한다.
- 넷째, C 프로그램과 FPGA를 연동하여 에뮬레이션 한다.

이러한 일련이 과정은 '제8장 HW/SW 통합에뮬레이션'에서 상세하게 설명하였다.

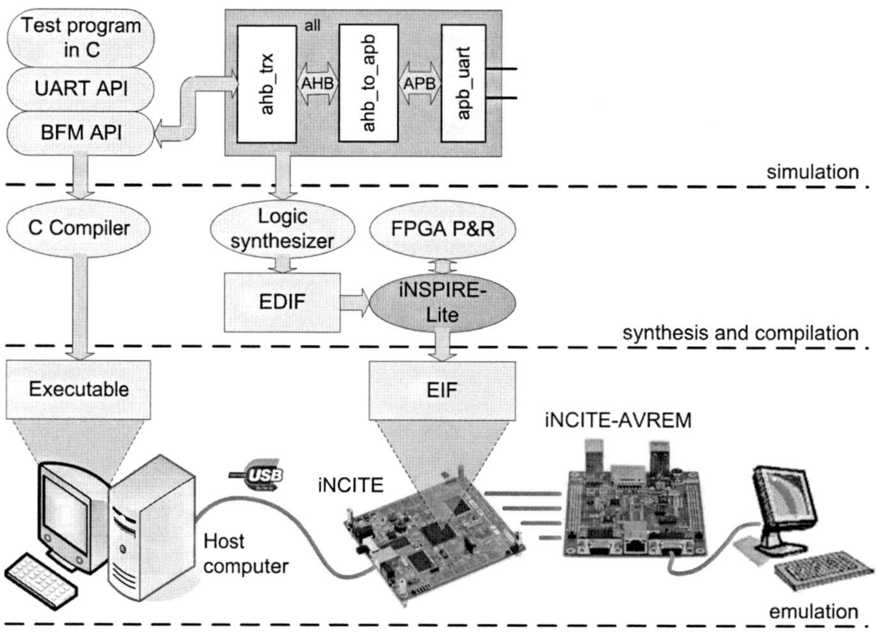

그림 12 UART 기능검증: Transaction-level emulation

예제는 '$PROJECT/ch09/ex_uart_emul_tran'에 있다.

1. 'design' 디렉토리에 있는 다음 설계를 살펴본다.
    - 'ahb_trx.v': FPGA에 맵핑되어 C 프로그램과 연동하는 트랜젝터이다.
    - 'all.v': 'apb_uart', 'ahb_to_apb', 'ahb_trx'를 연결한 모델이다.
2. 'syn/xst' 디렉토리에서 'RunMe.bat'를 실행한다. 합성 과정으로 'all.edif'가 생성된다.
3. 'inspire' 디렉토리에서 'project.nsp'를 이용하여 iNSPIRE를 실행해 iNCITE에 필요한 EIF 파일을 준비한다. iNSPIRE를 실행할 때 다음을 주의한다.
    - Transaction-mode로 설정한다.
    - Connection Wizard에서 UART의 두 개 포트를 외부와 연결한다.

4. iNCITE를 USB를 통해 컴퓨터에 연결하고 iNCITE-AVREM에 있는 9-핀 RS-232C 포트를 통해 문자 출력 장치를 연결한다.
   - Windows의 Hyperterminal 프로그램을 이용할 수 있다. 즉, iNCITE-AVREM의 RS-232C 포트[9]와 컴퓨터를 직렬통신 포트[10]를 RS-232C 연결 케이블로 연결하고, 컴퓨터에 Hyperterminal 프로그램을 사용하는 방법이다.
   - 여기서 사용하는 RS-232C는 8-bit, 1-stop-bit, no-parity, no-flow-control, 115200-baud이다.
5. 'prog' 디렉토리에서 다음 프로그램을 살펴본다.
   - 'uart16550.c': UART 제어용 루틴들
   - 'bfm_api.c': iNCITE에 AHB 버스 전송을 생성하기 위한 루틴들
   - 'user_main.c': UART 시험 루틴
   - 'main.c': UART 시험 루틴을 호출하는 프로그램
6. 'prog' 디렉토리에서 'RunMe.bat'를 실행한다. 'RunMe.bat'를 실행하기에 앞서 iNCITE를 USB를 통해 컴퓨터에 연결하고, iNCITE에 전원을 인가한다.
7. 에뮬레이션 결과로 문자 출력 장치에 출력되는 결과를 확인해 볼 수 있다.

이 예에서는 C 프로그램과 FPGA를 연동하는 것이지만, 실행에 앞서 이들 둘이 잘 동작 할 것인지 확인하는 과정이 필요한데, 이를 위해 'bench.trsim' 디렉토리와 'sim.trsim' 디렉토리를 준비한다. 'bench.trsim' 디렉토리에는 iNCITE의 FPGA에 구성될 하드웨어를 모델링 한 설계가 있고, 'sim.trsim/modelsim' 디렉토리에는 이들을 시뮬레이션하는 스크립터가 있다. FPGA 내부 설계 모델과 C 프로그램을 연동하는 시뮬레이션은 'prog' 디렉토리에 있는 'RunMe_trsim.bat'를 통해 실행된다. 이 과정은 '6. 기능검증: Native-code driven BFM'과 유사하지만, iNCITE를 하드웨어 모델로 사용한다는 차이가 있다.

10 종 합

직렬통신 기법 중 RS-232C는 대부분의 시스템집적반도체에 기본적으로 사용된다. 그러나 RS-232C 통신 규약에 따라 정보를 송수신하기 위해서는 하드웨어와 소프트

[9] iNCITE-AVREM의 RS-232C 콘넥터는 9-pin Female-type을 사용하고, 2번이 TD, 3번이 RD, 5번이 GND이다.
[10] PC의 9-핀 직렬 포트는 Male-type으로, 2번을 RD, 3번을 TD, 5번을 GND로 사용한다.

웨어가 모두 필요하다. 하드웨어로는 UART가 주로 사용되며 다양한 동작 모드가 있으므로 그 기능을 제대로 시험하기 위해서는 하드웨어와 소프트웨어를 연동하는 환경과 기법이 필수적이다. 이장에서는 많이 사용되는 16550과 호환성이 있는 OpenCores의 설계를 AMBA APB 인터페이스가 되도록 수정한 것을 다양한 검증 기법에 적용해 보았다.

11 연습문제

1. 병렬 데이터 통신의 대표적인 표준인 IEEE 1284 (Centronics Printer Port)와 IEEE 488 (GPIB, General Purpose Interface Bus)에 대해 조사하여 정리해 본다.
2. RS-232C외의 직렬 데이터 통신 방식에 대해 조사하여 정리해 본다.
3. Simplex, duplex, half-duplex 외에 통신 매체를 보다 효율적으로 활용하는 방식인 multiplex 방식이 있다. Multiplex 방식에 대해 조사하고 정리해 본다.
4. 데이터 통신에서 통신의 속도 또는 데이터 전송의 속도를 표현하기 위해 사용하는 단위에 대해 조사하고 그 차이와 특징을 정리해 본다.
5. 컴퓨터와 문자출력 전용 모니터를 연결하는 경우와 컴퓨터와 모뎀을 연결하는 경우에 RS-232C가 주로 사용되었다. 이러한 구성에서는 각 통신 개체를 DTE(Data Terminal Equipment, 컴퓨터, 터미널, 프린터)와 DCE(Data Communications Equipment, 모뎀)라고 분류하는데, 이들이 연결되는 방식에 대해 조사하고 정리해 본다.
6. 직렬 통신 포트로 사용하는 콘넥터에는 9-핀(DB9 pin D-Sub)과 25-핀(DB25 pin D-Sub) 두 종류가 있다. 이들의 핀 배치를 그림으로 표현해 본다. 특히 [연습문제 4]에서 분류한 DTE와 DCE들이 연결되는 경우를 구분하여 그림을 그려 본다.
7. '9. 기능검증: Native-code를 이용한 전송수준 에뮬레이션'에서는 C 프로그램에서 단순하게 'Hello world!'라는 문자열을 출력하였다. 이 예제를 사용자의 입력을 되돌려 주도록 'user_main.c'를 수정하여 본다. 일반적으로 문자출력 장치는 키보드가 같이 사용되며, 키보드를 통해 입력된 내용은 바로 출력되므로 이와 같은 기능을 구현해 보는 것이다. iNCITE-AVREM에 연결되어 동작하는

Hyperterminal에 입력하는 내용이 그대로 출력되도록 한다.

12 참고자료

[1] Electronics Industries Association, "EIA Standard RS-232-C Interface Between Data Terminal Equipment and Data Communication Equipment Employing Serial Data Interchange", August 1969, reprinted in Telebyte Technology Data Communication Library, Greenlawn NY, 1985.

[2] Jacob Gorban, UART IP Core Specification, Rev. 0.6, Aug. 11, 2002. (www.opencores.org)

[3] iNCITE User Manual, Dynalith Systems. (www.dynalith.com)

[4] iNCITE-AVREM User Manual, Dynalith Systems. (www.dynalith.com)

[5] iNSPIRE User Manual, Dynalith Systems. (www.dynalith.com)

CHAPTER

10

I2C 버스 마스터와 슬레이브 검증

I2C 버스는 비교적 단순한 통신 규약을 이용하지만 시스템집적반도체에서 사용하기 위해서는 그 하드웨어 기능을 소프트웨어 관점에서 시험되어야 한다. 여기에서 하드웨어-소프트웨어 통합검증 기법을 통해 I2C 버스 마스터와 슬레이브의 기능을 검증하여 본다.

1 I2C 버스 개요

I2C(Inter Integrated Circuit)[1]는 1980년대 초에 Philips 사에서 개발한 버스로서 두 개의 연결선으로 여러 IC 칩 사이의 쌍방향 통신을 제공한다. 버스의 신호선은 'SCL'과 'SDA'로 구분하고 전자는 클럭 신호선으로 사용하고 후자는 데이터 신호선으로 사용하며, 이들은 모두 오픈콜렉터(Open Collector, 또는 오픈드레인, Open Drain) 신호이므로 버스에 풀업 저항이 사용되고, 와이어드-AND[1] 기능으로 동작한다. 이러한 특성으로 인해 I2C는 100Khz, 400Khz, 1Mhz, 3.4Mhz 정도의 비교적 저속으로 동작하며, 이중 100Khz와 400Khz가 일반적으로 사용되며, 그 이상의 것은 특별한 구동 소자를 사용해야 된다.

I2C 버스에는 여러 I2C 블록들이 연결될 수 있으며 이들은 그 기능에 따라 마스터와 슬레이브로 구분된다. 마스터는 버스 전송을 능동적으로 시작할 수 있는 것이고, 슬레이브는 버스 전송에 대해 수동적으로 응답하는 것이다. 버스에는 여러 마스터와 여러 슬레이브가 연결될 수 있지만 통상적으로 [그림 1]과 같이 버스 마스터 한 개에 여러 슬레이브가 연결되는 형태이다. 이때 각 슬레이브에는 고유의 주소가 미리 지정되어 있어서 마스터가 특정 슬레이브를 선택적으로 참조할 수 있다.

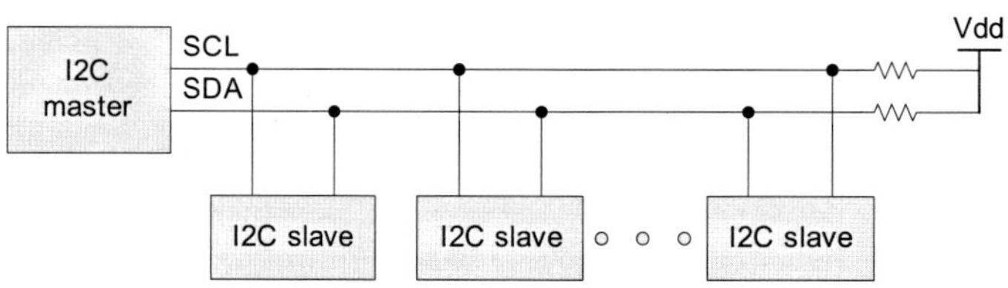

그림 1 I2C 버스의 일반적인 구성

I2C 버스는 SCL이 높은 전압인 상태에서는 SDA 신호가 변하지 않는 것을 가정한다. 즉, SCL 신호가 낮은 전압 상태일 때 SDA의 신호가 변해야 된다. 그러나 [그림 2]에 보인 바와 같이 데이터 전송 규약을 위해 SCL과 SDA의 신호 관계에 따라 특별하게 정의된 상태가 있다. SCL이 높은 전압인 상태에서 SDA의 신호에서 하강모서리(falling edge)가 발생하면 전송을 시작한다는 뜻의 S(Start) 상태가 된다. SCL이 높은 전압인 상태에서 SDA의 신호에서 상승모서리(rising edge)가 발생하

[1] Wired-AND: 신호선에 연결된 여러 출력단 중 하나라도 낮은 전압을 구동하면 신호선은 낮은 전압이 된다.

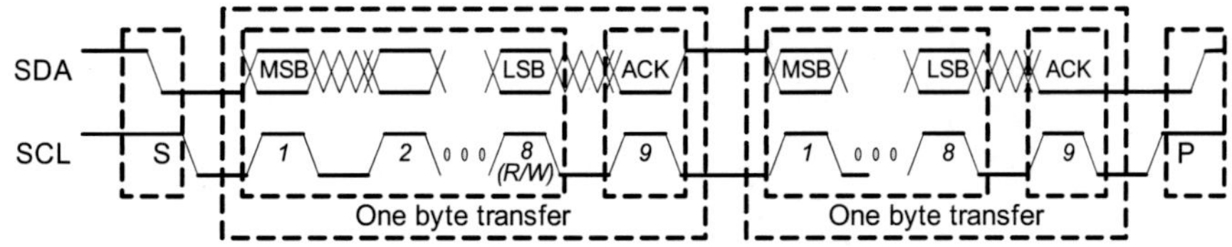

그림 2 I2C 버스 신호의 일례

면 전송의 끝을 뜻하는 P(Stop) 상태가 된다.

I2C 버스의 데이터 전송은 8 비트 전송을 기본으로 하고, 항상 msb(most significant bit)를 먼저 전송하고, 8 비트 데이터를 전송하는데 반드시 1 비트 응답이 뒤에 추가 되므로, 기본전송은 반드시 9비트로 구성된다. 이러한 9비트 기본 전송을 이용하여 상위 통신 규약을 만들어 사용한다. I2C 버스도 데이터 전송이 목적이므로 전송을 읽기와 쓰기로 구분할 수 있고, 여기서 읽기란 마스터가 특정 슬레이브의 특정 레지스터의 값을 가져오는 것을 의미하고, 쓰기는 그 반대가 된다.

I2C 버스를 통한 데이터 전송을 하기 위해서는 특정 슬레이브를 선택하는 과정이 필요하며, 이는 S 상태 이후 전달되는 첫 번째 기본전송에 해당 슬레이브의 디바이스 주소를 전송함으로써 가능하다. 이때 전달되는 8비트 정보 중, 상위 7비트는 슬레이브 디바이스 주소가 되고 마지막 비트는 읽기인지 쓰기인지를 구별한다. 따라서 이 읽기 쓰기 비트를 보고 이어서 전달되는 두 번째 기본전송의 정보 방향이 결정된다.

[그림 3]에 특정 슬레이브에 한 개 바이트를 쓰는 경우를 보였다. 그림에서 색이 칠해진 부분은 마스터가 SDA를 구동하는 것이고, 색이 없는 부분은 슬레이브가 SDA를 구동하는 것이다. S 상태로 시작하고, P상태로 끝난다. 이들 사이에 3개 바이트가 전송되며 모두 마스터에서 슬레이브로 전달되는 것이고 각 바이트 끝에 응답 비트 만이 슬레이브가 구동한다. 첫 번째 바이트는 슬레이브의 주소가 전달되는 것이며, 여기서 W는 낮은 전압 값으로 구동됨을 의미하고, 이것이 두 번째 바이트가 마스터에서 슬레이브로 전달되는 정보임을 의미하게 된다. 두 번째 바이트는 첫 번째 바이트에서 선택된 슬레이브 내부에 할당된 메모리 공간의 주소가 된다. 세 번째 바이트는 선택된 슬레이브의 지정된 주소에 쓰일 정보가 된다.

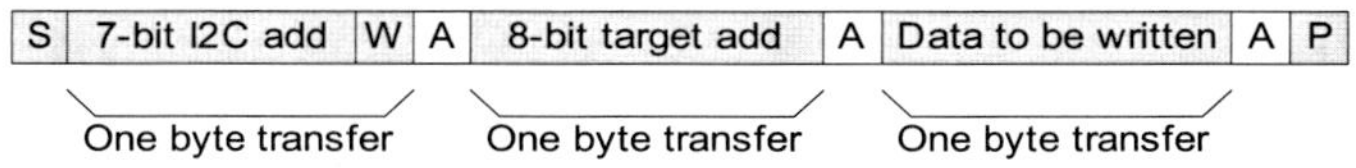

그림 3 I2C 버스 쓰기 전송의 일례

[그림 4]에 특정 슬레이브로부터 한 개 바이트를 읽는 경우를 보였다. 그림에서 색이 칠해진 부분은 마스터가 SDA를 구동하는 것이고, 색이 없는 부분은 슬레이브가 SDA를 구동하는 것이다. S 상태로 시작하고, P 상태로 끝난다. 이들 사이에 4개 바이트가 전송된다. 특히 S와 P 사이에 Sr(Re-Start)상태가 추가되는데 이것은 P 상태가 되기 전에 S 상태가 또 발생하는 것을 의미한다. 첫 번째와 두 번째 바이트는 앞서 설명한 쓰기와 동일하다. 세 번째 바이트는 슬레이브 디바이스 주소를 전달하면서 마지막 비트로 높은 전압을 구동하여 네 번째 바이트가 읽기임을 알린다. 네 번째 바이트는 선택된 슬레이브가 지정된 주소로부터 읽기 한 값을 마스터로 전송하기 위해 구동한다. 이때 네 번째 바이트의 정보를 마스터가 받는 것이므로 응답을 마스터가 한다. 단, 순응답(OK acknowledgement)이 아닌 반응답(No acknowledgement)을 함으로써, 추가적인 읽기가 없이 끝날 것임을 알리게 된다.

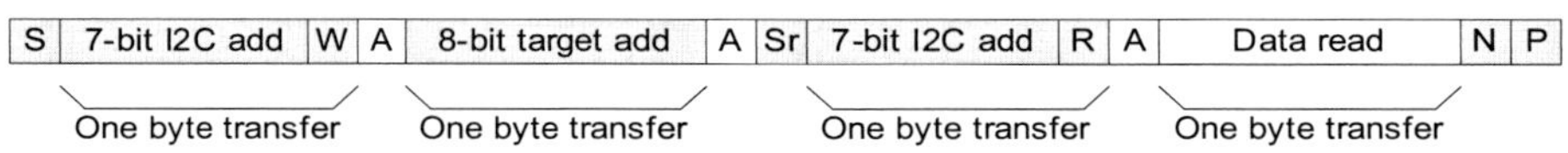

그림 4 I2C 버스 읽기 전송의 일례

이상 설명한 바와 같이 I2C 버스는 바이트 전송을 기본으로 하여 이들을 조합하여 보다 복잡한 데이터 전송 통신규약을 만들어 사용한다. 이외에 슬레이브 주소를 7비트가 아닌 비트로 하거나, 여러 바이트를 연속하여 전송하는 방법, 여러 마스터에 의한 통신 충돌을 처리하는 방법 등이 있다. 이러한 상세한 통신규약은 I2C 버스 자료를 참고한다.

2 I2C 버스 마스터와 슬레이브

I2C 버스를 통해 정보를 전송하려면 통신규약에 맞추어 신호를 생성하는 하드웨어 블록이 필요하다. 특히 시스템집적반도체의 경우, 내부에 I2C 버스 마스터를 내장

하는 것이 일반적이고, 이를 통해 외부에 있는 소자들의 정보를 확인하거나 변경한다. 대표적인 예로 SPD(Serial Presence Detect)[2] 표준이 있고, 메모리 소자들의 여러 정보를 확인하거나 설정하는 버스로 사용된다.

여기서는 I2C 버스 블록을 설계하는 데 목적이 있는 것이 아니므로, 이미 만들어져 있는 I2C 버스 마스터 블록과 I2C 버스 슬레이브 블록을 사용하며, 관심의 대상인 시스템집적반도체 관점에서 기능을 어떻게 검증하는지 그 방법에 초점을 맞춘다.

이를 위해 사용한 I2C 버스 마스터는 OpenCores에서 공개되어 있는 것[3]을 사용하고, I2C 버스 슬레이브는 Dynalith에서 공개한 것[4]을 사용한다.

I2C 버스 마스터는 [그림 5]에 보인 바와 같이 APB와 연결되고 다른 한편으로 I2C 버스와 연결된다. 여기서 I2C 버스는 칩의 외부에 있고, I2C 버스 마스터는 칩 내부에 있기 때문에 이들 둘을 연결하는 데 입출력 버퍼(칩의 관점에서는 입출력 패드)를 고려하여 두 개 I2C 버스 신호선을 위해 각각 입력, 출력 그리고 출력제어 핀으로 구분되어 있다.[2]

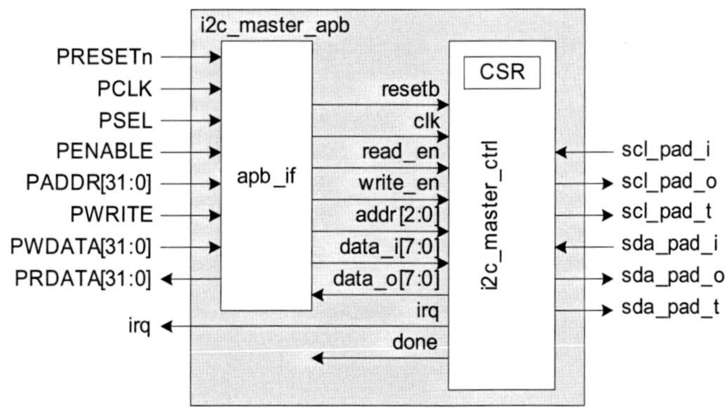

그림 5 I2C 버스 마스터 블록의 입출력

I2C 버스 슬레이브는 [그림 6]에 보인 바와 같이 I2C 버스에 연결되며 내부에 I2C 버스 슬레이브 인터페이스와 비동기 메모리[3]로 구성된다. 즉, I2C 버스를 통해 내부의 메모리를 참조할 수 있도록 한다.

---

2 입력은 _i, 출력은 _o, 출력제어는 _t

3 메모리가 입력 클럭을 기준으로 동작할 경우를 동기 메모리(synchronous memory)라고 하고, 입력 클럭이 없이 제어신호의 값에 따라 동작할 경우 비동기 메모리(asynchronous memory)라고 한다.

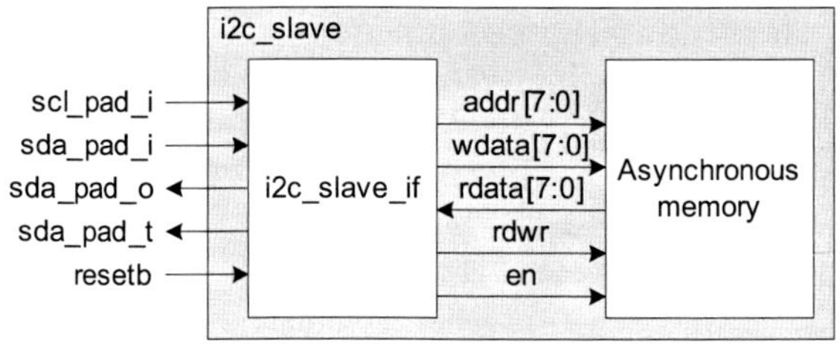

그림 6 I2C 버스 슬레이브 블록의 입출력

3 I2C bus master programming model

시스템집적반도체 측면에서 I2C 버스 마스트는 그 내부에 있는 CSR를 읽고 쓰는 일련의 동작을 통해 제어된다. 따라서 I2C 버스 마스트의 CSR이 매우 중요한 의미를 갖는다. 여기서 사용하는 I2C 버스 마스트는 [표 1]에 정리한 바와 같은 레지스터를 갖는다. 각 레지스터는 주소공간이 할당되어 있는데 여기서는 각 레지스터의 크기에 무관하게 4-byte 공간마다 할당하였다. 이는 [그림 5]에서 PADDR[31:0]중 PADDR[31:2]를 addr[2:0]에 연결하기 때문에 가능하다. PRERlo/PRERhi 레지스터는 SCL 신호의 동작 속도를 설정하는 데 사용하고, CTR 레지스터는 전체 하드웨어 동작과 인터럽트 생성 여부를 설정한다. TXR은 SDA를 통해 출력할 정보를 저장하는 곳이고, RXR은 SDA를 통해 입력된 정보가 저장되는 곳이다. CR 레지스터는 I2C 버스 통신에 필요한 여러 상황을 제어하고 TXR 레지스터의 내용을 I2C 버스에 출력하거나 반대로 I2C 버스로부터 RXR 레지스터에 값을 입력 받도록 제어한다. SR 레지스터는 진행된 또는 진행 중인 I2C 버스 동작의 상태를 나타낸다. 각 레지스터의 상세한 의미와 용법은 참고자료 [3]을 참고한다.

표 1 I2C 버스 mater register

Register name	address	Width (bit)	access	description
PRERlo	+0x00	8	RW	Clock prescale register low-byte
PRERhi	+0x04	8	RW	Clock prescale register high-byte
CTR	+0x08	8	RW	Control register
TXR	+0x0C	8	W	Transmit register
RXR	+0x	8	R	Receive register
CR	+0x14	8	W	Command register
SR	+0x18	8	R	Status register

4 기능검증: Task-based BFM

I2C 버스 마스터와 슬레이브의 기능을 검증하기 위해 [그림 7]과 같이 구성한다. 즉, I2C 버스 마스트에 두 개의 슬레이브가 연결되고, APB 버스를 통해 마스트를 제어한다. 그림에서 왼쪽에 색이 칠해진 부분이 시스템집적반도체 부분이라 가정할 수 있다. 이 예제는 '$PROJECT/ch10/ex_i2c_task'에 있다.

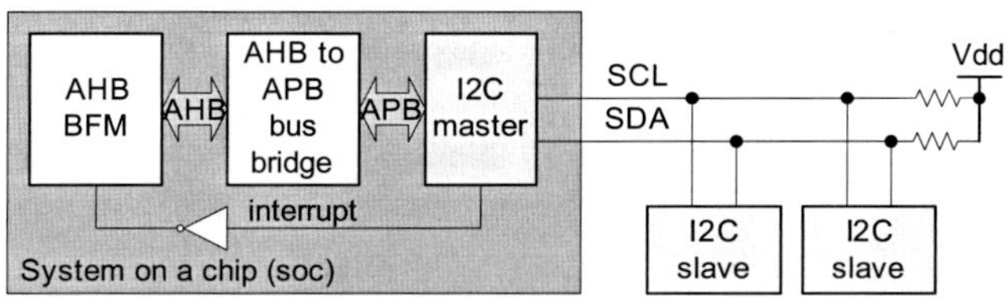

그림 7 I2C 버스 마스터와 슬레이브 기능 검증 환경: Task-based BFM

[그림 7]에서 AHB BFM이라 표기된 블록에 I2C 버스를 시험하는 타스크들이 수행된다. 이들 타스크는 크게 두 개 계층으로 구성한다. 첫 번째 계층은 AHB 버스 전송을 위한 타스크로서 '제4장 BFM을 이용한 설계자산의 기능검증'에서 사용한 것과 동일하므로 여기서는 상세하게 다루지 않는다. AHB 버스 타스크는 'ahb_bfm' 디렉토리의 'ahb_tasks.v'에 준비되어 있다. 두 번째 계층은 첫 번째 계층의 타스크를 사용하여 I2C 버스 마스터를 제어하는 타스크들로써 'ahb_bfm' 디렉토리의 'i2c_tasks.v'에 있다.

[프로그램 1]에 I2C 버스를 통해 'dev_addr'가 지칭하는 특정 슬레이브의 'addr'가 지정하는 메모리 공간을 읽는 경우를 예로 보였다. 이는 [그림 4]에서 설명한 바와 같이 3개 바이트를 쓰고, 1개 바이트를 읽는 과정을 수행하는 것이다.

프로그램 1: i2c_read 타스크

```
task i2c_read;
    input  [6:0] dev_addr; // device address
    input  [7:0] addr; // target address
    output [7:0] data;
    reg          ack;
    begin
```

```
            i2c_send_dev_addr(dev_addr, 0, ack);
            i2c_send_addr(addr, ack);
            i2c_send_dev_addr(dev_addr, 1, ack);
            i2c_rcv_data_nack_stop(data, ack);
        end
    endtask
```

[프로그램 1]에서 'i2c_send_dev_addr()' 타스크를 통해 특정 I2C 버스 슬레이브를 선택하게 되는데, 이를 위해 [프로그램 2]와 같은 일련의 CSR 참조가 필요하다. 즉, TXR 레지스터에 전송할 주소 값[4]을 저장하고, CR 레지스터에 전송을 시작하라는 명령을 저장하고, 전송이 끝날 때까지 기다리고, 전송결과를 확인한다. 특히 'i2c_wait_tip()' 타스크는 여러 가지 방법으로 구현이 가능하다. SR 레지스터의 TIP 비트가 0이 될 때까지 폴링(polling)하거나, 바이트 전송이 끝나면 인터럽트가 발생하도록 하여 인터럽트를 통해 확인하는 방법이 있다. 시스템집적반도체의 동작 클럭은 수백 Mhz인 반면, I2C 버스의 SCL은 수백 Khz 범위이기 때문에, 시스템집적반도체 관점에서 I2C 버스를 통해 한 개 바이트를 전송하는 데 오랜 시간이 소요된다. 따라서 전송완료를 확인하는 방법으로 인터럽트를 사용하는 것이 성능향상에 도움이 될 수 있을 것이다.

프로그램 2: 특정 I2C 버스 슬레이브를 선택하는 바이트 전송

```
    task i2c_send_dev_addr;
        input  [6:0]  dev_addr; // device address
        input         rd_wrn; // 1 for read, 0 for write
        output        ack;
        begin
            ahb_write(I2C_TXR, 4, {24'h0000_00, dev_addr,rd_wrn});
            ahb_write(I2C_CR , 4, 32'h0000_0100); // start and write
            i2c_wait_tip(ack);
            if (ack===1'b1) $display("%m: ack error");
        end
    endtask
```

이 예제를 실행하는 방법은 다음과 같다.

1. 'i2c_master'/'i2c_slave' 디렉토리에 있는 I2C 버스 블록을 살펴본다.
2. 'ahb_bfm/ahb_to_apb' 디렉토리에 있는 설계 블록을 살펴본다. 특히

4 TXR 레지스트는 8-bit이지만, 32-bit 버스에 연결되어 있으므로 불필요한 상위 3개 바이트에 0을 채우게 된다.

'ahb_tasks.v'와 'i2c_tasks.v'를 꼼꼼하게 살펴본다.

3. 'bench' 디렉토리에 있는 시험환경을 살펴본다.
4. 'sim/modelsim' 디렉토리에서 'RunMe.bat'를 실행하여 시뮬레이션한다. 시뮬레이션 결과로 출력되는 메시지를 확인하고 'wave.vcd'를 통해 신호파형도 확인해 본다.

5 기능검증: Native-code driven BFM

C 프로그램을 이용하여 I2C 버스 마스트와 슬레이브를 시험하는 환경을 [그림 8]과 같이 구성한다. [그림 7]과의 차이는 AHB BFM이 타스크 대신 IPC로 연결된 C 프로그램을 사용한다는 점이며 이를 위해 AHB BFM이 소켓을 사용하는 것으로 교체된다. 이 예제는 '$PROJECT/ch10/ex_i2c_native'에 있다.

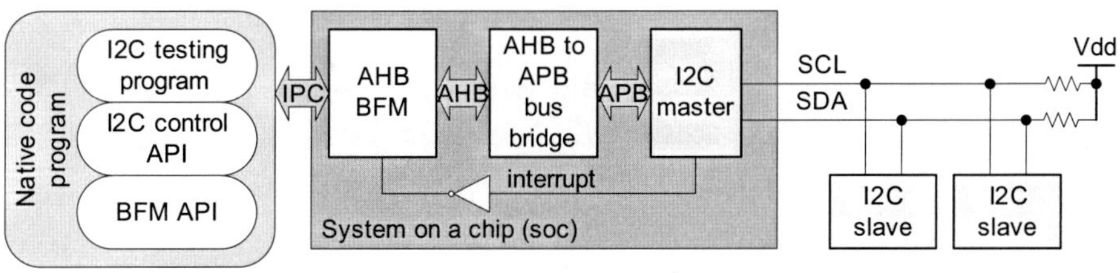

그림 8 I2C 버스 마스터와 슬레이브 기능 검증 환경: Native-code driven BFM

여기서 사용할 C 프로그램은 '4. 기능검증: Task-based BFM'에서 설명한 'i2c_tasks.v'를 Verilog 대신 C 언어로 프로그램 한 것으로 이해할 수 있다. 즉, C 프로그램에서 쉽게 사용할 수 있도록 API를 만들고 이것을 이용하여 I2C 버스를 시험하게 된다.

API는 'c' 디렉토리에 있고, 이들의 구성은 크게 두 가지 계층으로 구성된다. 하나는 BFM을 제어하여 AHB 버스 전송을 생성하는 것으로 'bfm_api.h'와 'bfm_api.c'에 있다. 다른 하나는 BFM API를 이용하여 I2C 블록을 시험하는 것으로 'i2c.h', 'i2c_api.h', 'i2c_api.c'에 있다.

[프로그램 3]에 i2c_read 타스크에 대응되는 i2c_read() API를 예로 보였다. 함

수의 입력으로 I2C 버스 슬레이브의 주소와 해당 슬레이브 내에 할당된 메모리 주소를 받아서, [그림 4]에서 설명한 바와 같이 3개 바이트를 쓰고, 1개 바이트를 읽는 과정을 수행하는 것이다.

프로그램 3: i2c_read() API

```
unsigned char
i2c_read ( unsigned char dev_addr // target I2C device address
         , unsigned char addr)     // target slave address
{
    unsigned char data;
    i2c_snd_dev_addr_wr(dev_addr);
    i2c_snd_addr(addr);
    i2c_snd_dev_addr_rd(dev_addr); // be careful
    data = i2c_rcv_data_nack_stop();
    return(data);
}
```

[프로그램 3]에서 'i2c_snd_dev_addr()' API를 통해, I2C 버스 슬레이브를 선택하게 되는데, 이를 위해 [프로그램 4]와 같은 일련의 CSR 참조가 필요하다. 즉, TXR 레지스터에 전송할 주소 값을 저장하고, CR 레지스터에 전송을 시작하라는 명령을 저장하고, 전송이 끝날 때까지 기다리고, 전송결과를 확인한다. 여기서 'CSR_WRITE()'는 자주 반복되는 코드를 보다 쉽게 이해할 수 있도록 마크로로 정의한 것이며, 상세한 것은 'i2c..h'를 참고한다.

프로그램 4: 특정 I2C 버스 슬레이브를 선택하는 바이트 전송 API

```
unsigned char
i2c_snd_dev_addr ( unsigned char dev_addr  // device address
                 , unsigned char rd_wrn)   // 1 for read, 0 for write
{
    unsigned int data;
    unsigned char ack=0;
    data = 0xFF&((dev_addr<<1)|(rd_wrn&0x1));
    CSR_WRITE(i2c->TXR_RXR, data);
    data = I2C_CMD_STA|I2C_CMD_WR; // 0x90, start and write
    CSR_WRITE(i2c->CR_SR , data);
    ack = i2c_wait_tip();
    return(ack);
}
```

이 예제를 실행하는 방법은 다음과 같고, 이들을 정리하여 DOS 스크립트로 준비한 것이 'RunMe.bat'이다.

1. 'hdl/ahb_bfm_socket' 디렉토리에 있는 'ahb_bfm_socket.v'를 살펴본다. 이것과 '4. 기능검증: Task-based BFM'에서 사용한 'ahb_bfm.v'와 어떤 차이가 있는지 확인한다.
2. 'ipc_socket' 디렉토리에서 'RunMe.bat'를 실행하여 IPC 라이브러리인 'ipc_socket.lib'를 만든다.
3. 'vpi' 디렉토리에서 'RunMe.bat'를 실행하여 'cosim_socket.dll'을 만든다. 이것은 IPC 라이브러리를 활용하여 HDL 시뮬레이터와 C 프로그램이 연동되는데 필요한 VPI 라이브러리이다.
4. 'c' 디렉토리에서 각종 API 프로그램을 살펴본다.
5. 'c' 디렉토리에서 'RunMe.bat'를 실행하여 'run.exe' 프로그램을 만든다.
6. 'hdl/sim/modelsim' 디렉토리에서 'RunMe.bat'를 실행하여 HDL 시뮬레이터를 시작시킨다. HDL 시뮬레이터가 IPC 채널을 통해 접속을 기다리는 상태가 될 때까지 기다린다. 즉, 'run -all'를 수행할 때까지 기다린다.
7. 'c' 디렉토리에서 'run.exe'를 실행한다.

위 일련의 과정이 잘 진행되었다면 HDL 시뮬레이터와 C 프로그램이 상호 연동하여 I2C 블록을 시험하게 된다. 이 시뮬레이션에서는 비교적 시간이 많이 소요된다는 점에 주의한다.

6 기능검증: ISS-driven BFM

[그림 9]는 ISS를 이용한 기능검증 환경으로, [그림 7]과 거의 동일한 구성을 갖는다. 즉, 하드웨어 부분은 동일한 것을 사용하고, 소프트웨어 부분이 ISS로 수행되는 실제 프로그램으로 대신한 것이다. I2C 블록을 시험하는 C 프로그램이 ARM 교차 컴파일러로 컴파일되어 ISS 내부의 메모리 모델에 적용된다. 이는 여기서 사용할 예제의 하드웨어에는 메모리 블록이 없기 때문에 선택한 방법이지만, 다른 한편으로 명령어 인출 과정에는 HDL 시뮬레이터와 무관하게 동작할 수 있기 때문에 전체적인 시뮬레이션 성능에도 도움이 된다. 그러나 I2C 마스터에 할당된 주소공간에

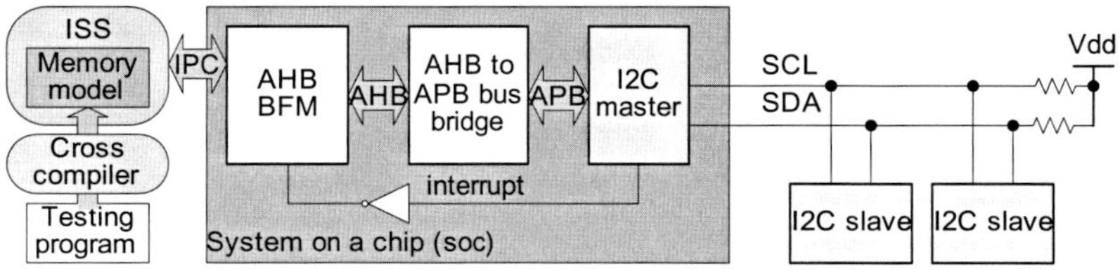

그림 9 I2C 버스 마스터와 슬레이브 기능 검증 환경: ISS

대한 참조는 AHB BFM을 통해 이루어진다. 이 예제는 '$PROJECT/ch10/ex_i2c_iss'에 있다.

이 예제에서 사용할 C 프로그램은 '5. 기능검증: Native-code driven BFM'에서 사용한 것과 크게 차이가 나지 않는다. 바꾸어 말하자면 Native-code로 된 프로그램을 교차컴파일러로 컴파일하는 차이가 있다. 이때 해당 프로그램이 수행될 시스템 집적반도체의 시스템 초기화와 관련된 부분이 반영된다는 차이가 있다.

이 예제를 실행하는 방법은 다음과 같고, 이들을 정리하여 DOS 스크립트로 준비한 것이 'RunMe.bat'이다.

1. 하드웨어는 '5. 기능검증: Native-code driven BFM'과 동일하므로 '$PROJECT/ch10/ex_i2c_native/hdl/ahb_bfm_socket' 디렉토리에 있는 'ahb_bfm_socket.v'를 살펴본다. 또한 'ipc_socket.lib'와 'cosim_socket.dll'도 역시, '5. 기능검증: Native-code driven BFM'와 동일한 것을 사용한다.
2. 'c/i2c_test' 디렉토리에서 'i2c_test.c'를 살펴본다. 이 프로그램은 'i2c_api.c'에 있는 I2C 버스 제어용 API를 사용한다.
3. 'c' 디렉토리에서 'RunMe.bat'를 실행하여 'i2c_test.bin' 프로그램을 만든다. 이것은 ARM 교차 컴파일러로 컴파일 하는 과정이다.
4. 'hdl/sim/modelsim' 디렉토리에서 'RunMe.bat'를 실행하여 HDL 시뮬레이터를 시작시킨다. HDL 시뮬레이터가 IPC 채널을 통해 접속을 기다리는 상태가 될 때까지 기다린다. 즉, 'run -all'를 수행할 때까지 기다린다.
5. '$PROJECT/ch06/arm_iss' 디렉토리에서 있는 'arm_iss_sim.exe'를 실행한다. 이것은 ARM ISS 프로그램이다. 특히 이 ISS는 '-hs' 선택자를 통해 프로그램이 실행되는 동안 발생하는 참조 중 내부 메모리 모델이 아닌 외부 메모리 모델을 참조해야 할 주소의 시작을 설정할 수 있다. 여기서는 I2C 버스 마스터가 0x04000000번지에 할당된 것을 가정하였다.

위 일련의 과정이 잘 진행되었다면 HDL 시뮬레이터와 C 프로그램이 상호 연동하여 I2C 블록을 시험하게 된다.

7 기능검증: 사이클 수준 에뮬레이션

[그림 7]에서 SoC 부분이 하드웨어이기 때문에 FPGA에서 에뮬레이션하는 것이 바람직하지만, AHB BFM과 이것과 관련이 있는 시험환경들은 합성될 수 없기 때문에 대안으로 [그림 10]와 같이 기능을 검증해야 하는 I2C 버스 마스터와 슬레이브를 모아서 'dut'라 하고, 이것을 합성하여 FPGA에 맵핑한 후, '4. 기능검증: Task-based BFM'에서 사용한 AHB BFM과 AHB-to-AHB 버스 브리지를 사용하여 에뮬레이션한다.

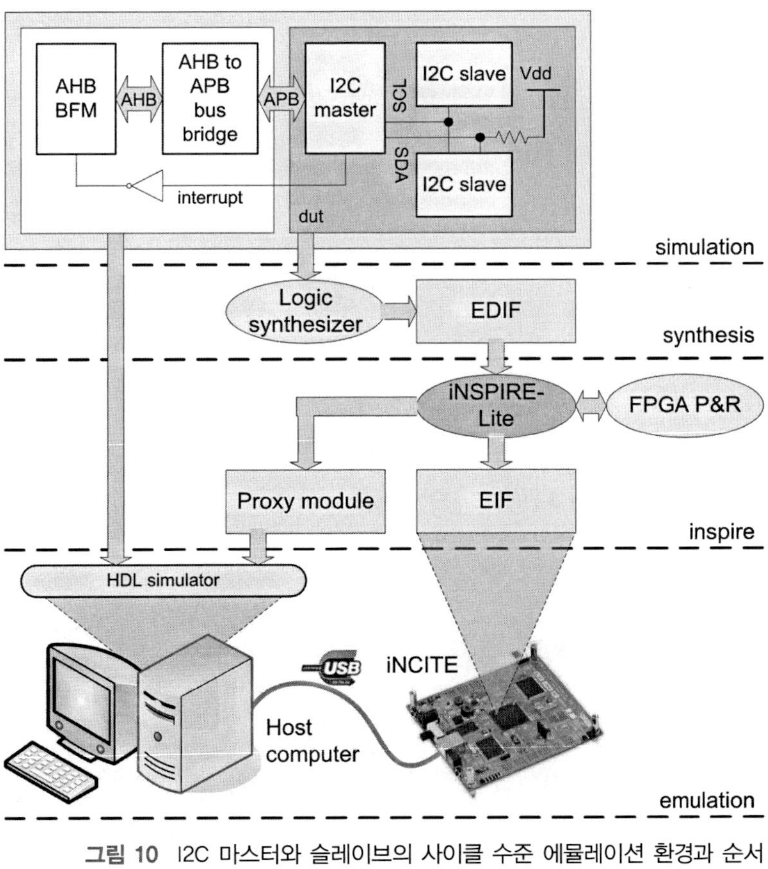

그림 10 I2C 마스터와 슬레이브의 사이클 수준 에뮬레이션 환경과 순서

'제8장 HW/SW 통합에뮬레이션'의 '4. 사이클 수준 에뮬레이션 예제'에서 설명한 바와 같이 FPGA에 맵핑될 부분(여기서는 'dut')은 합성하고, iNSPIRE로 처리하여 EIF를 만든다. 시험환경 부분은 그대로 HDL 시뮬레이터에서 시뮬레이션한다. 여기서 주의하여 보아야 할 것은 AHB BFM은 Task-based BFM 기법을 그대로 사용한다는 것이며, FPGA와 HDL시뮬레이터가 연동한다는 것이다. 이 예제는 '$PROJECT/ch10/ex_i2c_emul_cycle'에 있다.

[그림 10]에 정리한 바와 같이 첫 번째 순서는 전체를 시뮬레이션하는 과정으로 다음과 같이 한다.

1. 'bench' 디렉토리에 있는 'top.v'를 살펴본다. 이것은 [그림 10]의 제일 위쪽에 있는 설계 블록에 해당한다.
2. 'dut' 디렉토리에 있는 'dut.v'를 살펴본다. 이것은 [그림 10]의 제일 위쪽에 있는 설계 블록 그림에서 오른쪽 부분에 해당한다. 여기에서 사용하는 I2C 버스 마스터와 슬레이브는 '4. 기능검증: Task-based BFM'에 있는 것을 사용한다.
3. 'sim/modelsim' 디렉토리에서 'RunMe.bat'를 실행하여 시뮬레이션 한다.

이후 순서는 FPGA에 맵핑할 부분을 합성하고, iNSPIRE로 처리하여 EIF를 만들고, iNCITE와 연동하는 과정이다.

1. 'syn/xst' 디렉토리에서 'make.bat'를 실행하여 합성한다. 합성의 결과로 'syn/xst/dut.edif'가 생성된다.
2. 'inspire' 디렉토리에서 'project.nsp'를 이용하여 iNSPIRE를 실행한다. 컴파일의 결과로 'inspire/par/fpga0.eif'가 생성된다.
3. iNCITE를 시뮬레이터가 수행될 컴퓨터에 USB를 통해 연결한다. 이때 디바이스 드라이브 설치 등의 과정이 필요하다.
4. 'emul/modelsim' 디렉토리에서 'RunMe.bat'를 실행하여 시뮬레이션 한다.

8 기능검증: Native-code를 이용한 전송 수준 에뮬레이션

앞 절('7. 기능검증: 사이클 수준 에뮬레이션')에서 사이클 수준으로 기능을 검증한 것을 여기서는 전송수준에 적용해 본다. '제8장 HW/SW 통합에뮬레이션'의 '5. 전송 수준 에뮬레이션 예제'에서 설명한 바와 같이 FPGA에 맵핑될 부분은 크게 DUT와 이것과 C 프로그램을 연결하는 트랜젝터로 구성된다. [그림 11]에 보인 바와 같이 C 시험 프로그램은 C 컴파일러로 컴파일하여 실행 파일을 만들고, 하드웨어는 모두 합성하여 FPGA에 맵핑할 EIF를 생성한다. C 언어로 준비되는 시험 프로그램은 두 개의 API 계층을 이용한다. 하나는 BFM API로 하드웨어에 있는 AHB TRX 트랜젝터를 제어하는 함수로서 크게 AHB 버스 읽기와 쓰기 전송을 생성하는 데 사용되고, 다른 하나는 I2C API로 I2C 버스 전송을 생성하는 함수이며 이것은 BFM API를 내부에서 사용한다. 따라서 시험 프로그램을 준비하는 입장에서는 I2C API만 활용하는 편리함이 있다.

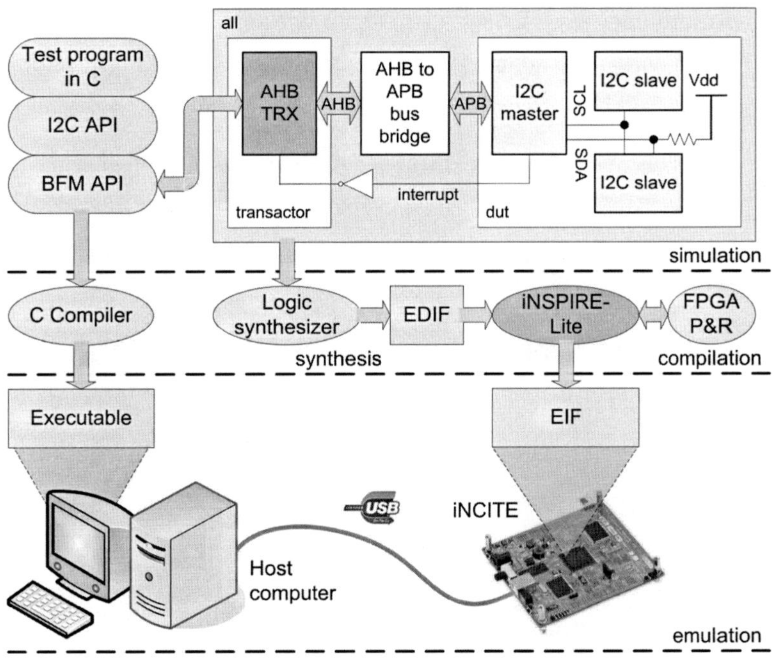

그림 11 I2C 마스터와 슬레이브의 전송 수준 에뮬레이션 환경과 순서

이 예제는 '$PROJECT/ch10/ex_i2c_emul_tran' 디렉토리에 있고, 다음과 같은 순서로 수행할 수 있다.

1. 'design' 디렉토리에 있는 'all.v'와 'ahb_trx.v'를 살펴본다. 그리고 버스 마스터와 슬레이브는 '4. 기능검증: Task-based BFM'에 있는 것을 사용한다.
2. 'prog' 디렉토리에 있는 시험 프로그램을 살펴본다.
   a. 'main.c': 메인 프로그램

b. 'arg_parser.c': 프로그램 수행시 입력되는 명령어 선택자를 파싱하는 함수
c. 'init_fpga.c': iNCITE에 있는 FPGA를 초기화하는 프로그램으로 iNSPIRE를 통해 생성되는 파일들이 사용됨
d. 'bfm_api.h', 'bfm_api.c': AHB TRX를 제어하여 AHB 버스 읽기/쓰기 전송을 생성하는 함수 (BFM API)
e. 'i2c.h', 'i2c_api.h', 'i2c_api.c': BFM API를 이용하여 I2C 버스 관련 전송을 생성하는 함수 (I2C API)
f. 'i2c_test.c': I2C API를 이용하여 I2C 버스 마스터를 시험하는 프로그램

3. 준비된 하드웨어와 시험 소프트웨어를 HW/SW 통합시뮬레이션을 통해 기능을 검증한다. 아래 일련의 과정을 'sim/modelsim' 디렉토리에 있는 'RunMe.bat'를 이용하여 실행 할 수 있다.
   a. 'sim/modelsim' 디렉토리에서 'RunMe_trsim.bat'를 실행하여 HDL 시뮬레이터를 수행시킨다.
   b. 'prog' 디렉토리에서 'RunMe_trsim.bat'를 실행하여 시험 프로그램을 컴파일하여 실행한다.
   c. 결과적으로 HDL 시뮤레이터와 C 프로그램이 연동하여 HW/SW 통합시뮬레이션한다.
4. 'syn/xst' 디렉토리에서 'RunMe.bat'를 실행하여 합성한다.
5. 'inspire' 디렉토리에서 'project.nsp'를 이용하여 iNSPIRE를 수행한다.
6. 'prog' 디렉토리에서 'RunMe.bat'를 실행하여 전송수준 에뮬레이션을 실행한다.

9 종 합

여기에서는 I2C 버스 마스터와 슬레이브를 예제 설계로 하여 앞 장에서 다룬 중요 검증기법들을 적용하여 보았다. 즉, 타스크와 BFM를 이용한 기능 검증, native-code를 이용한 기능 검증, 명령어집합시뮬레이터를 이용한 기능 검증, 사이클 수준과 전송 수준 에뮬레이션을 이용한 기능 검증 기법을 적용해 보았다.

10 연습문제

1. 참고자료 [1]을 읽어 보고 I2C 버스 프로토콜에 대해 정리해 본다. 아울러 I2C와 비슷한 목적으로 사용되는 것이 무엇이 있는지 찾아보고 상호 비교해 본다.
2. '4. 기능검증: Task-based BFM'에서 살펴본 'i2c_read()' 타스크 외에 'i2c_write()' 타스크를 분석해 본다.
3. '5. 기능검증: Native-code driven BFM'에서 살펴본 'i2c_read()' API 외에 'i2c_write()' API도 분석해 본다.
4. '5. 기능검증: Native-code driven BFM'에서 시뮬레이션 할 때 신호파형이 생성되도록 하고, 그 결과를 살펴본다.
5. '5. 기능검증: Native-code driven BFM'에서 사용된 'i2c_test.c'와 '6. 기능검증: ISS'에서 사용된 'i2c_test.c'가 차이가 있는지 확인하고, native-code로 사용될 때와 ISS에서 사용될 때 어떤 차이가 있는지 설명해 본다.
6. '4. 기능검증: Task-based BFM'에서 'soc' 밖에 있는 SDA 신호선이 pull-up 되어 있는데, 이것이 Verilog 코드에서는 어떻게 처리되었는지 '$POJECT/ch10/ex_i2c_task/bench/top.v'에서 확인해 본다. 그리고 '7. 기능검증: 사이클 수준 에뮬레이션'에서는 I2C 버스가 FGPA 안에 구현될 'dut'에 있는데, 이 경우 pull-up이 어떻게 처리되었는지 '$PROJECT/ch10/ex_i2c_emul_cycle/dut/dut.v'에서 확인해 보고, 그 이유를 설명해 본다.

11 참고자료

[1] I2C-Bus Specification and User Manual, Rev.03, NXP Semiconductors, June 2007.

[2] Serial Presence Detect Standard, JEDEC Standard No. 21-C, Page 4.1.2-1, Electronic Industries Alliance

[3] R. Herveille, I2C-Master Core Specification, OpenCores, July 2003.

[4] Ando Ki, I2C Master and Slave Design and Verification Using iNCITE, Dynalith Systems, Dec. 2007.

[5] iNCITE User Manual, Dynalith Systems. (www.dynalith.com)
[6] iNSPIRE User Manual, Dynalith Systems. (www.dynalith.com)

CHAPTER

11

NOR FLASH 제어기 검증

시스템집적반도체가 주어진 일을 하기 위해서는 외부와 상호 소통하게 된다. 이러한 외부와의 소통을 위한 주변장치로 가장 기본적인 것이 메모리가 될 것이다. 특히 시스템집적반도체에 내장된 프로세싱 코어가 프로그램을 실행하고 중요한 자료를 저장하는 등의 목적으로 다양한 메모리를 사용하게 된다. 여기서는 비휘발성 메모리로서 대표적인 FLASH를 제어하는 데 사용하는 기능블록을 설계하고 다양한 방법으로 기능을 검증한다.

1 NOR FLASH

시스템집적반도체에 있어서 메모리는 필수적이며 다양한 종류가 사용된다. 예로서, 칩내부메모리(on-chip memory)로 각종 FIFO, BUFFER, 파라메터 ROM, 캐쉬(cache), 쓰기버퍼(write-buffer) 등과, 칩외부메모리(off-chip memory)로 SRAM(Static Random Access Memory), DRAM(Dynamic Random Access Memory), FLASH 등이 사용된다. 특히 FLASH는 중요 소프트웨어와 시스템 구성 정보 등을 저장하는 목적으로 반드시 사용된다. FLASH는 크게 NOR 방식과 NAND 방식으로 구분하고, NOR FLASH는 프로그램 저장(code storage)에, NAND FLASH는 대용량 정보 저장(file storage)에 주로 사용한다. 여기서는 NOR FLASH를 예제로 설명한다.

NOR FLASH는 전통적인 RAM과 ROM(Read Only Memory)과는 매우 다른 방식을 사용하여 제어한다. 일반적인 메모리의 경우, 읽기와 쓰기 전송을 통해 특정 주소 공간의 내용을 참조하게 된다. 반면, NOR FLASH의 경우, 내부적으로 상태를 유지하고 있어서, 그 상태에 따라 동작이 달라지고, 참조되는 정보가 결정된다.

예로서, Intel StrataFlash[1][2]의 경우, [그림 1]에 일례를 보인 바와 같이 여러 상태를 갖고 있고, 각 상태에 참조되는 정보가 달라진다. 처음 전원이 인가된 후, FLASH가 초기화 되면 Read Array 상태가 된다. 이 상태에서는 일반적인 메모리와

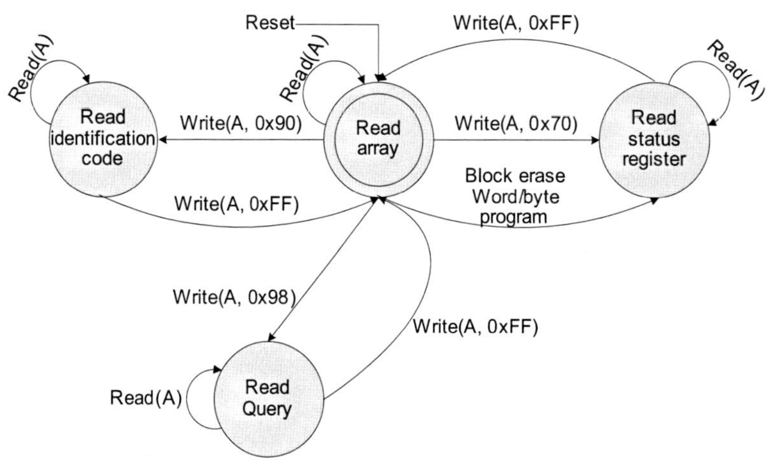

그림 1 Intel StrataFlash의 부분적인 상태 천이 개념도

유사하게 읽기가 지원된다. 이 상태에서 해당 FLASH에 0x98을 쓰면, Read Query 상태가 되며, 이 상태에서는 CFI(Common Flash memory Interface)[3] 정보가 있는 Query Table을 읽을 수 있게 된다.

따라서 하드웨어적인 관점에서 읽기와 쓰기 사이클을 사용하지만 FLASH의 정보 중 필요한 것을 참조하기 위해서는 이들 읽기와 쓰기 사이클을 정확하게 조합하여 사용해야 된다. 다르게 설명하면 NOR FLASH는 명령어 기반 프로토콜을 사용하며, 명령어를 먼저 NOR FLASH 소자에 쓰고, 이어서 원하는 동작을 하게 된다.

예로서, NOR FLASH가 CFI를 지원하는지 여부를 판단하기 위해서 수행하는 과정은 다음과 같다. 즉, 한 번의 명령어 쓰기와 여러 번의 읽기로 구성할 수 있다.

1. CFI 참조 명령어(0x98)을 FLASH에 쓴다. (Issue CFI query write command (0x98) to the FLASH)
2. FLASH의 0x10 , 0x11, 0x12번지를 읽어서 그 값이 'Q'(0x51), 'R'(0x52), 'Y'(0x59)인지 확인한다.

NOR FLASH의 경우, Read Array 상태에서는 읽기가 되지만, 쓰기를 하기 위해서는 몇 가지 선행 사이클이 필요하다. 즉, 쓰기를 할 블록을 모두 지우는 것이 선행되어야 한다. NOR FLASH의 경우, 쓰기란 특정 비트를 '1'에서 '0'으로 바꾸는 작업이므로, 블록 지우기에서 블록의 모든 비트들을 '1'로 바꾸는 작업을 하게 된다.

이와 같이 NOR FLASH를 단순한 하드웨어 제어기만으로 사용환경을 만들기 어렵기 때문에 일종의 응용프로그램인터페이스(API)가 필요하다. 더구나 다양한 경우가 있고, 더 나아가 파일시스템을 구성하는 등의 고난이의 용법으로도 사용한다. 따라서 NOR FLASH 제어기의 기능을 하드웨어 수준에서 기능을 검증하는 것으로는 부족하므로, 보다 적극적이고 능동적이며 지능적인 방법을 사용할 필요가 있다.

2 NOR FLASH 제어기

여기서는 [그림 2]에 보인 바와 같이 AMBA AHB 인터페이스를 갖고 두 개의 16-비트 데이터 폭을 갖는 Intel StrataFlash을 제어하는 경우를 살펴본다. FLASH의 경

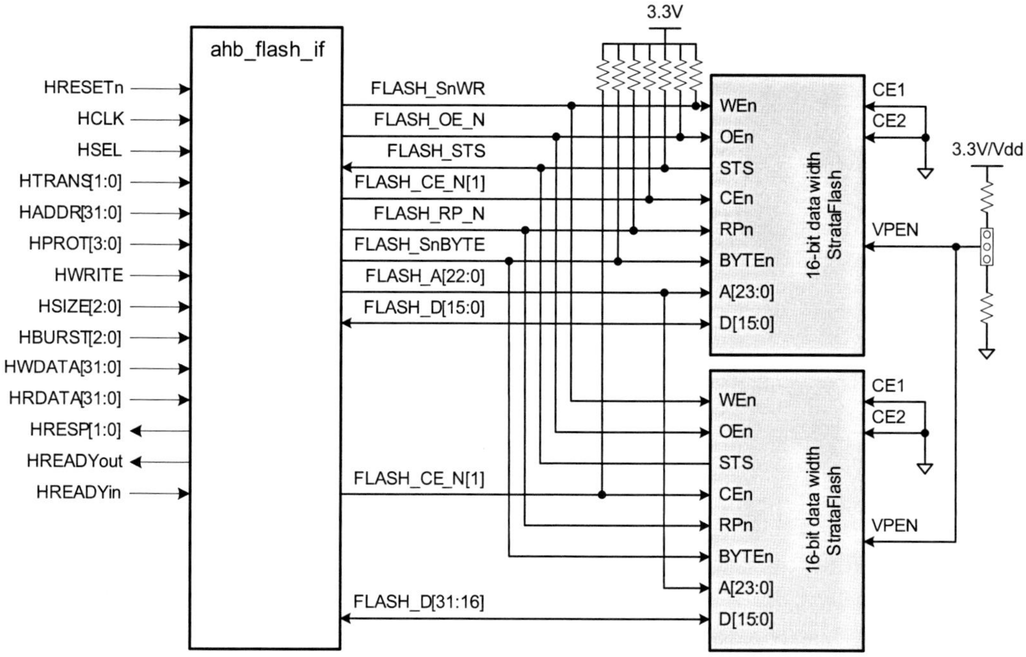

그림 2 NOR FLASH 제어기 주변 블록도

우, 저장된 정보를 보호하기 위해 하드웨어적으로 쓰기를 방지하는 핀이 있다. [그림 2]에서 오른쪽의 VPEN 핀에 점퍼가 연결되어 있고, 이 핀이 낮은 전압인 경우 저장된 내용은 보호가 된다.

3 기능검증: Task-based BFM

NOR FLASH 제어기의 기능을 검증하기 위해 [그림 3]과 같이 구성한다. 두 개의 StrataFlash 모델을 ahb_flash_if에 연결하고, ahb_bfm으로 AHB 버스 전송을 생성하는 방식으로 기능을 검증하고, 이들 모두는 HDL 시뮬레이터로 시뮬레이션된다. 특히 AHB 버스 전송을 생성하는 ahb_bfm은 Verilog 타스크(task)를 이용한다. 이 예제는 '$PROJECT/ch11/ex_flash_task'에 있다.

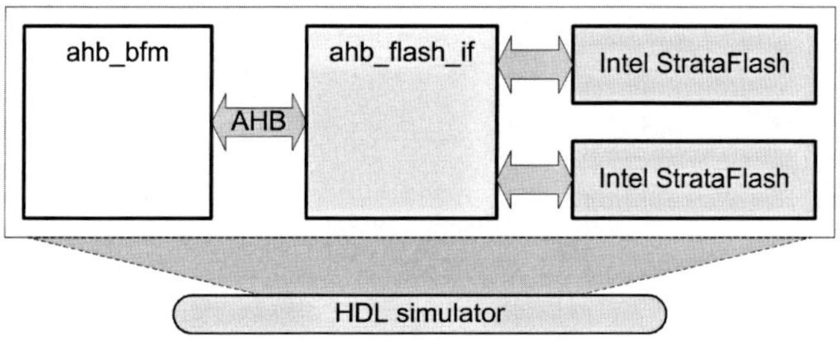

그림 3 ahb_flash_if기능 검증 환경: Task-based BFM

3.1 디렉토리 구성

이 예제는 다음 [표 1]과 같이 디렉토리를 구성한다. 'ahb_bfm'은 'ahb_flash_if'를 시험하는 타스크들을 수행한다. 이들 타스크는 크게 두 개 계층으로 구성한다. 첫 번째 계층은 AHB 버스 전송을 위한 타스크로서 '제4장 BFM을 이용한 설계자산의 기능검증'에서 사용한 것과 동일하므로 여기서는 상세하게 다루지 않는다. AHB 버스 타스크는 'ahb_bfm/beh' 디렉토리의 'ahb_tasks.v'에 준비되어 있다. 두 번째 계층은 첫 번째 계층의 타스크를 사용하여 'ahb_flash_if'를 제어하는 타스크들로서 'ahb_bfm/beh' 디렉토리의 'flash_tasks.v'에 있다.

표 1 ahb_flash의 디렉토리 구성

Directory		Remarks
hw	ahb_bfm	AHB Bus Functional Model
	ahb_flash_if	NOR FLASH interface
	bench	Test-bench
	sim	Simulation working directory
	flash	NOR FLASH behavioral model

[프로그램 1]에 'flash_tasks.v'의 일부를 보였다. 'flash_cfi' 타스크는 'ahb_write()'와 'ahb_read()' 타스크를 조합하여 CFI 정보를 읽는 동작을 한다. 같은 방식으로 'flash_id()' 타스크는 FLASH의 제조사와 소자 정보를 읽는 동작을 한다.

프로그램 1: 'flash_tasks.v' 의 일부

```
task flash_cfi;
      input [31:0] faddr;
      reg   [31:0] data;
      begin
```

```
            ahb_write(faddr, 4, STRATA_READ_QUERY);
            ahb_read (cfi2haddr(faddr,CFI_QRY0), 4, data);
            ... ...
        end
    endtask

    task flash_id;
        input [31:0] faddr;
        reg    [31:0] data;
        begin
            ahb_write(faddr, 4, STRATA_READ_ID);
            ahb_read (cfi2haddr(faddr,ID_MC), 4, data);
            ... ...
        end
    endtask
```

이 예제를 실행하는 방법은 다음과 같다.

1. 'hw/bench/verilog' 디렉토리에 있는 최상위 모델인 'top.v'을 살펴 본다. 이것은 [그림 3]의 시스템이다.
2. 'hw/ahb_flash_if/rtl/verilog' 디렉토리에 있는 'ahb_flash_if.v'를 살펴본다. 이것이 NOR FLASH 제어기 블록이다.
3. 'hw/ahb_bfm/beh/verilog' 디렉토리에 있는 설계 블록을 살펴 본다. 특히 'ahb_tasks.v'와 'flash_tasks.v' 를 꼼꼼하게 살펴본다.
4. 'hw/sim/modelsim' 디렉토리에서 'RunMe.bat'를 실행하여 시뮬레이션한다. 시뮬레이션 결과로 출력되는 메시지를 확인하고 'wave.vcd'를 통해 신호파형도 확인해 본다.

4 기능검증: Native-code driven BFM

C 프로그램을 이용하여 NOR FLASH 제어기의 기능을 검증하는 환경을 [그림 4]와 같이 구성한다. [그림 3]과의 차이는 AHB BFM이 타스크 대신 IPC로 연결된 C 프로그램을 사용한다는 점이며 이를 위해 AHB BFM이 소켓을 사용하는 것으로 교체된다. 이 예제는 '$PROJECT/ch11/ex_flash_native'에 있다.

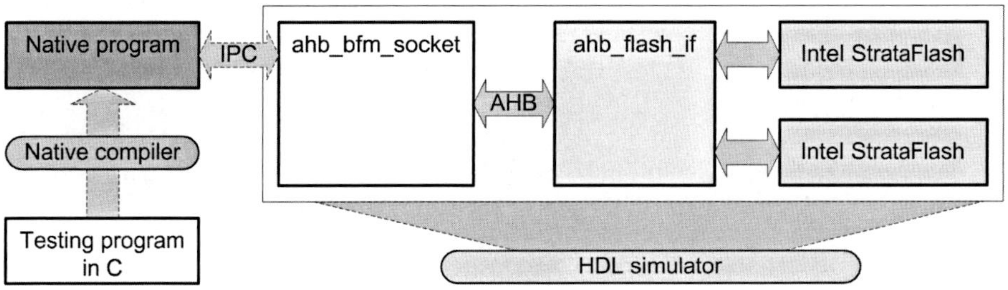

그림 4 ahb_flash_if 기능 검증 환경: Native-code driven BFM

4.1 디렉토리 구성

이 예제는 다음 [표 2]와 같이 디렉토리를 구성한다. [표 1]과 중복되는 하드웨어 블록은 그대로 사용한다.

표 2 ahb_flash_if의 디렉토리 구성

Directory		Remarks
hw	ahb_bfm_socket	AHB Bus Functional Model
	sim	Simulation working directory
ipc_socket		Socket library
sw	flash	NOR FLASH testing program
vpi		VPI routines for ahb_bfm_socket

이 예제를 실행하는 방법은 다음과 같고, 이들을 정리하여 DOS 스크립트로 준비한 것이 'RunMe.bat'이다.

1. 'hw/ahb_bfm_socket/beh/verilog' 디렉토리에 있는 'ahb_bfm_socket.v'를 살펴본다. 이것과 '3. 기능검증: Task-based BFM'에서 사용한 'ahb_bfm.v'와 어떤 차이가 있는지 확인한다.
2. 'ipc_socket' 디렉토리에서 'RunMe.bat'를 실행하여 IPC 라이브러리인 'ipc_socket.lib'를 만든다.
3. 'vpi' 디렉토리에서 'RunMe.bat'를 실행하여 'cosim_socket.dll'을 만든다. 이것은 IPC 라이브러리를 활용하여 HDL 시뮬레이터와 C 프로그램이 연동되는데 필요한 VPI 라이브러리이다.
4. 'sw/flash' 디렉토리에서 프로그램을 살펴본다.
5. 'sw/flash' 디렉토리에서 'RunMe.bat'를 실행하여 'run.exe' 프로그램을 만

든다.

6. '$PROJECT/ch11/ex_flash_task/hw/sim/modelsim' 디렉토리에서 'RunMe.bat'를 실행하여 HDL 시뮬레이터를 시작시킨다. HDL 시뮬레이터가 IPC 채널을 통해 접속을 기다리는 상태가 될 때까지 기다린다. 즉, 'run -all'를 수행할 때까지 기다린다.
7. 'sw/flash' 디렉토리에서 'run.exe'를 실행한다.

위 일련의 과정이 잘 진행되었다면 HDL 시뮬레이터와 C 프로그램이 상호 연동하여 NOR FLASH 제어기의 기능을 시험하게 된다.

5 기능검증: ISS-driven BFM

앞 절에서 호스트 프로그램/원프로그램(native-code program)으로 기능을 검증하였다. 같은 시험 프로그램을 ARM ISS에서 그대로 사용할 수 있다며 보다 실제 상황에 가깝게 시험하는 것이 될 것이다.

[그림 5]에 ISS를 소켓으로 연결하여 NOR FLASH 제어기의 기능을 검증하는 환경을 보였다. 이는 앞서 살펴본 Native-code driven BFM 기능검증 환경에서 프로그램을 ISS와 연동하는 것으로 교체한 것이다. 이 예제는 '$PROJECT/ch11/ex_flash_iss'에 있다.

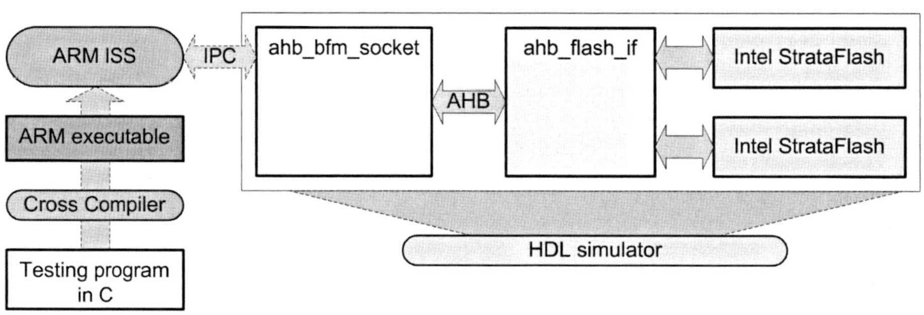

그림 5 ahb_flash_if 기능 검증 환경: ISS

5.1 디렉토리 구성

이 예에서 사용하는 하드웨어는 '4. 기능검증: Native-code driven BFM'과 동일하므로 해당의 것을 그대로 사용한다. 또한 프로그램도 '4. 기능검증: Native-code driven BFM'과 동일한 것을 사용한다. 단, ISS에서 수행되도록 크로스 컴파일을 위해 [표 3]과 같이 구성한다.

표 3 ahb_flash_if의 디렉토리 구성

Directory		Remarks
sw	bootstrap	ARM initialization codes
	flash	NOR FLASH testing program

5.2 HW/SW 통합시뮬레이션

이 예제를 실행하는 방법은 다음과 같고, 이들을 정리하여 DOS 스크립트로 준비한 것이 'RunMe.bat'이다.

1. 'sw/flash' 디렉토리에서 'user_main.c'와 그 외 프로그램을 살펴본다. 실제로 NOR FLASH를 시험하는 코드는 '$PROJECT/ch11/ex_flash_native/sw/flash'에 있다.
2. 'sw/flash' 디렉토리에서 'RunMe.bat'를 실행하여 'flash.bin' 프로그램을 만든다. 이것은 ARM 교차 컴파일러로 컴파일 하는 과정이다.
3. '$PROJECT/ch11/ex_flash_native/hw/sim/modelsim' 디렉토리에서 'RunMe.bat'를 실행하여 HDL 시뮬레이터를 시작시킨다. HDL 시뮬레이터가 IPC 채널을 통해 접속을 기다리는 상태가 될 때까지 기다린다. 즉, 'run -all'를 수행할 때까지 기다린다.
4. '$PROJECT/ch06/arm_iss' 디렉토리에서 있는 'arm_iss_sim.exe'를 실행한다. 이것은 ARM ISS 프로그램이다. 특히 이 ISS는 '-hs' 선택자를 통해 프로그램이 실행되는 동안 발생하는 참조 중 내부 메모리 모델이 아닌 외부 메모리 모델을 참조해야 할 주소의 시작을 설정할 수 있다. 여기서는 ahb_flash_if가 0x01000000번지에 할당된 것을 가정하였다.

위 일련의 과정이 잘 진행되었다면 HDL 시뮬레이터와 C 프로그램이 상호 연동하여 NOR FLASH 제어기의 기능을 시험하게 된다.

6 기능검증: Native code를 이용한 전송 수준 에뮬레이션

[그림 6]에 보인 바와 같이 C 프로그램과 FPGA를 연결하는 기능을 'ahb_trx'를 통해 구현한다. 이것은 C 프로그램으로부터 전송명령을 받아 FPGA에 AMBA 버스 전송을 생성하는 트랜젝터이다. 이 구성에서는 AHB 트랜젝터와 NOR FLASH 제어기는 FPGA에 맵핑되고 NOR FLASH는 iNCITE 보드에 있는 실제 소자를 사용한다.

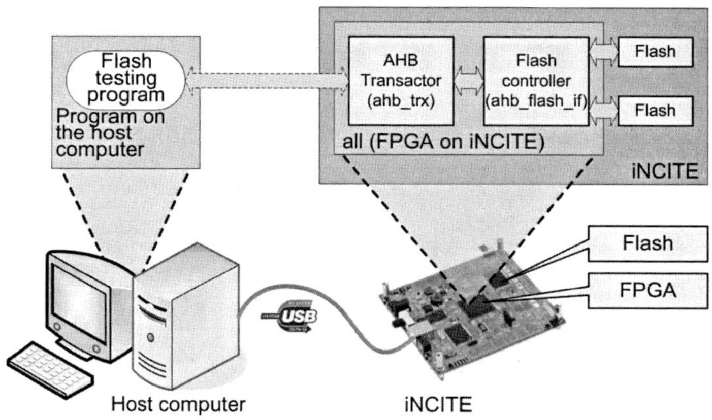

그림 6 ahb_flash_if의 전송 수준 에뮬레이션 환경

이 예제는 '$PROJECT/ch11/ex_flash_emul_tran' 디렉토리에 있고, 다음과 같은 순서로 수행할 수 있다.

1. 'hw' 디렉토리에 있는 하드웨어를 살펴본다.
   a. 'all/verilog' 디렉토리에 있는 'all.v'를 살펴본다. 이것은 [그림 6]에서 'all'이라고 표시한 부분으로 FPGA에 맵핑되는 하드웨어가 된다.
   b. 'ahb_trx/rtl/verilog' 디렉토리에 있는 'ahb_trx.v'를 살펴본다. 이것은 C 프로그램과 FPGA를 연결하는 트랜젝터로서 USB를 통해 전송명령을 받아 AHB 버스 마스트로 동작하여 버스 전송을 생성한다.
2. 'sw' 디렉토리에 있는 시험 프로그램을 살펴본다.
   a. 'flash' 디렉토리에는 ahb_flash_if를 제어하는 프로그램과 FPGA를 초기화하는 프로그램 등이 있다.
      ① 'main.c': 메인 프로그램

② 'arg_parser.c': 프로그램 수행시 입력되는 명령어 선택자를 파싱하는 함수

③ 'init_fpga.c': iNCITE에 있는 FPGA를 초기화하는 프로그램으로 iNSPIRE를 통해 생성되는 파일들이 사용됨

④ 'bfm_api.h', 'bfm_api.c': AHB TRX를 제어하여 AHB 버스 읽기/쓰기 전송을 생성하는 함수 (BFM API)

⑤ 'flash_api.h', 'flash_api.c': StrataFlash와 관련된 API들이 있다.

⑥ 'flash_test.h': NOR FLASH 제어기를 시험하는 프로그램

3. 준비된 하드웨어와 시험 소프트웨어를 HW/SW 통합시뮬레이션을 통해 기능을 검증한다. 아래 일련의 과정을 'hw/sim/modelsim' 디렉토리에 있는 'RunMe.bat'를 이용하여 실행 할 수 있다.
   a. 'sim/modelsim' 디렉토리에서 'RunMe_trsim.bat'를 실행하여 HDL 시뮬레이터를 수행시킨다.
   b. 'sw/flash' 디렉토리에서 'RunMe_trsim.bat'를 실행하여 시험 프로그램을 컴파일하여 실행한다.
   c. 결과적으로 HDL 시뮤레이터와 C 프로그램이 연동하여 HW/SW 통합시뮬레이션한다.
4. 'hw/syn/xst' 디렉토리에서 'RunMe.bat'를 실행하여 합성한다.
5. 'hw/inspire' 디렉토리에서 'project.nsp'를 이용하여 iNSPIRE를 수행한다.
6. 'sw/flash' 디렉토리에서 'RunMe.bat'를 실행하여 전송수준 에뮬레이션을 실행한다.

7 기능검증: ISS를 이용한 전송 수준 에뮬레이션

앞 절에서 원(native-code) 프로그램을 이용하여 NOR FLASH 제어기의 기능을 전송수준으로 에뮬레이션하는 경우를 살펴보았다. 이 원 프로그램을 ARM ISS로 대치할 경우, 좀 더 실제 환경에 가깝게 에뮬레이션 할 수 있을 것이다. 즉, [그림 7]과 같이 트랜젝터와 NOR FLASH 제어기를 FPGA에 맵핑하고, 호스트 컴퓨터에서 ARM ISS를 구동하여 FPGA에 있는 설계와 연동하는 환경을 구성할 수 있다.

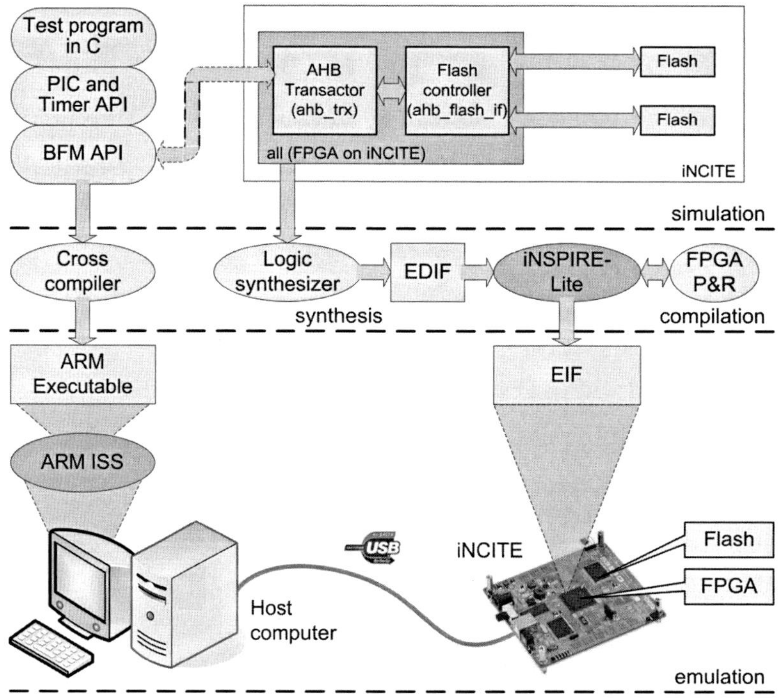

그림 7 ahb_flash_if의 ARM ISS를 이용한 전송 수준 에뮬레이션 환경과 순서

이 예제는 '$PROJECT/ch11/ex_flash_emul_iss' 디렉토리에 있고, 다음과 같은 순서로 수행할 수 있다.

1. 하드웨어는 '6. 기능검증: Native code를 이용한 전송 수준 에뮬레이션'에서 사용한 것을 그대로 사용한다.

2. 소프트웨어는 원 프로그램이 아니므로 '5. 기능검증: ISS'에서 사용한 것과 유사한 것을 사용하지만, HDL 시뮬레이터와 ARM ISS를 연동하는 IPC와 VPI 라이버러리 대신 iNCITE API를 사용한다. 또한 ARM ISS 역시, 'arm_iss_sim.exe' 대신 'arm_iss_iprove.exe'를 사용한다.

   a. 'sw/flash' 디렉토리에서 'RunMe.bat'를 실행한다. 이것은 ARM 크로스 컴파일 과정으로, ARM 실행 이미지를 만든다.

3. 'arm_iss_iprove.exe'를 다음과 같이 실행한다.

```
arm_iss_iprove.exe -hs 0x01000000 -eif fpga0.eif -pbin flash.bin
```

a. ‘arm_iss_iprove.exe’는 ‘$PROJECT/ch06/arm_iss’ 디렉토리에서 ‘RunMe.bat’를 실행하고 ‘5’를 선택함으로써 만들 수 있다.
b. ‘-hs 0x01000000’은 0x01000000 번지 이후의 주소에 대한 참조를 외부 메모리로 처리하여 AMBA 버스 전송을 생성하도록 한다. 이는 프로그램의 수행을 내부 메모리 모델을 활용하도록 하여 보다 고속으로 시뮬레이션 되도록 하는 데 도움이 된다.
c. ‘-eif fpga0.eif’는 FPA에 맵핑될 파일을 지정한다. 실제로는 ‘$PROJECT/ch11/ex_flash_emul_tran/hw/inspire/par/fpga0.eif’를 사용한다.
d. ‘-pbin flash.bin’은 ARM ISS가 실행할 프로그램으로 실제로는 ‘$PROJECT/ ch11/ex_flash_emul_iss/sw/flash/flash.bin’을 사용한다.

8 메모리 재배치 기법: Memory remap

시스템집적반도체에서는 FLASH와 SRAM 또는 SDRAM을 같이 사용하며, 이들의 장점을 이용하여, FLASH는 초기화 코드 저장용으로, SRAM은 정상상태에서의 프로그램 메모리로, SDRAM은 비교적 큰 용량의 정보 저장 메모리로 사용한다. NOR FLASH에 저장된 초기화 코드 프로그램은, 처음 전원이 인가되어 시작하는 환경을 설정하는 데 사용한다. 그러나 FLASH는 비교적 참조시간이 길기 때문에 시스템이 정상적인 상태로 동작할 때 프로그램 메모리로 사용하기에 적합하지 않다. 더구나 쓰기 전송을 바로 지원하지 못하기 때문에 스택과 같은 프로그램 실행 메모리로는 사용할 수 없다.

FLASH와 SRAM을 이용하여 초기화 코드를 지원하는 메모리 재배치 기법은 [그림 8]에서와 같이 몇 개의 단계를 거친다. 메모리 재배치를 할 것인지 아닌지를 나타내는 정보가 필요하며, 보통의 경우, GPIO(General Purpose IO)에 연결된 특정한 하드웨어 레지스터를 활용한다. 프로그램을 컴파일 할 때 메모리 재배치를 고려하여 실행이미지를 만든다.

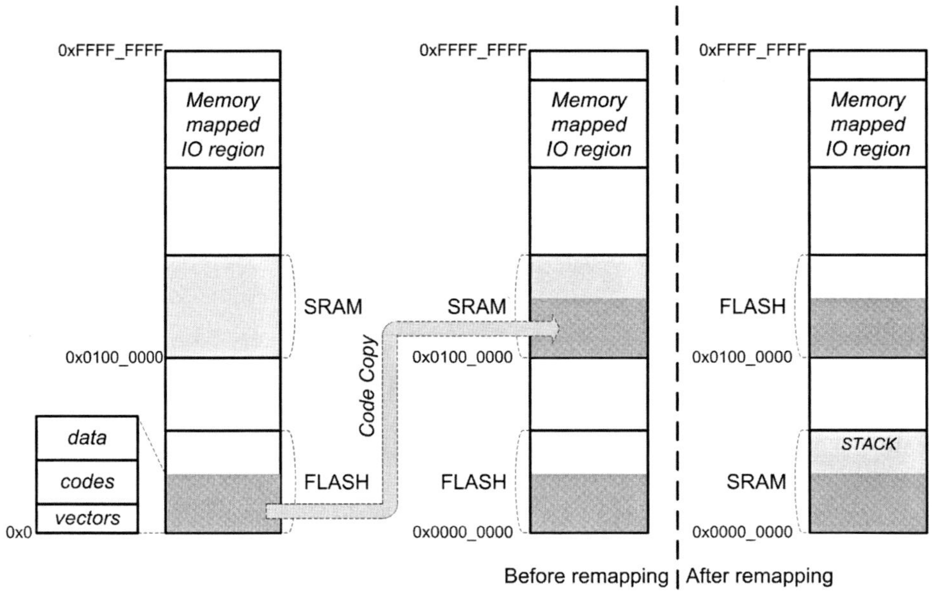

그림 8 Memory remapping steps

[그림 8]의 제일 왼쪽은 시스템이 처음 시작할 때의 주소공간 배치와 메모리의 내용으로, FLASH가 0x0번지에 할당되어 있고, 초기화 코드를 담고 있다. 초기화 코드에서 처음 할 일은 FLASH에 있는 코드를 SRAM으로 복사하는 것이다. 이때 스택과 같은 메모리를 이용한 동작을 할 수 없고 순수하게 프로세서의 레지스터만을 이용하고, 어디서부터 어디까지 어디로 복사할 것인지 미리 알고 있어야 하며 그 정보는 컴파일 과정에서 특정 변수 값으로 설정하여 사용한다. 코드 복사가 끝나면, [그림 8]의 중간과 같이 된다. 이어서 메모리 재배치 하드웨어 레지스터를 조작하는 코드가 수행된다. 이 메모리 재배치 하드웨어 레지스터는 AMBA 버스의 주소 디코더 블록으로 입력되어 RAM과 FLASH의 메모리 공간을 바꾸어 [그림 8]의 제일 오른쪽과 같이 만든다. 경우에 따라서는 성능향상을 위해, 메모리 복사에 필요한 최소한의 코드만을 복사하고, 메모리 재배치를 한 후, 나머지 메모리 복사를 RAM에서 수행하는 방법도 사용된다. 메모리의 주소공간을 수정한다는 의미에서 '메모리 재배치'라고 하지만, 수행되는 코드(프로그램)의 입장에서는 '코드 재배치(code relocation)'이라고도 한다.

8.1 메모리 재배치 예제 구성

[그림 9]에 메모리 재배치를 시험하기 위한 구성을 보였고, '$PROJECT/ch11/

ex_remap'에 준비된 것을 사용한다. 버스 블록(ahb_lite)에 입력으로 연결된 REMAP 신호선은 외부에서 풀업(pull-up)되어 있고, GPIO에도 연결되어 있다. 따라서 GPIO를 통해 REMAP 신호선에 '0'을 구동하여 해당 신호의 값을 바꿀 수 있다. 여기서 GPIO의 초기화 상태는 모든 핀들을 입력으로 설정하도록 되어야 한다.

버스 블록 내부에 있는 어드레스 디코더는 REMAP 신호에 따라 S0와 S1의 출력을 바꾼다. 즉, REMAP이 '1'이면 S1로 입출력될 신호들을 S0로 입출력하고, REMAP이 '0'이면 원상태로 복귀한다.

따라서 처음 전원이 인가된 후, ARM 프로세서가 초기화 코드를 참조하기 위해 0x0번지를 참조하면 S0가 아닌 S1을 이용하게 되며, 이것은 SRAM이 아니니 FLASH가 된다. Flash는 [그림 2]에서와 같이 16-bit 데이터 폭을 갖는 것을 두 개 사용한다.

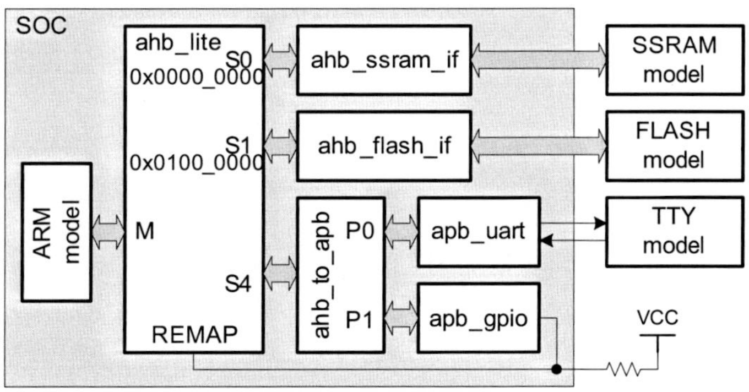

그림 9 메모리 재배치 예제 설계의 블록도

8.1.1 APB GPIO

이 예제에서 APB 인터페이스를 갖는 GPIO를 추가로 사용한다. GPIO는 사용자의 의도에 따라 다양한 입출력으로 사용할 수 있는 기능 블록으로서, 여기서는 [그림 10]과 같이 입출력 그리고 출력 제어 핀으로 구성된 형태의 것을 사용한다. 따라서 [그림 10]의 오른쪽과 같이 외부에서 사용하는 것을 가정한다. 즉, GPIO_T[x]의 값이 '0'인 경우만 GPIO_O[x]의 값이 외부로 출력되게 한다. 또한 보통의 경우, 외부 핀에는 풀업을 사용한다.

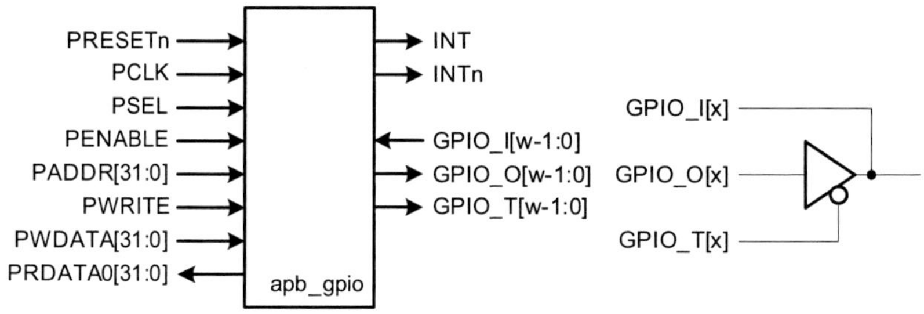

그림 10 APB GPIO

GPIO 내부에는 [표 4]와 같이 4개의 CSR이 있다. 'Control' 레지스터를 통해 각 GPIO 핀의 입출력 모드를 제어하며 해당 레지스터의 값은 GPIO_T로 출력된다. 즉, '0'인 핀은 입력으로 사용한다. 'Line' 레지스터는 GPIO_I 핀들의 값을 반영하게 된다. 즉, 'Line' 레지스터에 값을 쓰면 해당 값이 GPIO_O에 출력되고, 값을 읽으면 GPIO_I의 값이 읽혀진다. 'Level' 레지스터는 GPIO 핀들의 입력이 어떤 값일 때 인터럽트를 생성할 것인지를 결정한다. 즉, Level[x]가 '0'이면 'Line[x]'가 '0'일 때 인터럽트가 생성된다. 'Mask' 레지스터는 인터럽트를 생성하는 데 사용할 핀이 어느 것인지 결정하며, '1'인 비트는 인터럽트 생성에 무관하게 된다.

표 4 apb_gpio의 CSR

이름	주소	데이터 폭	참조 방식	초기 값	의미
Control	+0x0	32 bit	R/W	0x0000	0: input mode 1: output mode
Line	+0x4	32 bit	R/W		Current GPIO pin value when read; drive value when wirte.
Level	+0x8	32 bit	R/W	0xFFFF	0: active-low 1: active-high
Mask	+0xC	32 bit	R/W	0xFFFF	0: enabled 1: masked

8.2 메모리 재배치 초기화 코드 일례

[프로그램 2]에 메모리 재배치를 위한 초기화 코드의 일부를 보였다. 제일 위쪽에 예외상황 처리 표(exception table)가 생략되었고, 처음 전원이 인가되면, 초기화 예외상황(Reset)이 발생하여 'ARM_RESET_EXCEPT_HANDLER'로 점프하게 되면, REMAP 핀에 연결된 GPIO의 특정비트(여기서는 32-bit 중 제일 아래쪽 비트)를 점

검하여 그 값이 '0'이면 'Initial_StacksXY'로 점프하여 메모리 재배치를 하지 않는다. 반대로 '1'이면, '__TextStart'에서 '__FlashStart'로 '__TextDataSize' 만큼 코드를 복사한다. 복사가 끝나면 REMAP 핀에 연결된 GPIO의 특정비트를 '0'으로 바꾸고 'Initial_StacksXY'로 실행을 계속하고, 최종적으로 UART를 통해 'Hello World!'를 출력한다.

여기서 주의할 점은 REMAP 핀이 '0'으로 되기 전까지는 FLASH가 '0x0' 번지로 할당되고, '1'이 되면 SRAM이 '0x0'번지로 되므로, 'Initial_StacksXY'는 RAM에서 실행된다.

프로그램 2: 메모리 재배치를 위한 초기화 코드의 일부

```
... ...
@ Vector table is omitted
... ...
ARM_RESET_EXCEPT_HANDLER:
        ldr     r0, =__GpioAddr
        add     r1, r0,#4
        ldr     r2, [r1]
        and     r2, r2, #1
        cmp     r2, #0
        beq     Initial_StacksXY
@ Copy contents of Flash to Ram with REMAP enabled
        ldr     r0, =__TextStart            @ src
        ldr     r1, =__FlashStart           @ dst
        ldr     r2, =__TextDataSize         @ num of bytes to move
WordCopyXY:
        ldr     r3, [r0], #4                @ load a word from src
        str     r3, [r1], #4                @ store a word to dst
        subs    r2, r2, #4                    @ decrement the counter
        bne     WordCopyXY
@ Clear remap
        ldr     r0, =__GpioAddr
        add     r1, r0,#4
        mov     r2, #0xFFFFFFFE
        str     r2, [r1]
        mov     r1, #1
        str     r1, [r0]
@ Now on RAM
Initial_StacksXY:
        @ Initialize stack pointer registers
        ... ...
```

8.3 메모리 재배치 예제의 디렉토리 구성

[표 5]에 메모리 재배치 예제의 디렉토리 구성을 보였다. 하드웨어와 소프트웨어로 구성되며, 하드웨어는 [그림 9]의 각 구성 요소들이 하위 디렉토리로 구성되고, 소프트웨어는 초기화 코드와 UART 제어 코드로 구성된다. 여기서 AMBA 버스는 '$PROJECT/ch03/ex_amba'의 것을 사용하며, ARM 프로세싱 코어는 '$PROJECT/ch06/arm_iss'에 있는 ARM ISS를 사용한다. 또한 IPC소켓과 VPI 라이브러리는 '$PROJECT/ch11/ex_flash_native'의 것을 사용한다.

표 5 메모리 재배치 예제의 디렉토리 구성

Directory		Remarks
hw	ahb_bfm_socket	AHB Bus Functional Model
	ahb_flash_if	NOR FLASH interface
	ahb_ssram_if	SRAM interface
	apb_gpio	GPIO
	apb_uart	UART
	bench	Test-bench
	flash	NOR FLASH behavioral model
	rtl	SoC model
	sim	Simulation working directory
	ssram	SRAM behavioral model
	tty	Text terminal behavioral model
sw	bootstrap	Initialization code
	uart	UART control program

8.4 메모리 재배치 예제를 위한 크로스 컴파일 과정

[그림 11]에 FLASH에 초기 값으로 저장할 실행 이미지의 크로스 컴파일 과정을 정리하였다.

1. 초기화 코드들(vector.s, init.s)을 ARM 어셈블러(arm-elf-as)로 컴파일 한다.
2. UART 제어 코드들(main.c, user_main.c, uart16550.c)을 ARM 컴파일러(arm-elf-gcc)로 컴파일 한다.
3. 컴파일 결과를 로더/링커(arm-elf-ld)로 묶어서 ARM 실행 파일인 ELF를 만든다. 이때 링커 스크립트(armmp.ld)를 통해 메모리 구성을 지정하고, 필요한

라이브러리를 링크한다.

4. ELF에서 헤더를 제거하여 순수한 바이너리를 만든다. 이때 arm-elf-objcopy를 사용한다.
5. 순수 바이너리를 16진수 값의 문자로 변환한다. 이때 od[1]를 사용한다.
6. 16진수 문자로 된 파일에서 주소 정보를 제거하고, 메모리 개수에 맞추어 분할한다. 여기서는 전체가 하나인 uart.img와 두 개로 분리된 FLASH를 위한 flashH.img와 flashL.img 파일을 만든다. 이들은 Verilog의 $readmemh() 시스템 타스크에서 사용할 수 있는 형식이 된다. 이때 awk[7]를 사용한다.

이상 일련의 과정은 '$PROJECT/ch11/ex_remap/sw/uart' 디렉토리의 'Makefile'에서 확인해 볼 수 있다.

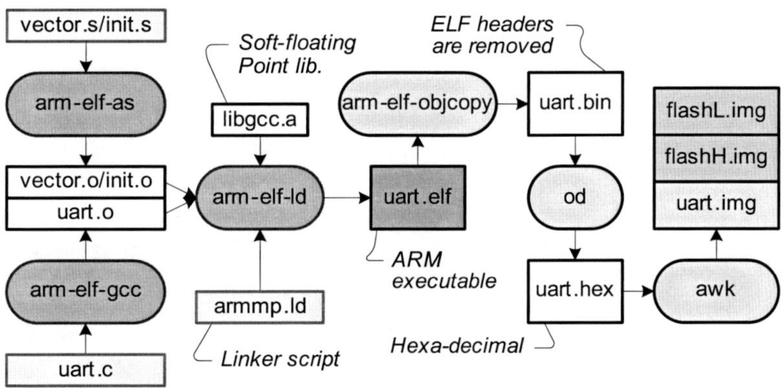

그림 11 메모리 재배치 예제를 위한 크로스 컴파일 과정

8.5 메모리 재배치 예제 실행

이 예제를 실행하는 방법은 다음과 같고, 이들을 정리하여 DOS 스크립트로 준비한 것이 'RunMe.bat'이다. 아래 과정은 '$PROJECT/ch11/ex_remap' 디렉토리를 기준으로 한다.

1. 'sw/bootstrap' 디렉토리에서 'init.s'를 보고 [프로그램 2]와 비교해 본다.
2. 'sw/bootstrap' 디렉토리에서 'armmp.ld'를 보고 실행이미지의 메모리 구성이 어떻게 될 것인지 확인해 본다. 아울러 다음 변수들이 어떻게 정의되는지 확인해 본다.

[1] Unix 명령어 중 하나로서, 파일의 내용을 8진 또는 다른 형식으로 출력한다.

a. '__TextStart'
b. '__TextDataSize'
c. '__RamStart'
d. '__FlashStart'
e. '__GpioAddr'

3. 'sw/uart' 디렉토리에서 'RunMe.bat'를 실행하여 'uart.bin' 프로그램을 만든다. 이것은 ARM 교차 컴파일러로 컴파일 하는 과정이다. 여기서는 코드의 크기를 최소화하기 위해 가능한 불필요한 라이브러리를 제거한다. 또한 두 개의 FLASH의 내용으로 사용하기 위해, 'flashH.img'와 'flashL.img' 두 개 파일을 생성함에 주의한다. 이들은 'hw/sim/modelsim' 디렉토리에 있는 'J3_defines.v'에서 FLASH 모델의 초기값으로 사용하게 정의된다.
4. 'hw/bench/veilog' 디렉토리에서 'top.v'를 살펴본다.
5. 'hw/rtl/verilog' 디렉토리에서 'soc.v'를 보고 [그림 9]와 비교해 본다.
6. 'hw/sim/modelsim' 디렉토리에서 'RunMe.bat'를 실행하여 HDL 시뮬레이터를 시작시킨다. HDL 시뮬레이터가 IPC 채널을 통해 접속을 기다리는 상태가 될 때까지 기다린다. 즉, 'run -all'를 수행할 때까지 기다린다.
7. '$PROJECT/ch06/arm_iss' 디렉토리에서 있는 'arm_iss_sim.exe'를 실행한다. 이것은 ARM ISS 프로그램이다. 특히 이 ISS는 '-hs' 선택자를 통해 프로그램이 실행되는 동안 발생하는 참조 중 내부 메모리 모델이 아닌 외부 메모리 모델을 참조해야 할 주소의 시작을 설정할 수 있다. 여기서는 모든 메모리 주소 공간을 외부에 있는 것으로 하기 위해 0x0을 지정한다.

```
arm_iss_sim.exe -bsp 9999 -hs 0x0
```

위 일련의 과정이 잘 진행되었다면 HDL 시뮬레이터와 C 프로그램이 상호 연동하여 메모리 재배치 과정을 한 후, UART를 제어하여 'Hello Word!'라는 문자열이 HDL 시뮬레이터에서 출력될 것이다.

9 종 합

여기에서는 NOR FLASH 제어기를 예제 설계로 하여 앞 장에서 다룬 중요 검증기법들을 적용하여 보았다. 즉, 타스크와 BFM를 이용한 기능 검증, 호스트 프로그램을 이용한 기능 검증, 명령어집합시뮬레이터를 이용한 기능 검증, 사이클 수준과 전송 수준 에뮬레이션을 이용한 기능 검증 그리고 명령어집합시뮬레이터와 FPGA를 연동하는 기능 검증 기법들을 적용해 보았다.

또한 시스템집적반도체에서 FLASH 메모리를 사용하여 초기화 코드를 저장하고 이것을 활용하는 메모리 재배치 기법에 대해 설명하고 예제를 통해 시뮬레이션 해 보았다.

10 연습문제

1. FLASH의 종류에 대해 조사하고, 그 장단점을 정리하고, 시스템집적반도체 관점에서 그 용법을 정리해 본다.
2. 시스템집적반도체는 일종의 컴퓨터이므로 메모리 계층구조를 갖게 된다. 이러한 메모리 계층구조에 대해 조사하고 정리해 본다. 특히 시스템집적반도체의 특징으로 볼 수 있는 메모리에는 어떤 것이 있는지 설명해 본다.
3. 메모리 재배치 기법의 예제에서 사용한 GPIO를 살펴보고 독립적으로 시뮬레이션 해 본다.
4. 메모리 재배치 기법의 예제에서 GPIO 핀과 REMAP 신호선을 바로 연결하여 사용하였는데, 보통의 경우는 스위치나 점퍼를 이용한다. 이와 같은 경우 시스템이 동작하는 과정에서 REMAP 신호선의 값이 변화될 경우, 심각한 문제가 될 수 있다. 어떤 문제점이 있으며 이를 어떻게 해결할 수 있는지 설명해 본다.

11 참고자료

[1] Intel, Intel StrataFlash Memory Technology, Application Note 677, Dec. 1998.

[2] Intel, 3 Volt Intel StrataFlash Memory, June 2000.

[3] Intel, Common Flash Interface (CFI) and Command Sets, Application Note 646, April 2000.

[4] OpenCores Coding Guidelines, Rev. 1.2, September 2007.

[5] iNCITE User Manual, Dynalith Systems. (www.dynalith.com)

[6] iNSPIRE User Manual, Dynalith Systems. (www.dynalith.com)

[7] Arnold D. Robbins, GAWK: Effective AWK Programming - A user's guide for GNU AWK, 3rd Ed., FSF, June 2004.

CHAPTER

12

인터럽트 제어기와 타이머 검증

인터럽트는 프로세스가 내장된 시스템에서 매우 중요한 기능이며, 시스템집적반도체에서는 하드웨어와 소프트웨어를 연결하는 중요한 역할을 한다. 타이머는 일정 시간간격으로 인터럽트를 생성하는 기능블록으로 실시간커널을 시스템집적반도체에 이식하기 위해서 반드시 필요하다. 여기에서 하드웨어-소프트웨어 통합검증 기법을 통해 인터럽트 제어기와 타이머의 기능을 검증하여 본다.

1 인터럽트 제어기

하드웨어와 소프트웨어가 연동하는 시스템에서 이들 둘이 정보를 주고받는 방법을 메모리 또는 제어상태레지스터를 통한 동기식 방법과 인터럽트를 통한 비동기식 방법으로 구분해 볼 수 있다. 동기식의 대표적인 예는 폴링(polling)으로 소프트웨어가 특정 메모리 주소 공간 또는 하드웨어의 특정 레지스터를 지속적으로 참조하여 특별한 상태가 되었는지 확인하는 방법이다. 여기서 소프트웨어가 특별한 상황을 처리할 시점을 결정하게 된다는 점에서 동기식이라 할 수 있다. 반면 비동기식의 대표적인 예는 인터럽트(interrupt)로 소프트웨어가 언제 특별한 상황을 처리할 것인지 알지 못하는 상태에서 하드웨어로부터 처리 요청을 받는 방법이다. 즉, 인터럽트란 하드웨어가 소프트웨어의 서비스를 요청하는 중요한 수단이며, 이것은 시스템집적반도체에서 반드시 구현되어야 할 기능이다.

다양한 기능블록들로 구성되는 시스템집적반도체에서는 인터럽트가 여러 기능블록에 의해 생성될 것이다. 따라서 이들 인터럽트들을 구분하고 선택하는 방법이 필요하다. 특히 시스템집적반도체에 내장되는 프로세싱 코어에는 제한적인 인터럽트 입력포트가 있는 경우가 대부분이므로, 해당 프로세싱 코어에서 수행되는 소프트웨어가 한 번에 하나씩 인터럽트를 처리할 수 있도록 여러 인터럽트 중 우선순위가 높은 것을 선택하는 방법이 필요하다. 분산형으로 데이지체인(Daisy-Chain)이, 집중형으로 인터럽트제어기가 대표적이며, 여기서는 집중형 인터럽트제어기를 살펴본다.

[그림 1]에서와 같이 인터럽트 제어기는 여러 인터럽트 신호 발생 블록으로부터 인터럽트 요청 신호를 받아 프로세싱 코어로 인터럽트 신호를 생성한다. 인터럽트

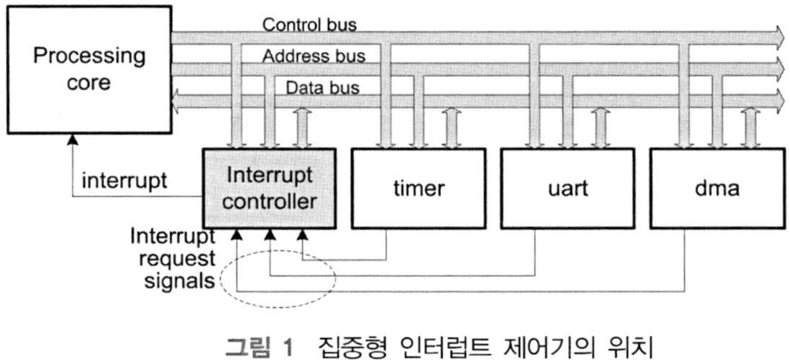

그림 1 집중형 인터럽트 제어기의 위치

요청(interrupt request) 신호는 모서리감응(edge sensitive) 방식과 레벨감응(level sensitive) 방식이 있고, 모서리감응에는 상승모서리(rising edge) 감응과 하강모서리(falling edge) 감응이 있으며, 레벨감응에는 높은레벨(high level) 감응과 낮은레벨(low lever) 감응이 있다. 인터럽트는 우선순위가 필요하므로, 여러 인터럽트 요청 신호들을 구분하고 우선순위가 높은 것을 골라내는 기능 등이 필요하다.

여기서는 OpenCore에서 구할 수 있는 인터럽트 제어기[1]를 활용하여 AMBA AHB 인터페이스가 되는 것으로 수정하여 사용한다. [그림 2]에 보인 바와 같이 여러 인터럽트 발생 블록으로부터 인터럽트 요청 신호(irq[IRQ_BITS-1:0])[1]를 받아서 인터럽트 신호(interrupt, interruptb)를 생성한다.

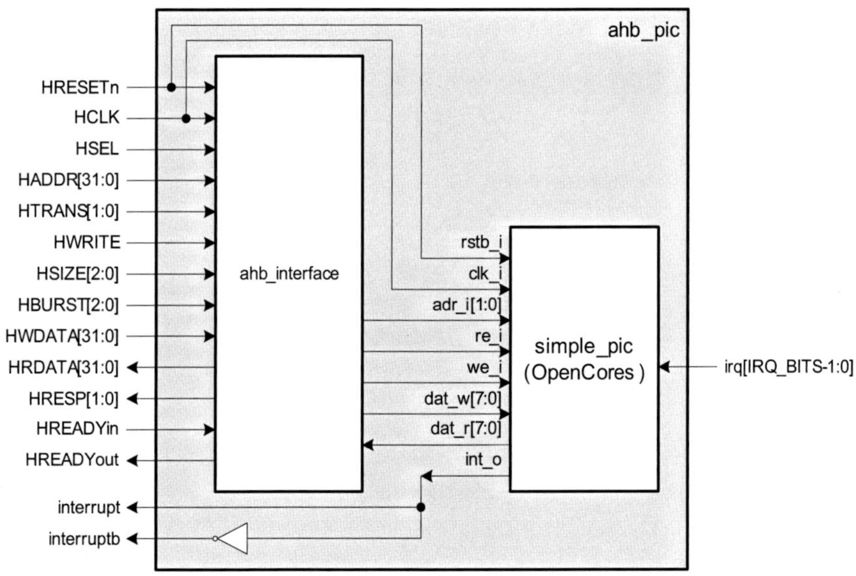

그림 2 인터럽트 제어기 블록도

여기에서 사용할 인터럽트 제어기 ahb_pic[2]는 내부에 다음과 같은 제어상태레지스터(CSR: Control and Status Register)를 갖는다. 레지스터는 32 비트 폭을 갖는데, 각 비트는 인터럽트 요청신호(irq[])의 해당 비트에 관련이 있다. 'edge' 레지스터는 인터럽트의 감응방식을 결정한다. 즉, '0'이면 레벨감응 방식이 되고 '1'이면

[1] IRQ_BITS는 ahb_pic의 Verilog 파라메터이며 기본값은 32로 되어 있다. 따라서 31에서부터 0까지 총 32개 인터럽트 요청 신호를 입력을 받을 수 있게 된다.

[2] PIC: Programmable Interrupt Controller

모서리감응 방식이 된다. 'pol' 레지스터는 'edge' 레지스터와 조합으로 감응방식의 구체적인 내용을 결정한다. 즉, edge[0]이 '0'이고, pol[0]의 값이 '0'이면 irq[0] 신호선이 낮은 전압 레벨일 때 인터럽트 요청으로 인식하여 pend[0]의 값을 '1'로 설정한다. 다른 예로, edge[1]이 '1'이고, pol[1]의 값이 '1'이면 irq[1] 신호선에서 상승 모서리가 발생하면 인터럽트 요청으로 인식하여 pend[1]의 값을 '1'로 설정한다. 'mask'레지스터는 해당 비트의 인터럽트를 차단할 것인지 여부를 결정한다. 예로서, mask[2] 비트의 값이 '1'이면 edge[2]와 pol[2] 그리고 irq[2]의 값에 무관하게 pend[2]는 항상 '0'이 된다. 즉, 해당 비트의 인터럽트는 항상 무시된다. 'pend' 레지스터는 인터럽트 생성 여부를 표시하게 되고, 특정 비트에 '1'을 쓰기 함으로써 해당 비트를 '0'으로 바꿀 수 있다.

표 1 ahb_pic의 CSR

이름	주소	데이터 폭	참조 방식	초기 값	의미
edge	+0x0	32 bit	R/W	0x0000	0: level sensitive 1: edge sensitive
pol	+0x4	32 bit	R/W	0x0000	0: low or falling sensitive 1: high or rising sensitive
mask	+0x8	32 bit	R/W	0x0000	0: enabled 1: masked
pend	+0xC	32 bit	R/W	0xFFFF	0: no interrupt pending 1: interrupt pending

다음은 인터럽트가 생성된 시점부터 인터럽트가 처리되어 다시 원상으로 복구되는 때까지의 일련의 절차를 간략하게 정리한 것이다.

1. 인터럽트 접수
2. 현재의 프로그램/프로세서 상태 저장
3. 인터럽트 처리 루틴 실행
4. 인터럽트 제어기의 제어상태 레지스터를 참조하여 인터럽트 요청 블록 확인 - 여기에서 적용되는 알고리즘의 방식에 따라 우선순위 방식, 라운드로빈(round-robin; 순환순서) 방식 등 다양한 방법이 가능하다.
5. 인터럽트 요청 블록의 제어상태 레지스터를 통해 인터럽트 요청 신호를 원상복구 시킴
6. 인터럽트 제어기의 제어상태 레지스터를 통해 인터럽트 상태를 원상복구 시킴; 예로서, 4번 과정에서 선택한 pend 레지스터의 비트에 '1'을 쓴다.

7. 인터럽트 요청에 해당되는 처리를 함
8. 프로세서와 프로그램을 인터럽트 접수 전 상태로 복구하여 원래 프로그램을 복구함

여기에서 주의하여 보아야 할 것으로 다음이 있다.

- 2번과 8번은 프로세싱 코어에서 기본적으로 지원하는 기능을 통해 이루어진다. 즉, 프로세서 내부 레지스터들의 내용 보관과 복구 그리고 예외 처리 루틴의 실행 등이 프로세싱 코어 하드웨어에서 지원하는 기능을 이용하게 된다.
- 4번과 5번 그리고 6번은 인터럽트 제어기와 직접적으로 관련이 있는 것이며, 인터럽트 요청 신호를 발생시킨 기능블록의 상태를 먼저 처리해 주어야 한다. 이는 처리 중인 인터럽트에 의한 추가적인 인터럽트를 방지하기 위해서이다.

2 타이머

타이머(timer)는 일정시간간격으로 신호를 생성하며, 실시간 운영체제(RTOS: Real-Time Operating System) 이식을 위해 하드웨어에서 반드시 제공해야 될 기능 블록이다.

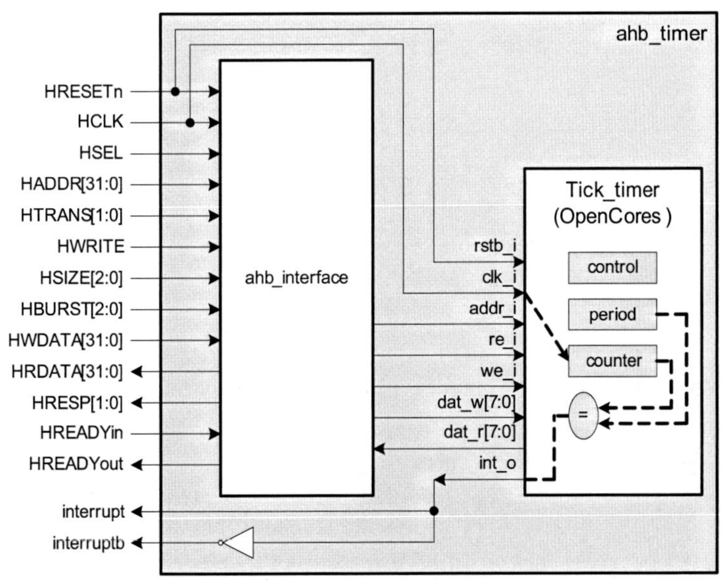

그림 3 타이머 블록도

여기서는 [그림 3]에 보인 바와 같이 AMBA AHB 인터페이스를 갖고 내부에 다음과 같은 제어상태 레지스터를 갖는다. 'counter' 레지스터는 입력 클럭에 따라 증가한다. 'period'는 특정 값을 갖는다. 'control' 레지스터는 32 비트 중 하위 4 비트를 다음과 같이 사용한다.

- 비트 1~0 (MODE): 모드를 결정한다.
  - 0이면 counter는 동작하지 않는다.—disable mode
  - 1이면 counter와 period의 값이 같아지면 counter는 0부터 다시 시작한다. - automatic restart mode
  - 2이면 counter와 period의 값이 같아지면 counter는 멈춘다. - one-time mode
  - 3이면 counter의 값은 계속 증가한다. - on-going mode
- 비트 2 (IE): 인터럽트 활성화 비트로서 '0'이면 인터럽트가 발생하지 않는다.
- 비트 3 (IP): 인터럽트가 생성되었을 때 '1'이 된다.

'control' 레지스터의 IE가 1이면 counter의 값과 period의 값이 같을 때 IP가 1이 된다. IP가 1이 된 후, IE가 0으로 되거나 IP에 0을 쓰기 할 때까지 인터럽트 신호(interrupt)는 1이 된다.

표 2 ahb_timer의 CSR

이름	주소	데이터 폭	참조 방식	초기 값	의미
control	+0x0	32 bit	R/W	0x0000	MODE (1:0): disable, auto-restart, one-time, don' t-stop IE(2): interrupt enable IP(3): interrupt pending
period	+0x4	32 bit	R/W	0x0000	
counter	+0x8	32 bit	R/W	0x0000	

3 기능검증: Task-based BFM

앞에서 설명한 인터럽트 제어기와 타이머의 기능을 검증하기 위해 [그림 4]와 같이 구성한다. AHB 슬레이브 버스 포트가 4개인 AHB Lite를 중심으로 메모리 인터페

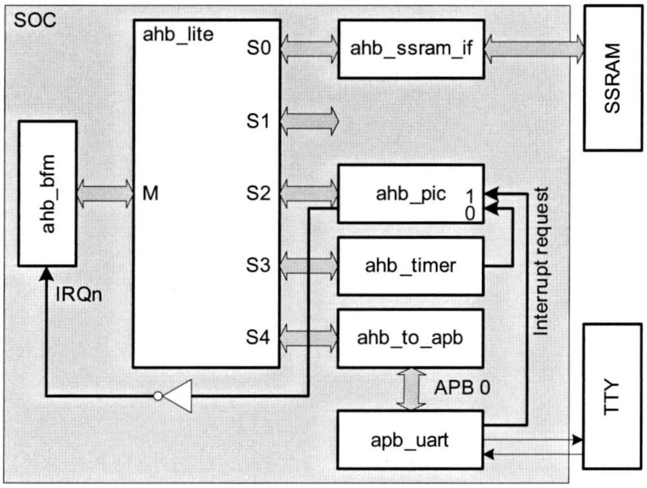

그림 4 ahb_pic와 ahb_timer 기능 검증 환경: Task-based BFM

이스(ahb_ssram_if), 인터럽트 제어기(ahb_pic), 타이머(ahb_timer), AHB2APB 버스 버리지(ahb_to_apb)를 연결하고, 프로세싱 코어를 대신하여 BFM(ahb_bfm)을 연결한다. 메모리 인터페이스는 SSRAM 모델과 연결되고, APB 버스에는 직렬통신 블록(apb_uart)을 통해 문자출력 모델(tty)이 연결된다. 인터럽트와 관련하여서는 타이머와 직렬통신 블록이 인터럽트를 생성하고, 이들은 인터럽트 제어기로 연결된다. 이 예제는 '$PROJECT/ch12/ex_pic_task'에 있다.

3.1 디렉토리 구성

이 예제는 다음과 같이 디렉토리를 구성한다.

표 3 ahb_pic와 ahb_timer의 디렉토리 구성

Directory		Remarks
hw	ahb_bfm	AHB Bus Functional Model
	ahb_pic	Programmable interrupt controller (PIC)
	ahb_ssram_if	SSRAM interface
	ahb_timer	Timer
	apb_uart	UART
	bench	Test-bench
	rtl	SoC design
	sim	Simulation working directory
	ssram	SSRAM model
	syn	Logic synthesis working directory
	tty	TTY model

각 하드웨어 블록의 디렉토리 구성은 참고자료 [2]의 것을 준용하여. 다음과 같이 구성된다.

- beh: 해당 하드웨어 블록의 행위수준(behaviral level) 모델이 있는 디렉토리로서 모델링에 사용된 언어에 따라 하위 디렉토리를 구성한다. 예로서, verilog, vhdl, systemc, c 등.
- bench: 해당 하드웨어 블록의 기능을 검증하기 위해 필요한 시험환경(test-bench)이 있는 디렉토리로서 모델링에 사용된 언어에 따라 하위 디렉토리를 구성한다. 예로서, verilog, vhdl, systemc, c 등.
- doc: 해당 하드웨어 블록의 설명자료
- rtl: 해당 하드웨어 블록의 합성가능 모델이 있는 디렉토리로서 모델링에 사용된 언어에 따라 하위 디렉토리를 구성한다. 예로서, verilog, vhdl, systemc, c 등.
- sim: 해당 하드웨어 블록을 시뮬레이션하는 디렉토리로서 시뮬레이터에 따라 하위 디렉토리를 구성한다. 예로서, modelsim, ncsim, vcs 등.
- syn: 해당 하드웨어 블록을 합성하는 디렉토리로서 합성기에 따라 하위 디렉토리를 구성한다. 예로서, xst, synplicity 등.

'ahb_bfm'은 'ahb_pic'와 'ahb_timer'를 시험하는 타스크들을 수행한다. 이들 타스크는 크게 두 개 계층으로 구성한다. 첫 번째 계층은 AHB 버스 전송을 위한 타스크로써 '제4장 BFM을 이용한 설계자산의 기능검증'에서 사용한 것과 동일하므로 여기서는 상세하게 다루지 않는다. AHB 버스 타스크는 'ahb_bfm/beh' 디렉토리의 'ahb_tasks.v'에 준비되어 있다. 두 번째 계층은 첫 번째 계층의 타스크를 사용하여 'ahb_pic'와 'ahb_timer'를 제어하는 타스크들로서 'ahb_bfm/beh' 디렉토리의 'pic_tasks.v'와 'timer_task.v'에 있다.

3.2 예제코드와 실행방법

[프로그램 1]에 'ahb_bfm.v'에서 인터럽트 제어기와 타이머를 시험하는 코드를 보였다. 코드에서 'pic_set()', 'pic_enable()', 'pic_disable()' 등은 'ahb_pic' 블록을 제어하는 타스크로 'pic_tasks.v'에 정의되어 있고, 'timer_set()', 'timer_enable()', 'timer_disable()'등은 'ahb_timer' 블록을 제어하는 타스크로 'timer_tasks.v'에 정의되어 있다.

[프로그램 1]에서는 타이머 인터럽트 입력이 연결된 인터럽트 요청 신호에 대해 높은레벨감응으로 설정한 후(라인 6), PIC 0번 핀에 대해 인터럽트 입력을 활성화하고(라인 7), 타이머를 one-time 모드로 설정하고 타이머 값을 설정한 후(라인 8), 타이머 인터럽트를 활성화시킨다(라인 9). 이후 인터럽트가 발생할 때까지 기다린 후(라인 10), 인터럽트가 발생한 경우, 어디에서 발생한 것인지 확인한 후(라인 11~13), 인터럽트를 생성한 타이머의 인터럽트를 비활성화 한 후(라인 14), 인터럽트 제어기의 해당 비트를 처리한다(라인 15). 이것은 앞에서 강조한 바와 같이 인터럽트를 발생시킨 소자를 확인하고, 해당 소자의 인터럽트 신호를 제거하는 등 인터럽트 제어기의 상태를 처리하는 순서를 따르는 것이다.

프로그램 1: 'ahb_bfm.v' 의 일부

```
1:  task pic_test;
2:          reg [1:0]  interrupt; // {FIQn, IRQn}
3:          reg [31:0] pend;
4:          begin
5:             interrupt = 2'b11;
6:             pic_set(0, 0, 1); // active-high level
7:             pic_enable(0);
8:             timer_set(2, 32'h1F); // one-time mode
9:             timer_enable();
10:            while ((interrupt&2'b11)==2'b11) check_irq_task(interrupt);
11:           pic_pending_all(pend);
12:            if (pend==32'h1) $display("%m Timer Interrupt Occurred!");
13:            else             $display("%m un-expected interrupt: 0x%x", pend);
14:            timer_disable();
15:            pic_disable(0);
16:         end
17: endtask
```

이 예제를 실행하는 방법은 다음과 같다.

1. 'hw/bench/verilog' 디렉토리에 있는 최상위 모델인 'top.v'을 살펴 본다. 이것은 [그림 4]의 시스템이다.
2. 'hw/rtl/verilog' 디렉토리에 있는 'soc.v'를 살펴본다. 이것은 [그림 4]에서 색이 칠해진 부분이다.
3. 'hw/ahb_bfm/beh/verilog' 디렉토리에 있는 설계 블록을 살펴 본다. 특히 'ahb_tasks.v'와 'pic_tasks.v' 그리고 'timer_tasks.v'를 꼼꼼하게 살펴본다.

4. 'hw/sim/modelsim' 디렉토리에서 'RunMe.bat'를 실행하여 시뮬레이션한다. 시뮬레이션 결과로 출력되는 메시지를 확인하고 'wave.vcd'를 통해 신호파형도 확인해 본다. 즉, 'Timer Interrupt Occurred!'라는 메시지가 출력되는 것을 확인한다.

4 기능검증: Native-code driven BFM

C 프로그램을 이용하여 인터럽트 제어기와 타이머의 기능을 검증하는 환경을 [그림 5]와 같이 구성한다. [그림 4]와의 차이는 AHB BFM이 타스크 대신 IPC로 연결된 C 프로그램을 사용한다는 점이며 이를 위해 AHB BFM이 소켓을 사용하는 것으로 교체된다. 이 예제는 '$PROJECT/ch12/ex_pic_native'에 있다.

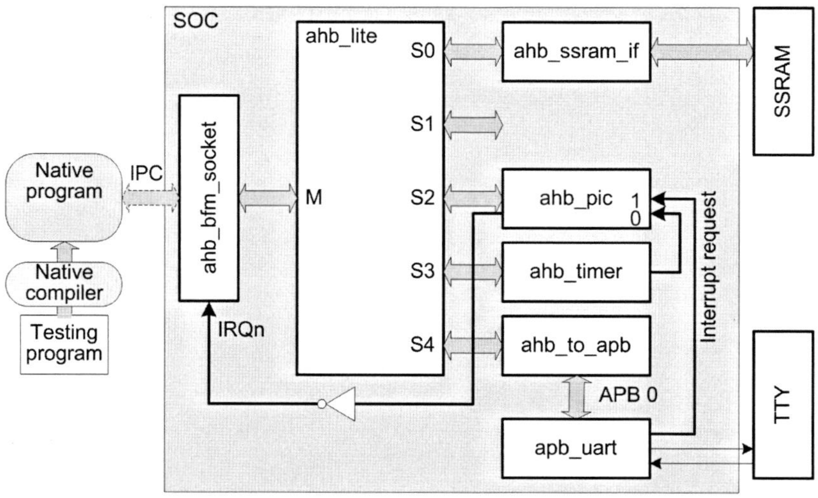

그림 5 ahb_pic와 ahb_timer 기능 검증 환경: Native-code driven BFM

표 4 ahb_pic와 ahb_timer의 디렉토리 구성

Directory		Remarks
hw	ahb_bfm_socket	AHB Bus Functional Model
	bench	Test-bench
	rtl	SoC design
	sim	Simulation working directory
ipc_socket		Socket library
sw	pic	PIC handling routines
	printf	Text printing library through UART
	uart	UART handling routines
vpi		VPI routines for ahb_bfm_socket

4.1 디렉토리 구성

이 예제는 [표 4]와 같이 디렉토리를 구성하며, [표 3]과 중복되는 하드웨어 블록은 그대로 사용한다. 호스트 컴퓨터에서 실행되는 프로그램과의 연동을 위해 'ahb_bfm_socket', 'ipc_socket', 'vpi' 디렉토리로 구분하여 구성하고, 호스트 컴퓨터에서 실행될 프로그램은 'sw'에 준비한다.

4.2 예제코드와 실행방법

'user_main.c'에서 인터럽트 제어기와 타이머를 시험하는 코드를 [프로그램 2]에 보였다. UART, PIC, TIMER를 초기화하고(라인 1, 2, 3), PIC에 TIMER 인터럽트에 대한 마스크를 해제하여 해당 인터럽트를 받을 수 있도록 하고(라인 4), TIMER의 값을 지정하고, one-time 모드로 설정한다(라인 5). 인터럽트가 14번 발생할 때까지 실행한다. AhbNop()를 통해 'ahb_bfm_socket'에 연결된 IRQn과 FIQn의 값을 확인하여 인터럽트 발생 여부를 점검한다(라인 7~10). 인터럽트가 발생한 경우, 타이머를 비활성화 시키고(라인 11), PIC의 타이머 인터럽트를 지우고(라인 12), 인터럽트가 접수되었음을 출력하고(라인 13), 타이머를 재가동시킨다(라인 14~15).

프로그램 2: 'user_main.c' 의 일부

```
1:  uart_init((void*)UartAddr, UartClk, UartBaud);
2:  pic_init ((void*)PicAddr);
3:  tick_init((void*)TickAddr);
4:  mask = pic_set_mask(~PIC_IRQ_BIT_TIMER);
5:  tick_set(0xFF, TICK_MODE_ONETIME);
6:  while (interrupt_num〈14) {
7:      do { int x;
8:          for (x=0; x〈0xFFF; x++); // delay
9:          irq = AhbNop();
10:     } while (irq==3);
11:     tick_disable();
12:     pending = pic_clear_interrupt(PIC_IRQ_BIT_TIMER);
13:     printf("Got %d-th interrupt₩n", interrupt_num++);
14:     tick_restart(); // for one-time, i.e., one-shot
15:     tick_enable(); // for restart
16: }
```

이 예제를 실행하는 방법은 다음과 같고, 이들을 정리하여 DOS 스크립트로 준비한 것이 'RunMe.bat'이다.

1. 'hw/ahb_bfm_socket/beh/verilog' 디렉토리에 있는 'ahb_bfm_socket.v'를 살펴본다. 이것과 '3 기능검증: Task-based BFM'에서 사용한 'ahb_bfm.v'와 어떤 차이가 있는지 확인한다.
2. 'ipc_socket' 디렉토리에서 'RunMe.bat'를 실행하여 IPC 라이브러리인 'ipc_socket.lib'를 만든다.
3. 'vpi' 디렉토리에서 'RunMe.bat'를 실행하여 'cosim_socket.dll'을 만든다. 이것은 IPC 라이브러리를 활용하여 HDL 시뮬레이터와 C 프로그램이 연동되는 데 필요한 VPI 라이브러리이다.
4. 'sw/pic' 디렉토리에서 프로그램을 살펴본다.
5. 'sw/pic' 디렉토리에서 'RunMe.bat'를 실행하여 'run.exe' 프로그램을 만든다.
6. 'hw/sim/modelsim' 디렉토리에서 'RunMe.bat'를 실행하여 HDL 시뮬레이터를 시작시킨다. HDL 시뮬레이터가 IPC 채널을 통해 접속을 기다리는 상태가 될 때까지 기다린다. 즉, 'run -all'를 수행할 때까지 기다린다.
7. 'sw/pic' 디렉토리에서 'run.exe'를 실행한다.

위 일련의 과정이 잘 진행되었다면 HDL 시뮬레이터와 C 프로그램이 상호 연동하여 인터럽트 제어기와 타이머의 기능을 시험하게 된다.

5 기능검증: ISS-driven BFM

인터럽트와 같은 예외적인 상황을 다루는 경우, 프로세싱 코어의 동작과 관련된 부분이 매우 중요하다. 즉, 하드웨어와 소프트웨어의 상호작용을 고려한 기능검증이 필요하다. 따라서 프로세서 모델이 기능검증에 포함되는 것이 검증의 신뢰도를 높이는 데 도움이 된다.

[그림 6]에 ISS를 소켓으로 연결하여 인터럽트 제어기와 타이머의 기능을 검증하는 환경을 보였다. 이는 앞서 살펴본 Native-code driven BFM 기능검증 환경에서 프로그램을 ISS와 연동하는 것으로 교체한 것이다. 이 예제는 '$PROJECT/ch12/ex_pic_iss'에 있다.

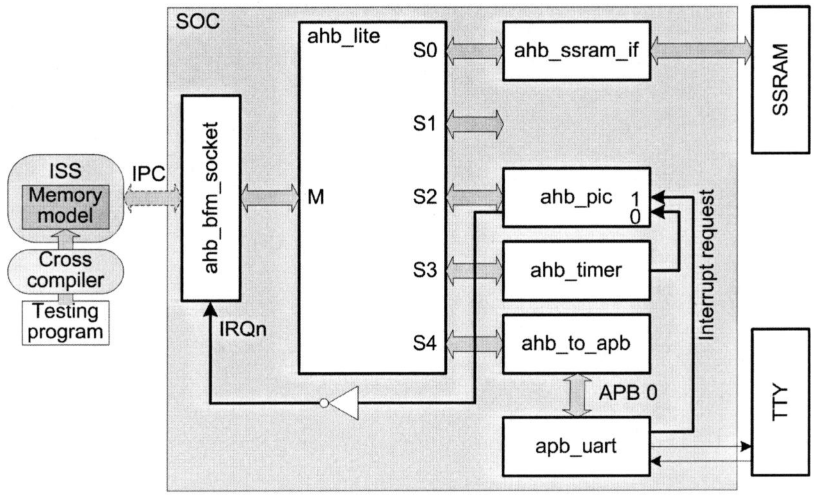

그림 6 ahb_pic와 ahb_timer 기능 검증 환경: ISS

5.1 디렉토리 구성

이 예에서 사용하는 하드웨어는 '4. 기능검증: Native-code driven BFM'과 동일하므로 해당의 것을 그대로 사용한다. 그러나 프로그램은 ISS에서 수행되는 것이므로 소프트웨어 부분은 [표 5]와 같이 구성한다.

표 5 ahb_pic와 ahb_timer의 디렉토리 구성

Directory		Remarks
sw	bootstrap	ARM initialization codes
	pic	PIC handling routines
	printf	Text printing library through UART
	uart	UART handling routines

5.2 인터럽트 처리 과정

하드웨어 신호를 통해 시작되는 인터럽트가 어떻게 소프트웨어로 연결되어 동작되는지 간략하게 설명한다.

1. 인터럽트 접수 - 프로세싱 코어의 특정 핀을 통해 인터럽트가 발생함을 확인한다. 예로서, IRQn 신호핀의 값이 낮은전압이 되는 경우 ARM 프로세서는 인터

럽트가 발생했음을 알게 된다.

2. 프로세싱 코어는 자동으로 프로세서 레지스터의 일부를 특정 스택에 저장한다.
3. 프로세싱 코어는 자동으로 0x18번지부터 실행한다. - '제3장 1.2 예외처리'를 참고한다.
4. 0x18번지에는 인터럽트 처리 루틴으로 점프하는 명령어가 있어서 지정된 루틴(ARM_IRQ_EXCEPT_HANDLER)으로 점프한다. 'sw/bootstrap/vector.s' 참고
5. ARM_IRQ_EXCEPT_HANDLER 루틴은 'sw/bootstrap/init.s'에 정의되어 있고, 이것은 스택을 관리하는 기능과 인터럽트 처리 루틴(irq_handler())를 호출하는 동작을 한다.
6. 인터럽트 처리 루틴(irq_handler())는 'sw/pic/irq.c'에 정의되어 있다. 여기서는 인터럽트 제어기의 제어상태레지스터의 값을 참조하여 인터럽트가 발생한 원인을 찾아 필요한 인터럽트 처리 루틴을 호출한다. 이 예의 경우, 타이머 인터럽트 처리 루틴으로 등록된 'timer_handler()'를 수행하게 되며, 이 루틴은 'sw/pic/user_main.c'에 있다. 인터럽트 처리 루틴의 등록은 'irq_register()'를 통해 가능하고, 이 예의 경우, 'sw/pic/user_main.c'의 'user_main()'에서 0번 인터럽트에 타이머 인터럽트 처리 루틴을 등록하였다.

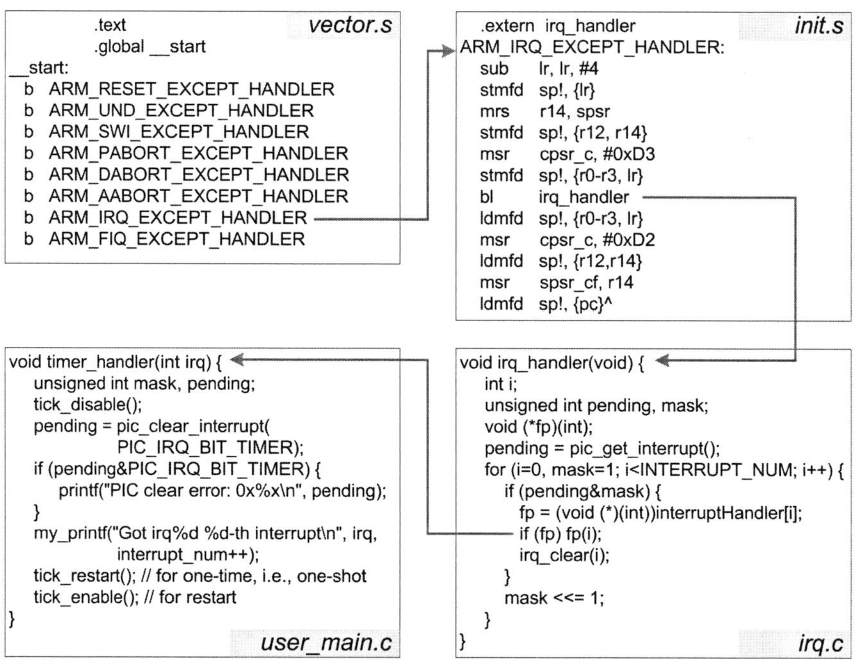

그림 7 인터럽트 처리를 위한 함수 호출 관계

앞에서 설명한 일련의 과정을 [그림 7]에 정리하였다. 이 그림에서는 인터럽트가 접수되어 하드웨어적으로 R13(SP)와 R14(LR)가 저장되고, 0x18 번지를 호출하는 과정이 표현되어 있지 않다. 코드에서 주의하여 보아야 할 부분은 IRQ 인터럽트를 처리하는 루틴인 'ARM_IRQ_EXCEPT_HANDLER'에서 수행하는 매우 복잡한 과정이다. 아울러 인터럽트를 처리한 후, 인터럽트가 접수된 프로그램 코드로 복귀하는 과정은 'bl irq_handler' 이후에 이루어진다.

5.3 HW/SW 통합시뮬레이션

이 예제를 실행하는 방법은 다음과 같고, 이들을 정리하여 DOS 스크립트로 준비한 것이 'RunMe.bat'이다.

1. 'sw/pic' 디렉토리에서 'user_main.c'와 그 외 프로그램을 살펴본다.
2. 'sw/pic' 디렉토리에서 'RunMe.bat'를 실행하여 'pic.bin' 프로그램을 만든다. 이것은 ARM 교차 컴파일러로 컴파일 하는 과정이다.
3. 'hw/sim/modelsim' 디렉토리에서 'RunMe.bat'를 실행하여 HDL 시뮬레이터를 시작시킨다. HDL 시뮬레이터가 IPC 채널을 통해 접속을 기다리는 상태가 될 때까지 기다린다. 즉, 'run -all'를 수행할 때까지 기다린다.
4. '$PROJECT/ch06/arm_iss' 디렉토리에서 있는 'arm_iss_sim.exe'를 실행한다.

```
arm_iss_sim.exe -ii 10 -bsp 9999 -hs 0x01000000 -pbin pic.bin
```

   a. 'arm_iss_sim.exe'는 '$PROJECT/ch06/arm_iss' 디렉토리에서 만든 ARM ISS이다.
   b. '-ii 10'의 의미는 인터럽트 요청 여부를 10개 인스트럭션 마다 점검하도록 한다. 즉, ARM ISS에서 '-ii' 선택자는 얼마나 자주 인터럽트를 점검할 것인지 결정한다. 실제 하드웨어 프로세서는 매 사이클 인터럽트를 점검하지만 ISS의 경우 성능을 개선하는 효과를 보기 위해 일정 간격으로 인터럽트를 점검하는 방법을 자주 사용한다.
   c. '-bsp 9999'는 'ahb_bfm_socket'과 소켓 포트 9999번으로 연결하라는 뜻이다.
   d. '-hs 0x01000000'은 0x01000000 번지 이후의 주소에 대한 참조를 외부

메모리로 처리하여 AMBA 버스 전송을 생성하도록 한다. 이는 프로그램의 수행을 내부 메모리 모델을 활용하도록 하여 보다 고속으로 시뮬레이션 되도록 하는 데 도움이 된다. 여기서는 ahb_pic가 0x02000000번지에 그리고 ahb_timer가 0x03000000 번지에 할당된 것을 가정하였다.

e. '-pbin pic.bin'은 ARM ISS가 실행할 프로그램으로 실제로는 '$PROJECT/ ch12/ex_pic_emul_iss/sw/pic/pic.bin'을 사용한다.

위 일련의 과정이 잘 진행되었다면 HDL 시뮬레이터와 C 프로그램인 ARM ISS가 상호 연동하여 타이머와 인터럽트 제어기를 시험하게 된다. 즉, 타이머에서 발생한 인터럽트가 인터럽트 제어기를 통해 ARM ISS에 전달되어 타이머 인터럽트가 접수되었다는 것을 출력한다.

6 기능검증: 사이클 수준 에뮬레이션

[그림 4]에서 SoC 부분이 하드웨어이기 때문에 FPGA에서 에뮬레이션하는 것이 바람직하지만, AHB BFM과 이것과 관련이 있는 시험환경들은 합성될 수 없기 때문에 대안으로 [그림 8]과 같이 기능을 검증해야 하는 AMBA 버스와 ahb_pic 그리고 ahb_timer를 모아서 'dut'라 하고, 이것을 합성하여 FPGA에 맵핑한 후, '3. 기능검증: Task-based BFM'에서 사용한 AHB BFM를 사용하여 에뮬레이션한다.

'제8장 HW/SW 통합에뮬레이션'의 '4. 사이클 수준 에뮬레이션 예제'에서 설명한 바와 같이 FPGA에 맵핑될 부분(여기서는 'dut')은 합성하고, iNSPIRE로 처리하여 EIF를 만든다. 시험환경 부분은 그대로 HDL 시뮬레이터에서 시뮬레이션한다. 여기서 주의하여 보아야 할 것은 AHB BFM은 Task-based BFM 기법을 그대로 사용한다는 것이며, FPGA와 HDL시뮬레이터가 연동한다는 것이다. 이 예제는 '$PROJECT/ch12/ex_pic_emul_cycle'에 있다.

[그림 8]에 정리한 바와 같이 첫 번째 순서는 전체를 시뮬레이션하는 과정으로 다음과 같이 한다.

1. 'bench' 디렉토리에 있는 'top.v'를 살펴본다. 이것은 [그림 8]의 제일 위쪽에 있는 설계 블록에 해당한다.

2. 'dut' 디렉토리에 있는 'dut.v'를 살펴본다. 이것은 [그림 8]의 제일 위쪽에 있는 설계 블록 그림에서 오른쪽 부분에 해당한다. 여기에서 사용하는 AMBA 버스(ahb_lite), 인터럽트 제어기(ahb_pic), 타이머(ahb_timer)는 '3. 기능검증: Task-based BFM'의 것을 사용한다.
3. 'sim/modelsim' 디렉토리에서 'RunMe.bat'를 실행하여 시뮬레이션 한다.

이후 순서는 FPGA에 맵핑할 부분을 합성하고, iNSPIRE로 처리하여 EIF를 만들고, iNCITE와 연동하는 과정이다.

1. 'syn/xst' 디렉토리에서 'make.bat'를 실행하여 합성한다. 합성의 결과로 'syn/xst/dut.edif'가 생성된다.
2. 'inspire' 디렉토리에서 'project.nsp'를 이용하여 iNSPIRE를 실행한다. 컴파일의 결과로 'inspire/par/fpga0.eif'가 생성된다.
3. iNCITE를 시뮬레이터가 수행될 컴퓨터에 USB를 통해 연결한다. 이때 디바이스 드라이브 설치 등의 과정이 필요하다.

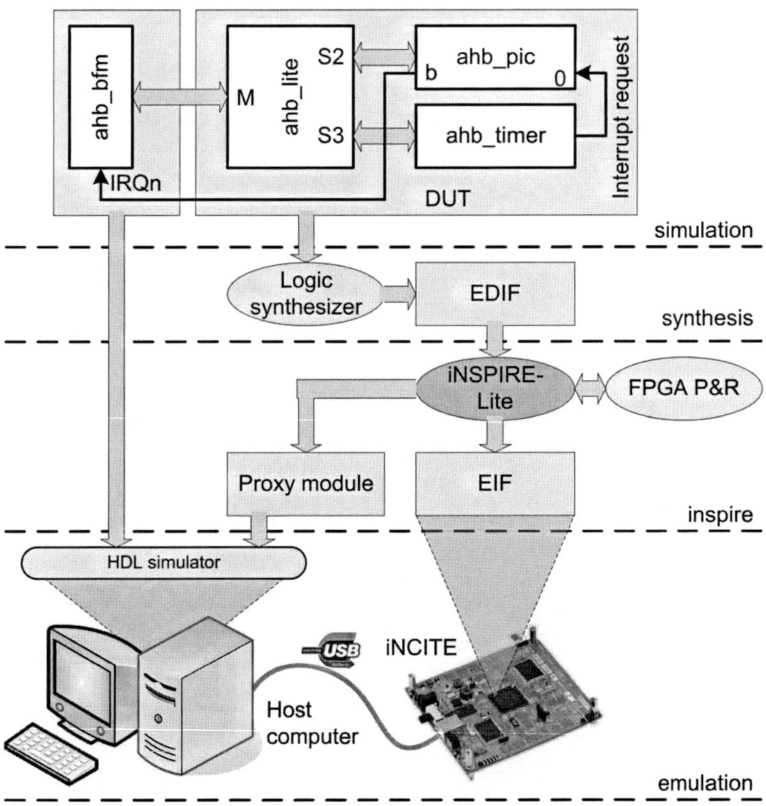

그림 8 ahb_pic와 ahb_timer의 사이클 수준 에뮬레이션 환경과 순서

4. 'emul/modelsim' 디렉토리에서 'RunMe.bat'를 실행하여 시뮬레이션 한다.

위 일련의 과정이 잘 진행되었다면 HDL 시뮬레이터와 FPGA에 맵핑된 DUT가 상호 연동하여 타이머와 인터럽트 제어기를 시험하게 된다.

7 기능검증: Native code를 이용한 전송 수준 에뮬레이션

앞 절에서 HDL 시뮬레이터와 FPGA를 연동하여 사이클 수준에서 에뮬레이션 하는 것을 살펴보았는데, 여기서는 HDL 시뮬레이터 대신 호스트 프로그램(host program, 원프로그램, native code program)을 이용하여 FPGA와 연동되는 전송 수준 에뮬레이션을 수행해 본다.

[그림 9]에 보인 바와 같이 C 프로그램과 FPGA를 연결하는 기능을 'ahb_trx'를 통해 구현한다. 이것은 C 프로그램으로부터 전송명령을 받아 FPGA에 AMBA 버스 전송을 생성하는 트랜젝터이다. 이 예제는 '$PROJECT/ch12/ex_pic_emul_tran' 디렉토리에 있고, 다음과 같은 순서로 수행할 수 있다.

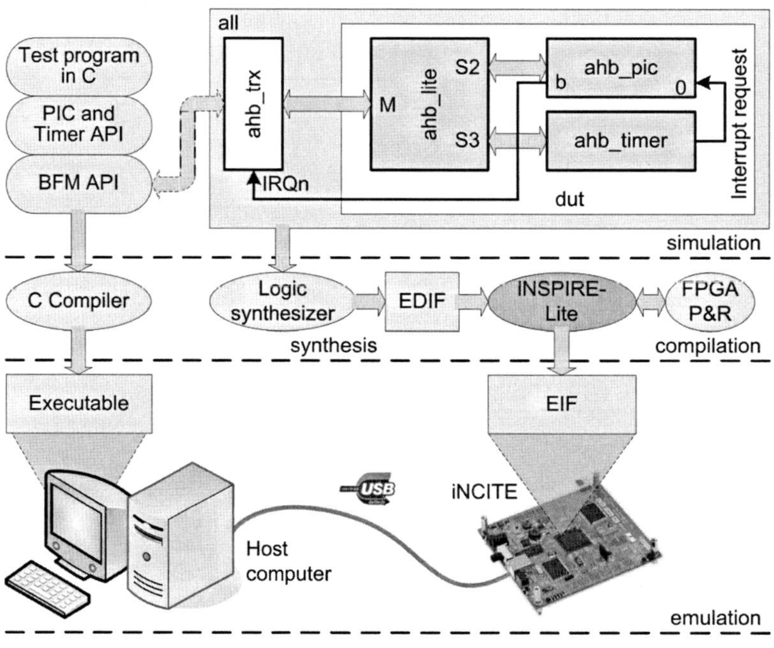

그림 9 ahb_pic와 ahb_timer의 전송 수준 에뮬레이션 환경과 순서

1. 'hw' 디렉토리에 있는 하드웨어를 살펴본다.
   a. 'all/verilog' 디렉토리에 있는 'all.v'를 살펴본다. 이것은 [그림 9]에서 'all'이라고 표시한 부분으로 FPGA에 맵핑되는 하드웨어가 된다.
   b. 'ahb_trx/rtl/verilog' 디렉토리에 있는 'ahb_trx.v'를 살펴본다. 이것은 C 프로그램과 FPGA를 연결하는 트랜젝터로서 USB를 통해 전송명령을 받아 AHB 버스 마스트로 동작하여 버스 전송을 생성한다.
   c. 'dut/verilog' 디렉토리에 있는 'dut.v'를 살펴본다. 이것은 AMBA 버스와 인터럽트 제어기 그리고 타이머로 구성되는 하드웨어이다.
2. 'sw' 디렉토리에 있는 시험 프로그램을 살펴본다.
   a. 'pic' 디렉토리에는 ahb_pic와 ahb_timer를 제어하는 프로그램과 FPGA를 초기화하는 프로그램 등이 있다.
      - 'main.c': 메인 프로그램
      - 'arg_parser.c': 프로그램 수행시 입력되는 명령어 선택자를 파싱하는 함수
      - 'init_fpga.c': iNCITE에 있는 FPGA를 초기화하는 프로그램으로 iNSPIRE를 통해 생성되는 파일들이 사용됨
      - 'bfm_api.h', 'bfm_api.c': AHB TRX를 제어하여 AHB 버스 읽기/쓰기 전송을 생성하는 함수 (BFM API)
      - 'tick.h', 'tick.c': 타이머와 관련된 API들이 있다.
      - 'pic.c', 'tic.h': 인터럽트 제어기와 관련된 API들이 있다.
      - 'pic_test.c': 인터럽트 제어기를 시험하는 프로그램
   b. 'uart' 디렉토리에 있는 'uart16550.h', 'uart16550.c'는 ahb_uart와 관련된 API들이다.
   c. 'printf' 디렉토리에 있는 'printf.h'와 'printf.c'는 uart 디렉토리에 있는 API를 이용하여 printf() 라이브러리가 있다.
3. 준비된 하드웨어와 시험 소프트웨어를 HW/SW 통합시뮬레이션을 통해 기능을 검증한다. 아래 일련의 과정을 'hw/sim/modelsim' 디렉토리에 있는 'RunMe.bat'를 이용하여 실행 할 수 있다.
   a. 'sim/modelsim' 디렉토리에서 'RunMe_trsim.bat'를 실행하여 HDL 시뮬레이터를 수행시킨다.
   b. 'sw/pic' 디렉토리에서 'RunMe_trsim.bat'를 실행하여 시험 프로그램을 컴파일하여 실행한다.

   c. 결과적으로 HDL 시뮤레이터와 C 프로그램이 연동하여 HW/SW 통합시뮬레이션한다.
4. 'hw/syn/xst' 디렉토리에서 'RunMe.bat'를 실행하여 합성한다.
5. 'hw/inspire' 디렉토리에서 'project.nsp'를 이용하여 iNSPIRE[4]를 수행한다.
6. 'sw/pic' 디렉토리에서 'RunMe.bat'를 실행하여 전송수준 에뮬레이션을 실행한다.

위 일련의 과정이 잘 진행되었다면 C 프로그램인 FPGA에 맵핑된 DUT가 상호 연동하여 타이머와 인터럽트 제어기를 시험하게 된다. 즉, 타이머에서 발생한 인터럽트가 인터럽트 제어기를 통해 호스트 프로그램에 전달되어 타이머 인터럽트가 접수되었다는 것을 출력한다.

8 기능검증: ISS를 이용한 전송 수준 에뮬레이션

앞 절에서 호스트 프로그램을 이용하여 인터럽트 제어기와 타이머의 기능을 전송수준으로 에뮬레이션하는 경우를 살펴보았다. 이 원 프로그램을 ARM ISS로 대치할 경우, 좀 더 실제 환경에 가깝게 에뮬레이션 할 수 있을 것이다. 즉, [그림 10]과 같이 트랜젝터, AMBA 버스, 인터럽트 제어기, 타이머를 FPGA에 맵핑하고, 호스트 컴퓨터에서 ARM ISS를 구동하여 FPGA에 있는 설계와 연동하는 환경을 구성할 수 있다.

이 예제는 '$PROJECT/ch12/ex_pic_emul_iss' 디렉토리에 있고, 다음과 같은 순서로 수행할 수 있다.

1. 하드웨어는 '7. 기능검증: Native code를 이용한 전송 수준 에뮬레이션'에서 사용한 것을 그대로 사용한다.
2. 소프트웨어는 원 프로그램이 아니므로 '5. 기능검증: ISS'에서 사용한 것과 유사한 것을 사용하지만, HDL 시뮬레이터와 ARM ISS를 연동하는 IPC와 VPI 라이버러리 대신 iNCITE API를 사용한다. 또한 ARM ISS 역시, 'arm_iss_sim.exe' 대신 'arm_iss_iprove.exe'를 사용한다.
   a. 'sw/pic' 디렉토리에서 'RunMe.bat'를 실행한다. 이것은 ARM 크로스 컴파일 과정으로, ARM 실행 이미지를 만든다.

3. ‘arm_iss_iprove.exe’를 다음과 같이 실행한다.

```
arm_iss_iprove.exe -ii 10 -hs 0x01000000 -eif fpga0.eif -pbin pic.bin
```

a. ‘arm_iss_iprove.exe’는 ‘$PROJECT/ch06/arm_iss’ 디렉토리에서 ‘RunMe.bat’를 실행하고 ‘5’를 선택함으로써 만들 수 있다.
b. ‘-ii 10’의 의미는 인터럽트 요청 여부를 10개 인스트럭션 마다 점검하도록 한다.
c. ‘-hs 0x01000000’은 0x01000000 번지 이후의 주소에 대한 참조를 외부 메모리로 처리하여 AMBA 버스 전송을 생성하도록 한다. 이는 프로그램의 수행을 내부 메모리 모델을 활용하도록 하여 보다 고속으로 시뮬레이션 되도록 하는 데 도움이 된다.
d. ‘-eif fpga0.eif’는 FPGA에 맵핑 될 파일을 지정한다. 실제로는 ‘$PROJECT/ch12/ex_pic_emul_tran/hw/inspire/par/fpga0.eif’를 사용한다.
e. ‘-pbin pic.bin’은 ARM ISS가 실행할 프로그램으로 실제로는 ‘$PROJECT/ch12/ex_pic_emul_iss/sw/pic/pic.bin’을 사용한다.

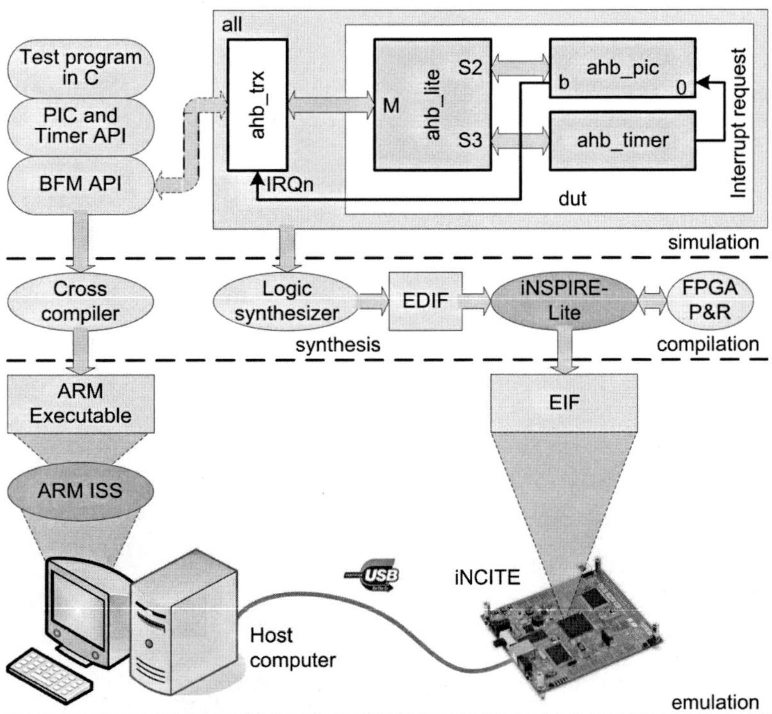

그림 10 ahb_pic와 ahb_timer의 ARM ISS를 이용한 전송 수준 에뮬레이션 환경과 순서

9 종 합

하드웨어와 소프트웨어가 상호 통신하는 방법 중 하나인 인터럽트는 매우 중요한 기능으로 실시간운영체제를 지원하기 위해 꼭 필요한 것이다. 여기에서는 인터럽트 제어기와 타이머를 예제 설계로 하여 앞서 소개하고 설명한 중요 검증기법들을 적용하였고, 시스템 측면에서 인터럽트 처리 기능을 검증해 보았다. 즉, 타스크와 BFM를 이용한 기능 검증, 호스트 프로그램을 이용한 기능 검증, 명령어집합시뮬레이터를 이용한 기능 검증, 사이클 수준과 전송 수준 에뮬레이션을 이용한 기능 검증 그리고 명령어집합시뮬레이터와 FPGA를 연동하는 기능 검증 기법들을 적용해 보았다.

10 연습문제

1. '3. 기능검증: Task-based BFM'에서 one-time 모드에 대해 살펴보았는데 restart 등과 같은 다른 모드의 경우를 반영한 'ahb_bfm.v'를 만들어 기능을 검증해 본다.
2. '5. 기능검증: ISS-driven BFM'에서 사용한 'init.s' 코드의 'ARM_IRQ_EXCEPT_HANDLER'의 동작을 스택과 프로세서 레지스터 관점에서 정리하여 인터럽트 처리 과정을 상세하게 설명해 본다. 특히 스택과 레지스터가 프로세서의 동작 상태(모드)에 따라 다름에 주의한다.
3. 이 장에서는 다음과 같은 모두 여섯 가지 검증기법을 다루었다. 이들 검증기법의 차이점들과 장단점을 정리하여 본다. 특히 어떤 점에 대해 비교하고 장단점을 정리할 것인지 미리 정리한다.
   - Task-based BFM
   - Native-code driven BFM
   - ISS-driven BFM
   - Cycle-level emulation
   - Native-code driven transaction-level emulation

- ISS-driven transaction-level emulation

11 참고자료

[1] Richard Herveille, Simple Programmable Interrupt Controller, OpenCores, 2002.

[2] OpenCores Coding Guidelines, Rev. 1.2, September 2007. (www.opencores.org)

[3] iNCITE User Manual, Dynalith Systems. (www.dynalith.com)

[4] iNSPIRE User Manual, Dynalith Systems. (www.dynalith.com)

CHAPTER

13

MicroC/OS-II 이식

시스템집적반도체에서 수행되는 소프트웨어는 실시간커널의 도움을 받아 여러 소프트웨어 태스크를 수행한다. 여기서는 비교적 간단하지만 대표적 실시간커널인 MicroC/OS-II를 이식하고 실행해 본다. 일례로 UART를 통한 문자출력 태스크와 LCD를 통한 이미지 출력 태스크를 생성하고, AMBA 버스 기반 시스템집적반도체 모델과 ARM 크로스컴파일러 그리고 ARM 명령어집합시뮬레이터를 이용하여 하드웨어-소프트웨어 통합시뮬레이션을 수행해 본다.

1 MicroC/OS-II

프로세서가 내장된 시스템은 크게 하드웨어와 소프트웨어로 구분할 수 있다. 하드웨어는 전자소자와 인쇄회로기판(PCB: printed circuit board) 등으로 구성되는 물리적인 장치를 의미하며, 이들 장치들은 그 기능에 따라 프로세서, 메모리, 입출력으로 구분할 수 있다. 소프트웨어는 하드웨어인 메모리에 저장되어 프로세서에서 실행되는 프로그램이다.

소프트웨어는 하드웨어와의 연관 정도와 기능 그리고 목적에 따라 펌웨어(firmware), 시스템프로그램(system program), 응용프로그램(application program)으로 구분할 수 있다. 펌웨어는 하드웨어의 상태제어레지스터(CSR: Control Status Register)를 직접 참조하여 하드웨어의 기능을 제어하는 프로그램이고, 시스템프로그램은 펌웨어에서 제공하는 루틴들을 이용하여 하드웨어를 추상화(abstraction)하고, 응용프로그램에서 사용할 응용프로그램 인터페이스(API: application programming interface)를 제공한다. 응용프로그램은 시스템을 통해 구현할 기능을 프로그램으로 구체화 한 것이다.

시스템프로그램의 일례로 모니터 프로그램(monitor program)과 부트로더(bootloader)가 있는데 이는 하드웨어에 구현된 기능을 소프트웨어적으로 쉽게 활용할 수 있도록 다양한 루틴과 명령어 수준의 사용자 인터페이스를 제공한다. 예로서, 특정 메모리 공간의 내용을 확인 또는 변경 하는 등의 기능과 컴파일된 실행 이미지를 특정 메모리에 저장하여 프로세서로 하여금 실행하도록 하고, 호스트 컴퓨터와의 통신 채널을 통해 소프트웨어를 디버깅을 하는 등의 기능을 제공한다. 즉, 하드웨어를 시험하고 설정을 바꾸거나 조정하는 기능을 주로 지원한다. 부트로더는 모니터프로그램의 기능에 더하여 다양한 디바이스로부터 운영체제를 시작하는 기능을 지원한다.

모니터프로그램이 하드웨어 자원을 이용하는 데 필요한 기능을 제공한다는 장점은 있지만 하드웨어 자원을 효율적으로 관리하고 복잡한 기능의 응용프로그램을 위한 실행환경을 제공하지 못한다는 한계가 있다. 이러한 한계를 극복하기 위해서는 운영체제(OS: Operating System)가 필요하다. 특히 예측가능하고 정해진 시간 안에 일정한 일을 해야 하는 시스템집적반도체와 같은 실시간 시스템(real-time system)의 경우는 실시간 특성을 갖는 실시간운영체제(RTOS: Real-Time OS)가 필요하다. 실시간 시스템이란 주어진 일을 정해진 시간에 맞게 수행하는 시스템을 의미한다. 즉, 독립적인 문맥(context)을 갖는 태스크(task)들을 효율적으로 다룰 수 있는 멀티태스킹(multi-tasking) 기능이 필요하며, 이를 통해 여러 태스크가 마치 동시에 실행되는 것 같은 동시성(concurrency) 효과를 얻게 된다. 따라서 실시간운영체제의 필요조건은 우선순위 기반 선점형 스케줄링(priority-based preemptive scheduling)기능을 갖는 실시간커널(real-time kernel) 기능 이다. 여기서 커널은 멀티태스킹 시스템에서 태스크들을 관리하는 기능으로 문맥교환(context switching)을 한다. 스케줄링은 여러 개 존재하는 태스크들을 필요와 상황에 따라 프로세서에 할당하여 실행시키는 문맥교환 기능이며, 우선순위 기반 선점형의 특성은 보다 중요하고 급한 일을 우선적으로 프로세서에 할당할 수 있는 기능이다.

프로세서가 내장된 시스템의 종류와 그 기능이 다양한 만큼 실시간운영체제도 매우 다양하다. 여기서는 비교적 간단하지만 잘 알려진 MicroC/OS-II[1][1]를 살펴본다. MicroC/OS-II는 원천코드가 공개되어 있고, 많은 프로세서에 이식되어 있으며, 교육용의 경우는 무료라는 특징이 있다. 여기서는 참고자료 [1]을 구입했다는 전재로 해당 자료에 있는 CD를 활용할 수 있다고 가정이다.

MicroC/OS-II가 이식되기 위해서는 다음과 같은 조건을 만족하는 프로세서가 필요하다[3].

1. 재진입/중첩수행 가능 코드(re-entrant code)를 생성하는 C 컴파일러가 있어야 한다.
2. 인터럽트를 지원해야 되고, 일정 시간간격으로 발생하는 인터럽트를 처리할 수 있어야 한다.
3. C 코드에서 인터럽트를 활성화 및 비활성화 할 수 있어야 한다.
4. 적절한 양의 하드웨어 스택을 지원할 수 있어야 한다.
5. 스택포인터와 CPU 레지스터들을 스택 또는 메모리에 대피(저장)하고 복구(가져올 수)할 수 있어야 한다.

GNU GCC는 사용자가 재진입 가능하도록 프로그래밍 한 경우, 1번 조건을 만족하도록 컴파일한다. ARM 프로세서는 2번 조건을 위한 인터럽트를 지원한다. ARM의 CPSR/SPSR 레지스터의 일정 비트를 조작함으로써 3번 조건을 위한 기능을 지

[1] Micro-Controller Operating System

원한다[2]. ARM은 레지스터의 내용을 저장하고 바꾸는 등의 기능을 지원하므로 5번 조건도 만족한다.

2번 조건을 위해 필요한 타이머와 인터럽트 제어기를 하드웨어로 추가할 필요가 있고, 3번 조건을 위해 적절한 용량의 메모리가 필요하다.

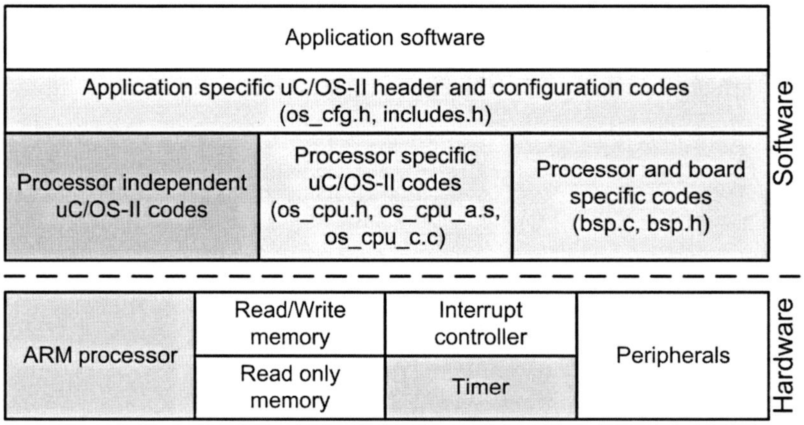

그림 1 MicroC/OS-II 구조

MicroC/OS-II는 소프트웨어 관점에서 [그림 1]에 보인 바와 같이 크게 다섯 개 부분으로 구분하여 생각할 수 있다.

A. 프로세서와 무관한[3] MicroC/OS-II 코드 (Processor independent MicroC/OS-II codes)
B. 프로세서에 의존적인[4] MicroC/OS-II 코드 (Processor specific MicroC/OS-II codes)
C. 하드웨어와 직접 관련이 있는 코드 (Processor and board specific codes)
D. 응용 프로그램과 관련이 있는 MicroC/OS-II의 헤드와 구성 코드 (Application specific MicroC/OS-II headers and configuration codes)
E. 사용자의 응용 프로그램 (Application software)

2 MRS(Move PSR to General-purpose Register)와 MSR(Move to Status Regieter from ARM Register) 명령어를 사용한다.
3 무관하다는 것은 프로세서가 바뀌어도 변하지 않는다는 의미이다.
4 의존적이다는 것은 프로세서에 따라 변해야 된다는 의미이다.

여기서 A는 MicroC/OS-II의 커널에 해당하고, B는 MicroC/OS-II를 특정 프로세서에 이식(porting)하기 위해 준비해야 될 것에 해당하고, C는 특정 하드웨어 보드에 구현된 여러 기능을 활용하기 위해 준비해야 될 것에 해당하고, D는 사용자 응용 프로그램의 특성을 반영하여 MicroC/OS-II의 구성을 결정하는 것에 해당한다.

MicroC/OS-II는 [그림 2]에 보인 바와 같이 각 태스크 마다 스택과 태스크 제어 자료구조(TCB: Task Control Block)를 할당하여 관리한다. 태스크 스택은 해당 태스크가 수행되는 동안 활용하는 정보와 태스크가 문맥교환되기 전 마지막 순간의 프로세서 레지스터의 내용이 보관되는 곳이고, TCB는 스택의 끝과 운영체제관리에 필요한 정보 등이 보관된다. 하드웨어 인터럽트가 발생하면 인터럽트 처리 루틴에서 스케줄링에 관련된 동작을 하는 운영체제 관련 루틴을 호출하고, 이것에 의해 가장 우선순위가 높은 태스크가 프로세서를 점유할 수 있도록 문맥을 교환한다. 인터럽트 외에 실행중인 태스크가 운영체제와 관련된 서비스를 호출할 경우도 스케줄링이 일어날 수 있다.

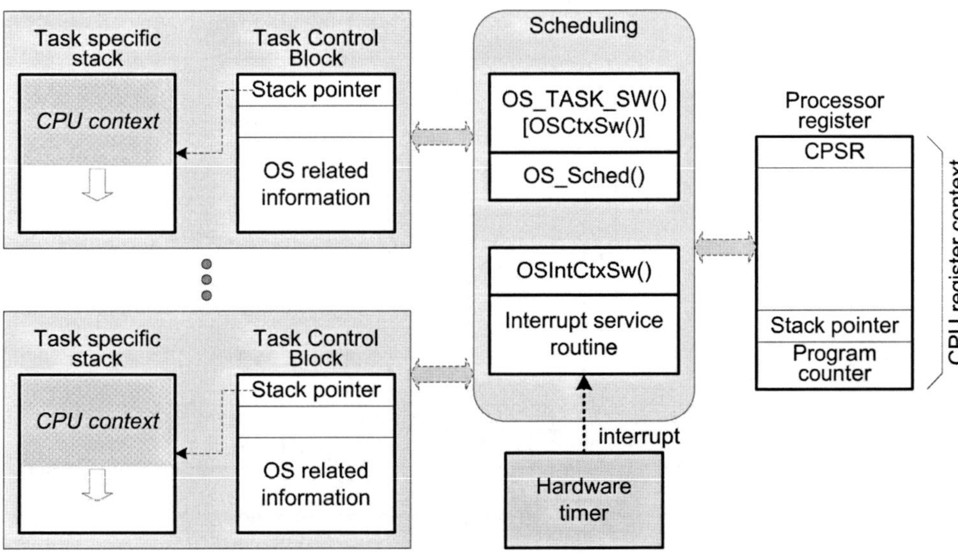

그림 2 MicroC/OS-II의 멀티 태스크 문맥교환 개념도

2 시스템집적반도체 하드웨어 구조

앞 절에서 MicroC/OS-II를 이식하기 위해 필요한 조건에 대해 설명하였는데, 이들 조건 중, 하드웨어가 지원해야 될 조건으로 인터럽트와 타이머 그리고 스택이 있었다. 즉, 프로세서에서 인터럽트를 지원한다 하여도 여러 개의 인터럽트를 처리하기 위해서는 인터럽트 제어기가 필요하고, 일정 시간 간격으로 인터럽트를 생성하는 타이머가 필요하며, 프로그램이 수행되기 위해 읽고 쓰기가 가능한 메모리가 필요하며, 최소한의 입출력 기능은 있어야 할 것이다. 이러한 것을 반영하여 [그림 3]과 같은 하드웨어 시스템을 가정한다.

AMBA 버스를 중심으로 ARM 프로세서, 메모리 인터페이스, LCD 제어기, 인터럽트 제어기, 타이머, UART가 시스템집적반도체를 구성한다. 시스템집적반도체에는 프로그램을 저장하는 SSRAM 메모리, 영상을 출력하는 LCD, 문자정보를 입출력하는 TTY가 연결된다. 인터럽트는 타이머와 UART 그리고 LCD에서 생성되고, 이들은 인터럽트 제어기의 인터럽트 요청 0, 1, 2에 각각 연결되며, 인터럽트 제어기는 인터럽트 요청에 따라 IRQn 신호를 통해 ARM 프로세서에 인터럽트를 발생시킨다.

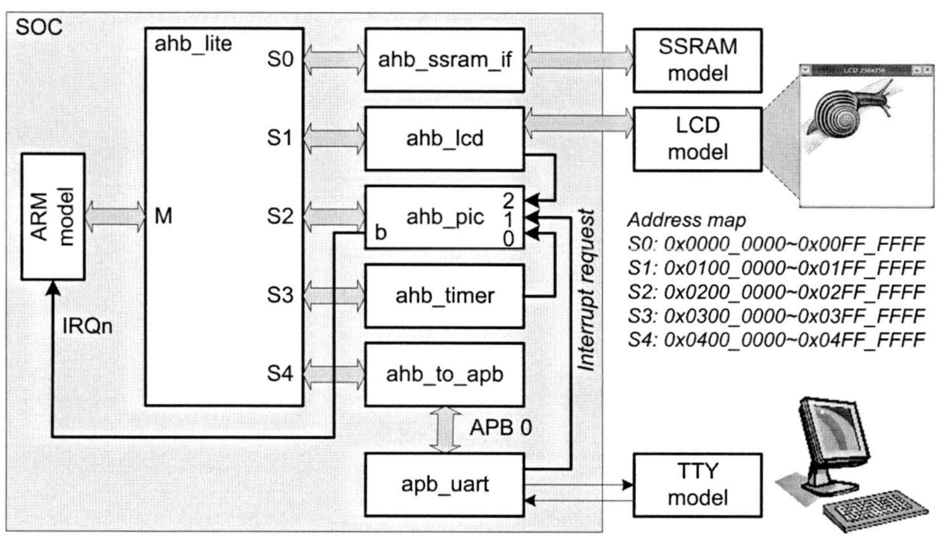

그림 3 시스템집적반도체 하드웨어 블록도

2.1 디렉토리 구조: ex_soc_lcd

[그림 3]을 다음 [표 1]과 같이 구성하고, 각 하드웨어 블록의 디렉토리 구성은 참고자료 [6]을 준용한다. 이 예는 '$PROJECT/ch13/ex_soc_lcd'에 있다.

표 1 ex_soc_lcd의 디렉토리 구조와 주요 내용

directory				remarks
hw	ahb_bfm_socket	beh	verilog	ahb_bfm_socket.v, ahb_tasks.v
	ahb_lcd	beh	verilog	ahb_lcd.v, ahb_lcd_slave.v
			vpi.sdl	cosim_sim.c
	ahb_pic	rtl	verilog	ahb_pic.v, simple_pic.v
	ahb_ssram_if	rtl	verilog	ahb_ssram_if.v
	ahb_timer	rtl	verilog	ahb_timer.v
	apb_uart	rtl	verilog	apb_uart.v
	bench	verilog		top.v
	sim	modelsim		modelsim.args
	soc	verilog		soc.v, ahb_config.v, apb_config.v
	ssram	beh	verilog	k7a163600a_R05.v
	tty	beh	verilog	tty.v, tty_handler.v

전체 시스템의 구성은 'hw/bench/verilog' 디렉토리의 'top.v'에 있고, 시스템집적반도체 부분은 'hw/soc/verilog' 디렉토리의 'soc.v'에 있다. AMBA 버스는 '제3장 ARM 프로세싱 코어와 AMBA 버스'에서 다룬 것을 그대로 사용한다. 대부분의 하드웨어 블록들은 다음과 같이 앞장에서 다루었기 때문에 따로 설명하지 않는다.

- 'ahb_lite': 제3장 ARM 프로세싱 코어와 AMBA 버스
- 'ahb_ssram_if': 제4장 BFM을 이용한 설계자산의 기능검증
- 'ahb_pic': 제12장 인터럽트 제어기와 타이머 검증
- 'ahb_timer': 제12장 인터럽트 제어기와 타이머 검증
- 'ahb_to_apb': 제3장 ARM 프로세싱 코어와 AMBA 버스
- 'apb_uart': 제9장 직렬통신 제어기 검증
- TTY model: 제9장 직렬통신 제어기 검증

여기에서 추가된 ahb_lcd는 간단한 형태의 LCD를 모델링하여 VPI를 통해 Verilog 시뮬레이터에서 사용할 수 있도록 한다. 이때 영상 출력을 위해 SDL (Simple DirecctMedia Layer) 라이브러리[2]를 사용하고, 상세한 것은

'$PROJECT/ch13/ex_soc_lcd/hw/ahb_lcd/beh/vpi.sdl' 디렉토리의 내용을 살펴본다.

2.1.1 LCD 모델의 시험

영상 출력을 위한 LCD 모델은 [그림 3]에서와 같이 시스템집적반도체 내부에 제어기가 있고 이것과 연결된 외부의 LCD가 필요하다. 보통의 경우, LCD 제어기는 DMA기능이 있어서 프로세서가 프레임 메모리(frame memory)에 저장한 영상 정보를 독자적으로 읽어서 LCD로 전달한다. 그러나 여기서는 시뮬레이션 성능과 구현의 편의를 위해 LCD 제어기와 외부 LCD를 하나로 묶어서 행위수준으로 모델링하여 사용하고, LCD 제어기 내부에 프레임 메모리가 있는 것으로 가정한다.

[표 2]에 LCD 제어기 모델의 CSR을 정리하였다. LCD 모델의 화면 크기는 'lcd_width'와 'lcd_height' 레지스터에 저장되고 이것은 프로그램에서 프레임 메모

표 2 ahb_lcd CSR register

Name	Address offset	width	Bit#	description
lcd_width	+00h	32	31:0	LCD width in pixels (default:256) It is set at the beginning of simulation. It is used to check the size of LCD.
lcd_height	+04h	32	31:0	LCD height in pixels (default:256) It is set at the beginning of simulation. It is used to check the size of LCD.
ie	+08h	32	0	Interrupt enable when '1'. (default: 0) Interrupt occurs when frame refresh is done.
irq	+0Ch	32	0	Interrupt pending flag (default: 0) Writing '0' to this bit clears interrupt.
refresh	+10h	32	0	Refresh trigger (default: 0) Writing to 1 incurs frame data read and refresh. It remains 1 during data read and refresh.
frame	+14h	32	0	(not applicable for this version - slave version)
faddr0	+18h	32	31:0	Reserved (not used)
faddr1	+1Ch	32	31:0	Reserved (not used)
img_width	+20h	32	31:0	Image width in pixels to be displayed (default: 0x00) It should be smaller than lcd_width.
img_height	+24h	32	31:0	Image width in pixels to be displayed (default: 0x00) It should be smaller than lcd_height.
bpp	+28h	32	31:0	Bits pre pixel: 32 or 16 (default: 0x20 == 32)
frame memory	+4_0000h			LCD frame memory

리의 구성을 판단하기 위해 준비한다. LCD에 영상을 출력하기 위해서는 영상의 크기를 'img_width'와 'img_height' 레지스터에 픽셀(pixel) 수와 라인 수를 기록하고, 픽셀 정보는 'frame memory' 공간에 기록한다. 그리고 'refresh' 레지스터의 값을 '1'로 바꾸면 LCD 제어기는 프레임 메모리의 내용을 출력하고, 한 프레임이 다 출력되면 'refresh'의 값을 '0'으로 바꾼다. 상세한 것은 '$PROJECT/ch13/ex_soc_lcd/hw/ahb_lcd/doc'에 있는 문서를 참고한다.

'$PROJECT/ch13/ex_soc_lcd/hw/ahb_lcd/sim/modelsim' 디렉토리에서 'RunMe.bat'를 실행한다. 시뮬레이션에 문제가 없었다면 [그림 4]에 보인 바와 같이 모니터에 작은 크기의 이미지 출력 창이 생기고 몇 개의 그림이 차례로 출력된다. 이미지가 출력되는 LCD 모델의 크기를 바꾸려면 'hw/ahb_lcd/sim/modelsim' 디렉토리의 modelsim.args에 있는 '+define+LCD_WIDTH=128+LCD_HEIGHT=128'에서 원하는 폭과 높이로 바꾸면 되고, 시뮬레이션을 종료하기 위해서는 시뮬레이션이 실행된 명령어 창에서 'y'을 입력한다. 'ahb_lcd' 모델은 RGB 영상 정보를 출력하므로 RGB 영상 파일을 생성하기 위해서는 'hw/ahb_lcd/bmp2rgb/src'에서 컴파일하여 생성한 'bmp2rgb'을 이용하여 BMP 파일을 RGB 파일로 만들 수 있다. RGB 파일의 첫 줄에 이미지의 폭과 높이 그리고 BPP(Bits Per Pixel) 정보가 있고, 둘째 줄부터 각 픽셀 정보가 오게 된다.

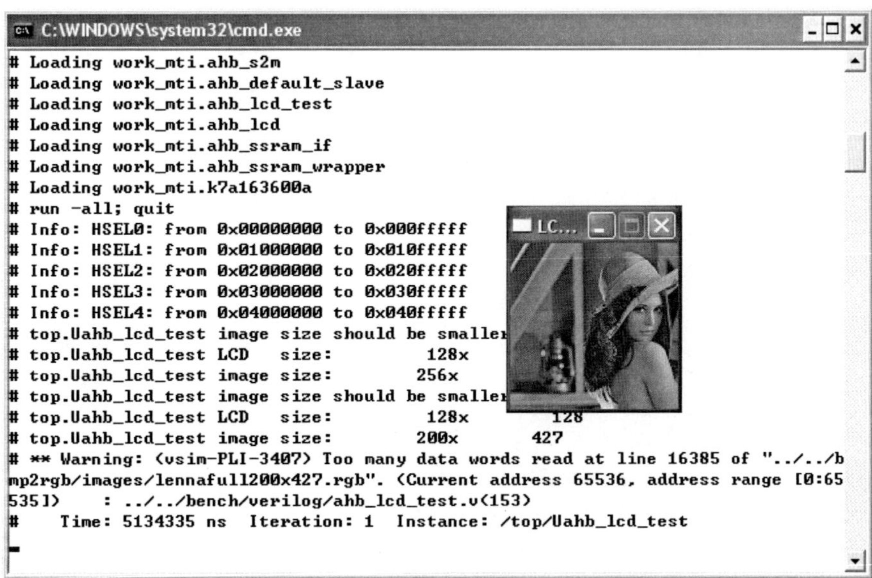

그림 4 ahb_lcd 모델을 시뮬레이션 한 결과의 일례

3 MicroC/OS-II 이식

MicroC/OS-II를 이식하기 위해서는 [그림 1]에서 설명한 바와 같이 구분하여 준비하는 것이 바람직하다. 이 절은 참고자료 [3][4][5]의 내용을 정리한 것이다.

3.1 디렉토리 구조

MicroC/OS-II를 이식하기 위해 [표 3]과 같은 디렉토리 구조를 사용한다. 이는 [그림 1]에서 구분한 방식을 반영한 것이다.

표 3 MicroC/OS-II 이식을 위한 디렉토리 구조의 일례

Directory		Major files	Remarks
mcos	app	includes.h main.c os_cfg.h	사용자 응용 프로그램과 MicroC/OS-II의 구성에 관련된 헤더 파일
	bsp	bsp_arm.h/bsp_arm.c handler.c init.s irq.h/irq.c lcd.h/lcd.c pic.h/pic.c startup.c tick.h/tick.c uart16550.h/uart16550.c vector.s	프로세서 그리고 보드에 연관된 파일
	gnu	os_cpu.h os_cpu_a.s os_cpu_c.c	프로세서에 연관된 MicroC/OS-II 관련 파일
	lib	printf.h/printf.c	라이브러리
	os	os_core.c os_flag.c os_mbox.c os_mem.c os_mutex.c os_q.c os_sem.c os_task.c os_time.c ucos_ii.c/ucos_ii.h	프로세서와 독립적인 MicroC/OS-II 파일 [주의: 이들 파일들을 사용하려면 합당한 라이센스가 필요하다.]

3.2 프로세서 비의존적 코드

프로세서와 무관하게 준비되는 MicroC/OS-II 코드는 mcos/os 디렉토리에 위치시키고, 참고자료 [1]에 충분하게 설명되어 있으므로 여기서는 생략한다.

3.3 프로세서 의존적 코드

프로세서에 의존적인 코드는 mcos/gnu 디렉토리에 위치시키고, 크게 os_cpu.h, os_cpu_a.s, os_cpu_c.c 세가지 파일로 구분하여 준비한다.

3.3.1 OS_CPU.H

'os_cpu.h' 헤드 파일은 컴파일러 의존적인 자료형(data type)을 정확히 정의하고, 인터럽트를 활성 및 비활성화 시키는 마크로를 정의하고, 스택의 증가 방향을 정의하고, 문맥교환이 필요할 때 호출하는 마크로를 정의한다.

프로그램 1: os_cpu.h의 일례

```
typedef unsigned char    BOOLEAN;
typedef unsigned char    INT8U;
typedef signed   char    INT8S;
typedef unsigned short   INT16U;
typedef signed   short   INT16S;
typedef unsigned int     INT32U;
typedef signed   int     INT32S;

typedef unsigned int     OS_STK;
typedef unsigned int     OS_CPU_SR;

#define  OS_CRITICAL_METHOD     3
#define  OS_ENTER_CRITICAL()    {cpu_sr = OS_CPU_SR_Save();}
#define  OS_EXIT_CRITICAL()     {OS_CPU_SR_Restore(cpu_sr);}

#define  OS_STK_GROWTH          1

#define  OS_TASK_SW()           OSCtxSw()
```

C 언어에는 char, short, int, long 등 그 크기(비트 수)가 컴파일러에 따라 변하는 자료형을 사용하므로, 하드웨어와 직접적으로 연관이 있는 프로그램의 경우, 이

들을 정확한 비트수로 정의하여 사용할 필요가 있다. [프로그램 1]에서 보인 바와 같이 8비트(INT8), 16비트(INT16), 32비트(INT32) 그리고 양수만 표현하는 것(U가 뒤에 붙음)과 양수와 음수를 모두 표현할 수 있는 것(S가 뒤에 붙음)을 정확히 구분하여 자료형의 이름을 정의한다.

임계영역(critical section)을 보호하기 위해 사용하는 세 가지 방법 중 인터럽트를 제어하는 3번을 사용하는 것으로 하고, 인터럽트를 막는 마크로 OS_ENTER_CRITICAL()과 인터럽트를 받을 수 있는 상태로 만드는 마크로 OS_EXIT_CRITICAL()를 정의한다. 이들 마크로는 OS_CPU_SR_Save()와 OS_CPU_SR_Restore()라는 루틴을 각각 호출하는데, 이들은 os_cpu_a.s에서 정의하게 된다.

스택은 프로그램이 실행되면서 사용하는 임시 주소공간인데 프로세서에 따라 높은 주소에서 낮은 주소로 스택이 증가하는 경우와 그 반대인 경우가 있으므로 실제로 스택이 사용하는 방법을 정의한다. 여기서는 '1'을 사용하여 높은 주소에서 낮은 주소로 스택이 증가하는 방법을 사용한다. 스택의 끝을 관리하는 스택포인터(SP: Stack Pointer)는 매우 중요한 것으로 ARM의 경우, 13번 레지스터를 사용한다. ARM의 경우, 스택[5]은 정보를 저장(push)할 때 미리 주소를 감소하고, 정보를 뺄(pop) 때는 나중에 주소를 증가한다.

문맥교환이 필요할 때 사용하는 마크로 OS_TASK_SW()는 OSCtxSw()로 정의되고, 이것은 os_cpu_a.s에서 정의된다.

3.3.2 OS_CPU_A.S

'os_cpu_a.s'에는 몇 개 정도의 어셈블리 루틴을 정의하는데, 대부분 인터럽트 처리와 문맥교환에 관련된 것이다.

OS_CPU_SR_Save()는 os_cpu.h에서 OS_ENTER_CRITICAL() 마크로로 정의된 것으로 ARM 프로세서 CPSR 레지스터의 F와 I 비트를 1로하여 FIQ와 IRQ 인터럽트를 받지 못하도록 하고, 이전 CPSR의 값을 함수의 호출 값으로 되돌려 준다. OS_CPU_SR_Restore()는 os_cpu.h에서 OS_EXIT_CRITICAL() 마크로로 정의된 것이며, 인자로 전달되는 값을 CPSR에 쓴다. 따라서 이것은 OS_CPU_SR_Save()와 쌍으로 사용하여 이들 둘 사이의 프로그램 코드는 인터럽트의 방해를 받지 않고 실

5 Stack with pre-decrement push and post-increment pop discipline

행된다. 이들을 사용함에 있어 cpu_sr이라는 변수를 미리 정의해 두어야 한다는 점에 주의한다. [프로그램 2]에 간단한 일례를 보였다.

프로그램 2: OS_CPU_SR_Save()/Restore() 사용의 일례

```
// prototypes
OS_CPU_SR   OS_CPU_SR_Save(void);
void        OS_CPU_SR_Restore(OS_CPU_SR cpu_sr);

void Task (void *p_arg) { // usage example
                :
#if OS_CRITICAL_METHOD == 3
    OS_CPU_SR  cpu_sr;
#endif
                :
    OS_ENTER_CRITICAL(); // cpu_sr = OS_CPU_SR_Save()
                :
    // code in critical region
                :
    OS_EXIT_CRITICAL(); // OS_CPU_SR_Restore(cpu_sr)
                :
}
```

OSStartHighRdy()는 OSStart()에서 호출 되어 우선순위가 가장 높은 태스크를 선택하는 데 사용된다.

문맥이 교환되는 경우는 크게 두 가지로 구분 할 수 있다. 첫째는 타이머 인터럽트에 의한 것이고, 다른 하나는 현재의 태스크가 수행될 수 없는 상황인 경우이다. 후자는 태스크가 OSTimeDly()나 OSSemPend() 등을 호출한 경우가 된다. MicroC/OS-II에는 수행 가능한 태스크가 없을 경우, OS_TaskIdle() 태스크가 수행된다. 이것은MicroC/OS-II가 시작할 때 OSInit()에 의해 만들어 지는 것으로 우선순위가 가장 낮고(OS_LOWEST_PRIO) 항상 실행가능상태인 태스크이다. OSCtxSw()와 OSIntCtxSw()는 실행 가능한 태스크 중 우선순위가 높은 것으로 문맥을 교환하는 루틴이며, 전자는 OS_Sched()에서 호출되고, 후자는 인터럽트 처리 루틴의 끝에서 호출되는 OSIntExit()에서 호출된다.

문맥교환은 프로세서 레지스터의 현재의 내용을 저장하고 새로운 값(새로운 태스크의 문맥)으로 바꾸는 과정이며, [그림 5]에 문맥교환의 전반부인 문맥 저장에 대한 것을 그림으로 표현한 것으로, 점선 화살표는 포인터를 의미하고, 실선 화살표는 복사되는 것을 의미한다. 문맥교환이전에 프로세서는 PC(Program Counter)와 SP(Stack Pointer) 등의 내용으로 프로그램(태스크)을 수행한다. 이때 PC는 현재 수행 중인 태스크의 명령어 주소가 되고 SP는 스택의 끝 주소가 된다. 문맥교환을 위해 프로세서 레지스터 내용들이 스택에 저장되고 SP는 새로운 값을 갖는다. 동시에 TCB에도 새로운 SP의 값을 갖는다.

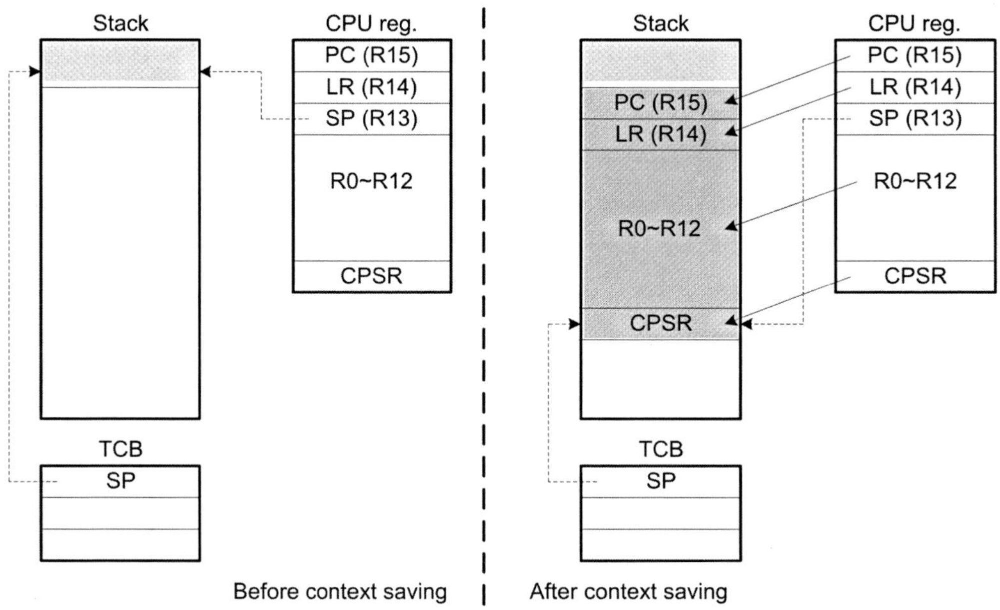

그림 5 Context switching 개념도: context saving step

동일한 개념으로 새로운 태스크는 해당 태스크의 TCB에 있는 SP가 가리키는 스택 위치로부터 새로운 문맥을 프로세서 레지스터에 복사하고, TCB의 SP를 새로운 값으로 수정함으로써 가능해진다.

인디럽트 처리 루틴 중, 인터럽트를 집수하여 적절한 루틴을 호출하는 것도 os_cpu_a.s에서 주로 구현한다. ARM의 경우, 예외상황을 여덟 가지로 구분하고, 이중 MicroC/OS-II와 관련하여, 타이머 인터럽트와 연관되는 IRQ를 통한 인터럽트만을 설명한다. 인터럽트가 발생하면 프로세서는 인터럽트를 자동으로 마스킹하여 동일한 인터럽트로부터 추가적인 방해를 받지 않도록 하고, IRQ 모드로 전환한 후, 0x18번지부터 실행한다. 따라서 0x18번지에 인터럽트 처리 루틴을 호출하는 명령어를 저장해 둠으로써 적절한 인터럽트 처리를 할 수 있다. 여기서는 인터럽트 제어기를 통해 인터럽트를 처리하는 또 다른 루틴(irq_handler())을 호출하도록 하였고, 앞뒤로 OSIntEnter()와 OSIntExit()을 호출한다. [프로그램 3]에 간략하게 보였다.

어셈블리 코드에서 @는 주석(comment)을 의미하고, 어셈블리 형식에 대한 상세한 것은 참고자료 [7]을 참고한다.

프로그램 3: os_cpu_a.s의 일례: 인터럽트 처리 루틴

```
OS_CPU_IRQ_ISR:
        @ push working registers
        @ save task' s context into task' s stack
        ...
        BL        OSIntEnter
        ...
        BL      irq_handler    @ actual interrupt service routine
        ...
        BL      OSIntExit
        ...
        @ RESTORE TASK'S CONTEXT and RETURN TO TASK
        ...
```

3.3.3 OS_CPU_C.C

'os_cpu_c.c'에는 열 개정도의 C 루틴을 정의하는데, 이 중 'OSTaskStkInit()'은 반드시 정의해야 되며, 나머지는 필요에 따라 내용을 정의한다. 예를 들어, OSInitHookBegin()과 OSInitHookEnd()는 OSInit()의 시작과 끝에서 자동으로 호출되므로, 이 과정에 필요한 작업이 있는 경우 해당 루틴에 내용을 추가하면 된다.

[프로그램 4]에 OSTaskStkInit()의 일례를 보였다. 이것은 OSTaskCreate()에 의해 새로운 태스크를 생성할 때 해당 태스크의 스택을 초기화하기 위해 호출 된다. 여기서 저장하는 레지스터의 종류와 순서는 OSCtxSw()와 OSIntCtxSw()에서 문맥을 저장하고 복구하는 것과 정확하게 일치해야 된다. 특히 주의해서 보아야 할 것은 스택의 제일 마지막으로 저장하는 CPSR의 값에서 모든 인터럽트를 허용하도록 설정하는 것이다. 이렇게 함으로써 태스크가 복구되어 수행될 때 자동으로 인터럽트를 사용하게 된다. 또한 ARM의 경우, 사용자 모드(USR mode)의 경우, CPSR를 조작하는 명령어를 수행할 수 없는 제약이 있으므로 SYS 또는 SVC 모드[6]에서 MicroC/OS-II가 실행되도록 해야 한다. [프로그램 4]에서 각 레지스터에 일정한 값으로 초기화하는데 이는 태스크가 처음 저장될 때 값이 바뀔 것이므로 큰 의미가 없지만 디버깅 목적으로 미리 정해진 값을 사용한 것이다.

6 SYS - System mode; SVC - Supervisor mode

프로그램 4: os_cpu_c.c의 일례: OSTaskInit()

```
OS_STK *OSTaskStkInit(void (*task)(void *pd), void *p_arg, OS_STK *ptos, INT16U opt) {
    OS_STK *stk;
    opt      = opt;
    stk      = ptos; // Load stack pointer
    *(stk)  = (OS_STK)task; // Entry Point
    *(--stk) = (INT32U)0x14141414L;  // R14 (LR)
    *(--stk) = (INT32U)0x12121212L;  // R12
    *(--stk) = (INT32U)0x11111111L;  // R11
    *(--stk) = (INT32U)0x10101010L;  // R10
    *(--stk) = (INT32U)0x09090909L;  // R9
    *(--stk) = (INT32U)0x08080808L;  // R8
    *(--stk) = (INT32U)0x07070707L;  // R7
    *(--stk) = (INT32U)0x06060606L;  // R6
    *(--stk) = (INT32U)0x05050505L;  // R5
    *(--stk) = (INT32U)0x04040404L;  // R4
    *(--stk) = (INT32U)0x03030303L;  // R3
    *(--stk) = (INT32U)0x02020202L;  // R2
    *(--stk) = (INT32U)0x01010101L;  // R1
    *(--stk) = (INT32U)p_arg;            // R0 : argument
    *(--stk) = (INT32U)ARM_SVC_MODE;
    // CPSR  (Enable both IRQ and FIQ interrupts)
    return (stk);
}
```

3.4 프로세서 의존적 보드 지원 코드

프로세서와 보드와 직접적으로 관련이 있는 것으로 mcos/bsp 디렉토리에 위치시키고 시스템 초기화 코드와 각종 하드웨어 자원을 제어하는 코드 등이 있다.

3.4.1 시스템 초기화 코드

시스템 초기화 코드는 예외상황 처리 벡터와 스택 초기화 코드로 구분할 수 있다. ARM의 경우, 0x0 번지부터 예외상황 처리 벡터가 저장되며, [프로그램 5]에 보인 바와 같이 'vector.s'에 준비한다. '__start'는 0x0번지가 되고, 여덟 개 예외상황 벡터가 차례로 저장된다. 예로서, 프로세서에 전원이 인가되면 시스템초기화 예외상황(reset) 상태가 되어 0x0 번지부터 프로세서가 프로그램을 시작하므로, 결국 'ARM_RESET_EXCEPT_HANDLER'로 점프하게 된다. 다른 예로, IRQ 인터럽트가 발생하면, 0x18번지를 참조하게 되므로, 결국 'OS_CPU_IRQ_ISR'로 점프하게 된다. 여기에서는 'ARM_xxx_EXCEPT_HANDLER'는 'bsp/init.s'에서 정의하고, 'OS_CPU_IRQ_ISR'은 'gnu/os_cpu_a.s'에서 정의한다.

프로그램 5: vector.s의 일례

```
__start:
        b       ARM_RESET_EXCEPT_HANDLER
        b       ARM_UND_EXCEPT_HANDLER
        b       ARM_SWI_EXCEPT_HANDLER
        b       ARM_PABORT_EXCEPT_HANDLER
        b       ARM_DABORT_EXCEPT_HANDLER
        b       ARM_AABORT_EXCEPT_HANDLER
        b       OS_CPU_IRQ_ISR
        b       ARM_FIQ_EXCEPT_HANDLER
```

'ARM_RESET_EXCEPT_HANDLER'는 'init.s'에 준비되고, 시스템초기화 예외상황(reset) 처리 루틴으로 ARM의 여러 동작 모드에서 사용할 스택의 시작과 크기 등을 지정하고, 초기화가 필요한 부분에 대해 초기화를 한 후, 'startup'을 호출한다. 이후 과정은 [표 4]를 참고한다.

프로그램 6: init.s의 일례

```
ARM_RESET_EXCEPT_HANDLER:
        @ initialize stack pointer registers
                :
        msr     cpsr_c, #(Mode_IRQ|IF_Bit) @ #0xD2
        ldr     sp, =__IRQ_Stack
                :
        msr     cpsr_c, #(Mode_SYS|IF_Bit) @ #0xDF
        ldr     sp, =__USR_Stack
                :
        @ initialize memory system, if any
        @ zero out the .bss section, if any
        .extern startup
        bl          startup   @ now enter the C code
        nop
                :
        @ exception handling routines
ARM_SWI_EXCEPT_HANDLER: @ SWI exception
                :
ARM_FIQ_EXCEPT_HANDLER: @ FIQ exception
                :
```

3.4.2 하드웨어 자원 제어 코드

시스템의 하드웨어를 구성하는 주요 기능블록들을 제어하여 소프트웨어에서 사용할 수 있도록 여러 루틴들을 제공한다.

- uart16550.h/uart16550.c: UART 초기화와, UART를 통해 문자를 입출력하는 루틴이 준비된다.
- tick.h/tick.c: 타이머 초기화와 제어 루틴이 준비된다.
- pic.h/pic.c: 인터럽트 제어기 초기화와 제어 루틴이 준비된다.
- irq.h/irq.h: 인터럽트 처리 루틴을 지정하고, 인터럽트를 활성화/비활성화 하고, 특정 인터럽트 처리 루틴을 선택하여 호출 하는 등의 루틴이 준비된다.
- bsp_arm.h/bsp_arm.c: 시스템의 주소 할당과 각 하드웨어 기능블록들의 초기화 루틴을 호출한다.

하드웨어 자원 제어 코드에서 중요하게 지원해야 될 기능으로 타이머 인터럽트를 처리하는 OSTimeTick()을 호출하는 것인데, [표 4]에 일련의 과정을 정리하였다. 즉, 인터럽트 벡터에 의해 OS_CPU_IRQ_ISR, irq_handler, timer_handler(), OSTimeTick() 순으로 호출된다.

표 4 OSTimeTick()이 호출되기까지의 과정

Directory & file		functions	remarks
bsp	vector.s	b OS_CPU_IRQ_ISR	interrupt vector
gnu	os_cpu_a.s	OS_CPU_IRQ_ISR: … bl OSIntEnter … bl irq_handler … bl OSIntExit …	interrupt routine

bsp	irq.c	void irq_handler(void) {
		…
		timer_handler(0);
		…
		}	

bsp	bsp_arm.c	void timer_handler(int irq) { … OSTimeTick(); …	

		}	
os	os_core.c	void OSTimeTick(void) { … …}	

3.5 메모리 구성 스크립터

하드웨어 시스템의 메모리 구성은 소프트웨어를 컴파일 하는 과정에서 반드시 필요한 정보이다. [프로그램 7]에 일례를 보였고, [그림 3]에서 구분한 메모리 구성을 반영한 것이다. 메모리 구성 스크립터에 대한 상세한 것은 '제5장 크로스컴파일러'의 '6. 프로그램의 어드레스 맵 지정'을 참고한다.

프로그램 7: 메모리 구성 스크립터의 일례

```
OUTPUT_FORMAT("elf32-littlearm")
OUTPUT_ARCH(arm)
ENTRY(_start)
SECTIONS
{
  . = 0x0000000;
  .text   0x0000000  :
         { __text_start   = ABSOLUTE(.); *(.text);    __text_end    = ABSOLUTE(.); }
  .rodata ALIGN(4)   :
         { __rodata_start = ABSOLUTE(.); *(.rodata); __rodata_end = ABSOLUTE(.); }
  .data   ALIGN(4) :
         { __data_start   = ABSOLUTE(.); *(.data);    __data_end    = ABSOLUTE(.); }
  .bss    ALIGN(4)   :
         { __bss_start    = ABSOLUTE(.); *(.bss);     __bss_end     = ABSOLUTE(.); }
  . = ALIGN(32 / 8);
  PROVIDE (end = .);
  PROVIDE (__text_start  = 0);
  PROVIDE (__RoDataEnd = __rodata_end);
  PROVIDE (__DataStart  = __data_start);
  PROVIDE (__DataEnd    = __data_end);
  PROVIDE (__DataSize    = __data_end - __data_start);
  PROVIDE (__HeapStart  = end);
  PROVIDE (__HeapEnd     = __HeapStart + 4096);
  PROVIDE (__RamStart    = 0x00000000);
  PROVIDE (__RamEnd       = 0x00200000);
  PROVIDE (__FIQ_Stack   = __RamEnd);
  PROVIDE (__IRQ_Stack   = __FIQ_Stack - 1024);
  PROVIDE (__ABT_Stack = __IRQ_Stack - 128);
  PROVIDE (__UND_Stack = __ABT_Stack - 128);
```

```
    PROVIDE (_SVC_Stack = __UND_Stack - 1024);
    PROVIDE (_USR_Stack   = __SVC_Stack - 2048);
    PROVIDE (_STACKTOP  = __USR_Stack);
    PROVIDE (_StackTop    = __USR_Stack);
}
```

프로그램이 사용할 메모리는 0x0번지(__RamStart)부터 시작하여 0x00200000 번지[7](__RamEnd)까지로 정한다. 컴파일 결과로 생기는 실행이미지의 프로그램 코드는 __text_start부터 시작하여 __text_end까지, 읽기전용 데이터는 __rodata_start부터 __rodata_end까지, 읽고 쓰기가 가능한 데이터는 __data_start부터 __data_end까지, 초기화 값이 없는 데이터는 __bss_start부터 __bss_end까지가 된다. 이러한 것은 컴파일 되는 프로그램에 따라 변하므로 변수로 정의하여 사용한다. 즉, __bss_start와 __bss_end는 초기화 코드에서 0으로 초기화하는 과정에서 사용할 수 있다. 아울러 RAM의 최고 주소(0x00200000, __RamEnd)에서부터 스택을 할당한다[8].

3.6 사용자 프로그램

사용자 프로그램은 mcos/app 디렉토리에 위치시키고, 필요한 기능을 프로그램 한다.

3.6.1 INCLUDES.H

'includes.h'는 MicroC/OS-II와 관련된 모든 원천 코드와 헤더 파일을 모은 헤더 파일이다. 특히 mcos/os 디렉토리의 'ucos_ii.h'를 포함함으로써 MicroC/OS-II에 관련된 파일을 모두 사용하게 되고, mocs/bsp 디렉토리의 'bsp_arm.h'를 포함함으로써 시스템에 관련된 헤더 파일들을 모두 사용하게 된다.

3.6.2 OS_CFIG.H

MicroC/OS-II와 관련하여 사용자가 선택할 수 있는 여러 값을 정의한다. 예로서, 'OS_MAX_TASKS'는 최대 태스크 개수를 지정하는 것이고, 'OS_TASK_IDLE_STK_SIZE'는 OS_TaskIdle()의 스택 크기를 지정하는 것이고, 'OS_LOWEST_PRIO'는 가장 낮은 우선순위 값을 지정하는 것이다.

---

7 실제로는 0x0000_0000~0x001F_FFFF가 RAM 영역이 된다.

8 여기서 사용하는 스택은 'pre-decrement push' 방식이므로 초기 스택 포인터의 값이 0x0020_0000이어도 무방하다.

3.6.3 사용자 응용 프로그램 호출

사용자의 응용 프로그램인 main()이 호출되기까지 [표 5]와 같은 과정을 거친다. 즉, 시스템 초기화 예외상황(reset) 처리 루틴(ARM_RESET_EXCEPT_HANDLER), startup(), 시스템 초기화 루틴(Bsp_Init()), 사용자 응용 프로그램(main())의 순서로 호출된다. 이 과정은 구현에 따라 변할 수 있다.

표 5 main()이 호출되기까지의 과정

Directory & file		functions	remarks
bsp	vector.s	__start: b ARM_RESET_EXCEPT_HANDLER	Reset vector
bsp	init.s	ARM_RESET_EXCEPT_HANDLER: bl startup	Reset routine

bsp	startup.c	void startup(void) {
		Bsp_Init();
		main()
		}
			System initialization and calling main

bsp	bsp_arm.c	void Bsp_Init(void) { ⋯ ⋯ }	System initialization
app	main.c	int main(void) { ⋯ ⋯ }	User application starts

3.6.4 사용자 응용 프로그램의 일례

MicroC/OS-II를 이용한 응용 프로그램은 [프로그램 8]과 같이 운영체제에 관련된 초기화 루틴인 OSInit()를 호출하고, OSTaskCreate()로 태스크들을 등록하고, 운영체제를 시작하는 OSStart()를 호출한다. OSInit()은 내부적으로 OS_TaskIdle()을 등록하고, OSStart()를 호출함으로써 멀티태스킹이 시작하면서 MicroC/OS-II가 동작하게 되고, 내부적으로 OSStartHighRdy()가 호출되어 등록된 태스크 중 우선순위가 가장 높은 태스크가 시작하게 된다. 특히 주의할 점은 OSInit()과 OSStart() 사이에 적어도 한 개 이상의 태스크가 등록되어야 한다. 아울러 처음 시작되는 태스크에서 하드웨어 타이머를 시작시켜야 하며, 앞서 설명된 바와 같이 모든 태스크는 인터럽트를 받을 수 있는 상태로 시작한다.

프로그램 8: main.c의 일례 (1/2)

```
#include "includes.h"

#define TASK_STACK_SIZE 0x10000
#define TASK_NUM        5
```

```
OS_STK TaskStk[TASK_NUM][TASK_STACK_SIZE];
int     TaskID[TASK_NUM];

int main(void) {
    int i;
    static void task(void *data);
    OSInit ();
    for (i=0; i<TASK_NUM; i++) {
        INT8U priority = i+4;
        TaskID[i] = i;
        if ( OSTaskCreate( task
                         , (void *)&TaskID[i] // task's argument
                         , (OS_STK *)&TaskStk[i][TASK_STACK_SIZE-1]
                         , priority) != OS_NO_ERR )
        {
            printf("ERROR: Cannot create task: %d₩n", i);
        }
    }
    OSStart();
    return(0);
}
```

[프로그램 8]의 경우는 task()라는 태스크를 다섯 개 생성한다. Task()는 [프로그램 9]에 보인 바와 같이 자신의 인식번호를 출력하는 간단한 태스크이다. 여기서 주의하여 보아야 할 것은, 우선순위가 가장 높은 태스크가 처음 실행 될 것이므로 해당 태스크에서 mcos/bsp/bsp_arm.c에 있는 'enable_time_tick()'을 호출하여 타이머를 동작시킨다. 그 외 MicroC/OS-II을 활용한 프로그래밍 방법들은 참고자료 [1]에 충분하게 설명되어 있으므로 여기서는 생략한다.

프로그램 9: main.c의 일례 (2/2)

```
static void task(void *data) {
    int id;
#if OS_CRITICAL_METHOD == 3
    OS_CPU_SR cpu_sr;
#endif
    extern void enable_time_tick(void);
    id = *(int *)data;
    if (id==0) {
        enable_time_tick();
    }
    while (1) {
```

```
        OSTimeDly(3+id); // wait time-ticks
        OS_ENTER_CRITICAL();
        my_printf("Task %d₩n", id);
        OS_EXIT_CRITICAL();
    }
}
```

4 멀티태스킹 예제: ex_mcos1011

이 예제는 참고자료 [4]의 것을 [그림 3]에 적용한 것으로 '$PROJECT/ch13/ex_mcos1011'에 있고, [프로그램 8]과 [프로그램 9]를 수행하며, 다섯 개의 태스크가 멀티태스킹 되는 것을 확인 해 볼 수 있다.

'$PROJECT/ch13/ex_mcos1011' 디렉토리에 있는 'RunMe.bat'를 실행하여 시뮬레이션 할 수 있다. 'RunMe.bat'는 다음 일련의 동작을 실행한다.

1. 실행에 필요한 각종 라이브러리와 프로그램이 있는지 확인한다.
2. 'mcos/app' 디렉토리에 있는 'RunMe.bat'를 실행하여 응용 소프트웨어를 컴파일하여 'mcos.elf'와 'mcos.bin'을 만든다.
3. '2. 시스템집적반도체 하드웨어 구조'에서 설명한 하드웨어 모델을 HDL 시뮬레이터로 실행한다. 이는 '$PROJECT/ch13/ex_soc_lcd/hw/sim/modelsim' 디렉토리에 있는 'RunMe.bat'를 실행하여 시작한다.
4. ARM ISS를 실행하여 하드웨어 모델과 연동하도록 한다. 이는 '$PROJECT/ch06₩arm_iss' 디렉토리에 있는 'arm_iss_sim.exe'를 실행하여 시작한다. 이때 앞서 준비한 'mcos.bin'을 입력으로 사용한다.

이것은 [그림 6]에 보인 바와 같이 하드웨어는 HDL 시뮬레이터에서 시뮬레이션 되고, 프로세서는 ISS로 모델링 되고, MicroC/OS-II를 포함한 소프트웨어는 ISS 에서 수행되는 환경이다. 이는 '제7장 HW/SW 통합시뮬레이션'에서 설명한 환경으로 시스템집적반도체에서 소프트웨어를 검증하는 기본 구성이라 할 수 있다.

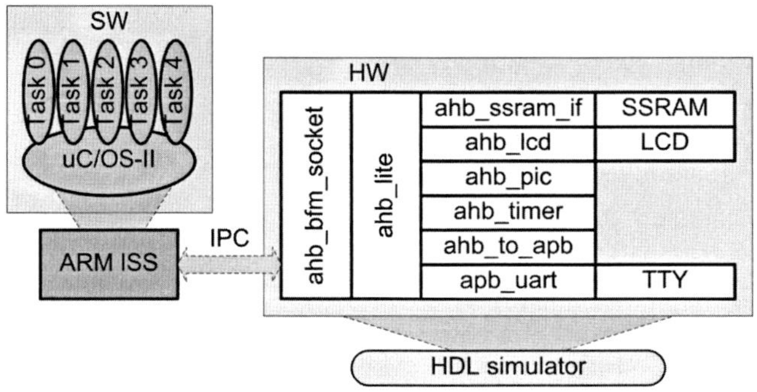

그림 6 멀티태스킹 예제의 개념도

[그림 7]에 하드웨어-소프트웨어 통합 시뮬레이션의 결과를 보였다. 왼쪽 위에는 HDL 시뮬레이터가 시뮬레이션 되면서 다섯 개 태스크에서 실행한 결과를 TTY 모델에 출력하고 있고, 오른쪽 아래에는 ARM ISS가 MicroC/OS-II를 실행하면서 그 결과를 세미 호스팅으로 출력하고 있다. 시뮬레이션을 종료하려면 'arm_iss_sim.exe' 프로세서를 종료시켜야 한다. mcos/app 디렉토리에 있는 Makefile에서 '-DDEBUG' 마크로를 사용하여 컴파일하면 일련의 실행 과정을 보다 상세하게 확인할 수 있다.

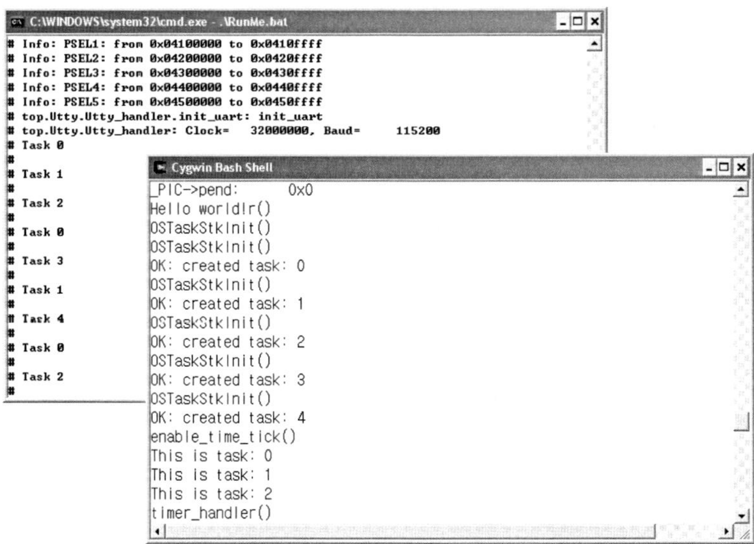

그림 7 멀티태스킹 예제의 실행 결과

5 멀티태스킹 에뮬레이션 예제: ex_mcos_emul

앞 절에서 살펴본 HW/SW 통합시뮬레이션을 FPGA를 이용하여 에뮬레이션 해 본다. [그림 8]과 같이 ARM 프로세서를 제외한 모든 하드웨어를 합성하여 FPGA에 맵핑하고, 호스트 컴퓨터에서 실행되는 ARM ISS와 연동한다. 실행 결과는 FPGA에 연결된 RS-232C 포트를 통해 문자출력 장치로 출력한다.

이 예제는 '$PROJECT/ch13/ex_mcos_emul' 디렉토리에 있고, 다음 과정을 통해 에뮬레이션을 준비한다.

1. 'soc/verilog' 디렉토리에 있는 'soc.v'를 살펴본다. 이것은 [그림 3]에서 설명한 하드웨어 모델에서 LCD 부분을 제거하고, 호스트 컴퓨터와의 연동을 위해 'ahb_trx'를 사용한다.
2. 'syn/xst' 디렉토리에서 'RunMe.bat'를 실행하여 FPGA에 맵핑될 하드웨어를 합성한다. 이때 하드웨어는 '$PROJECT/ch13/ex_soc_lcd'와 '$PROJECT/ch03/ex_amba'의 것을 사용한다.
3. 'inspire' 디렉토리에서 'project.nsp'를 이용하여 iNSPIRE를 실행하여 'fpga0.eif'를 생성한다. 이때 Transaction-level로 컴파일해야 되며, FPGA와 연결되는 SRAM와 UART를 연결해야 된다.

위 과정이 모두 준비되면 '$PROJECT/ch13/ex_mcos_emul' 디렉토리에 있는 'RunMe.bat'를 실행하여 에뮬레이션 한다. 이 과정은 [그림 8]에서 보인 바와 같이,

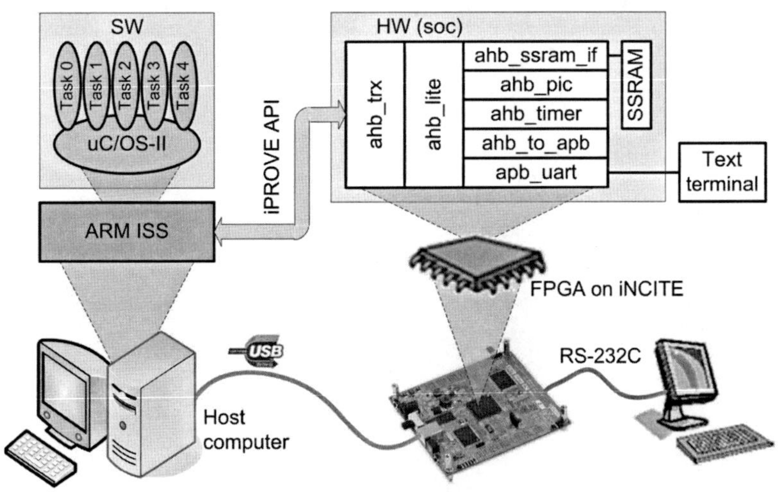

그림 8 FPGA를 이용한 MicroC/OS-II 에뮬레이션 환경

FPGA와 ARM ISS를 USB를 통해 연동하여 하드웨어와 소프트웨어를 에뮬레이션한다. 'RunMe.bat'는 다음 과정을 통해 실행된다.

1. 실행에 필요한 각종 라이브러리와 프로그램이 있는지 확인한다.
2. 'mcos/app' 디렉토리에 있는 'RunMe.bat'를 실행하여 응용 소프트웨어를 컴파일하여 'mcos.elf'와 'mcos.bin'을 만든다.
3. ARM ISS를 실행하여 하드웨어 모델과 연동하도록 한다. 이는 '$PROJECT/ch06/arm_iss' 디렉토리에 있는 'arm_iss_iprove.exe'를 실행하여 시작한다. 이때 앞서 준비한 'mcos.bin'을 입력으로 사용한다.
4. 'arm_iss_iprove.exe'가 실행되면서 앞서 준비한 'inspire/par/fpga0.eif'를 이용하여 FPGA를 초기화한다.
5. 에뮬레이션 결과는 [그림 9]에 보인 바와 같이 RS-232C로 연결된 Hyperterminal에 하드웨어 실행 결과가 출력되고[9], ARM ISS가 실행된 결과는 세미 호스팅으로 출력된다.

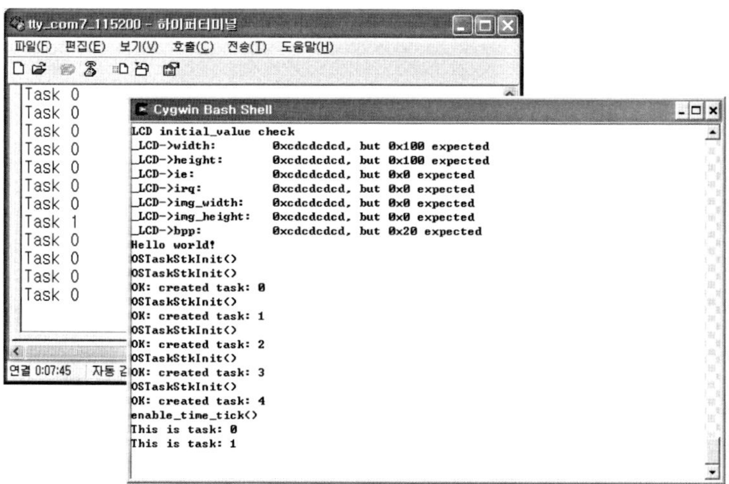

그림 9 MicroC/OS-II 에뮬레이션 결과의 일례

9 8-bit data, no-parity, 1-bit stop, no-flow control

6 문자 출력과 이미지 출력 멀티태스킹 예제: ex_mcos_lcd

파일을 읽어서 출력하는 태스크(task_uart())와 이미지 파일로부터 이미지 정보를 읽어서 LCD에 출력하는 태스크(task_lcd())를 멀티태스킹 하는 예제를 MicroC/OS-II로 실행해 본다. 이 예제는 '$PROJECT/ch13/ex_mcos_lcd'에 있다.

시뮬레이션 환경은 [그림 6]에 보인 것과 동일하며 MicroC/OS-II에서 수행되는 사용자 응용 프로그램이 바뀐 것이다. [그림 10]에 하드웨어-소프트웨어 통합 시뮬레이션의 결과를 보였다. 왼쪽 위에는 HDL 시뮬레이터가 시뮬레이션 되면서 문자 출력 태스크에서 실행한 결과를 TTY 모델로 출력하고 있고, 오른쪽 아래에는 ARM ISS가 MicroC/OS-II를 실행하면서 그 결과를 세미 호스팅으로 출력하고 있다. 동시에 LCD 모델에서 이미지를 출력한다. 시뮬레이션은 '$PROJECT/ch13/ex_mcos_lcd' 디렉토리의 'RunMe.bat'를 실행하면 되고, 시뮬레이션을 종료하려면 'arm_iss_sim.exe' 프로세서를 종료시켜야 한다.

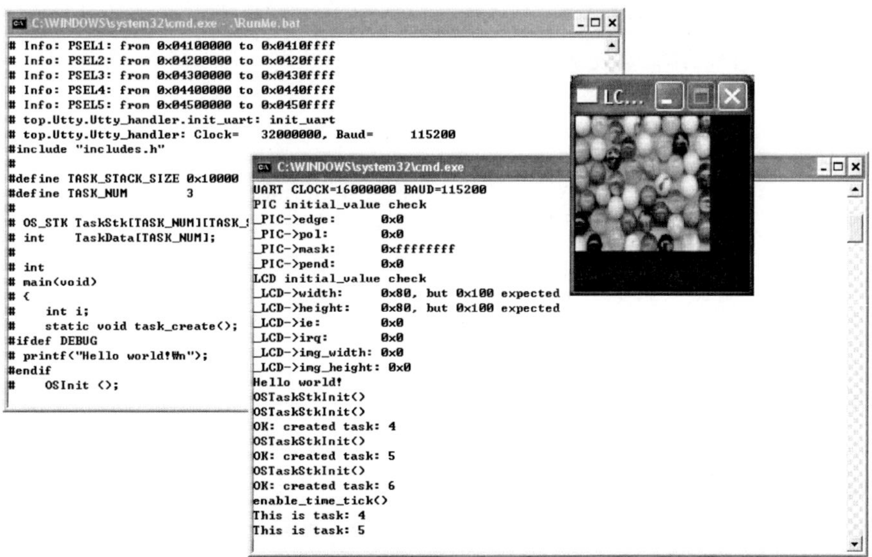

그림 10 ex_mcos_lcd 시뮬레이션 결과의 일례

7 종 합

시스템집적반도체는 기본적으로 내부에 프로세싱 코어를 갖고 있으므로 하드웨어가 제 기능을 하기 위해서는 소프트웨어가 수행되어야 한다. 이 소프트웨어는 여러 하드웨어 기능블록들은 제어하여 일정한 시간 안에 주어진 일을 하는 것이 될 것이다. 따라서 여러 소프트웨어 태스크를 관리하는 실시간 특성을 갖는 운영체제를 필요로 한다. 여기서는 MicroC/OS-II를 ARM과 여러 주변장치로 구성된 하드웨어에 이식하는 것을 살펴보았고, 몇 가지 예제를 통해 하드웨어-소프트웨어 통합 시뮬레이션을 통해 기능 검증을 해 보았다.

시스템 규격에 부합하도록 하드웨어와 소프트웨어를 분할한 후, 플랫폼을 구성하고, 추가적으로 필요한 하드웨어를 설계하고, 이들을 제어하는 소프트웨어를 이식하는 것이 [그림 11]에 정리한 일반적인 시스템집적반도체 설계의 흐름이라 할 수 있다. 여기서는 하드웨어-소프트웨어 분할이 된 상태를 가정하여 '2. 시스템집적반도체 하드웨어 구조'에서 플랫폼을 구성하였고, '2.1.1 LCD 모델의 시험'에서 LCD 제어기와 모델을 하드웨어로 설계하고 검증하였고, '3. MicroC/OS-II 이식'에서 실시간 커널을 이식하였고, '4. 멀티태스킹 예제'에서 응용 소프트웨어를 시스템집적반도체에서 실행해 보았다. 또한 '5. 멀티태스킹 에뮬레이션 예제'에서는 FPGA에 맵핑된 시스템집적반도체에서 응용소프트웨어를 실행해 보았다.

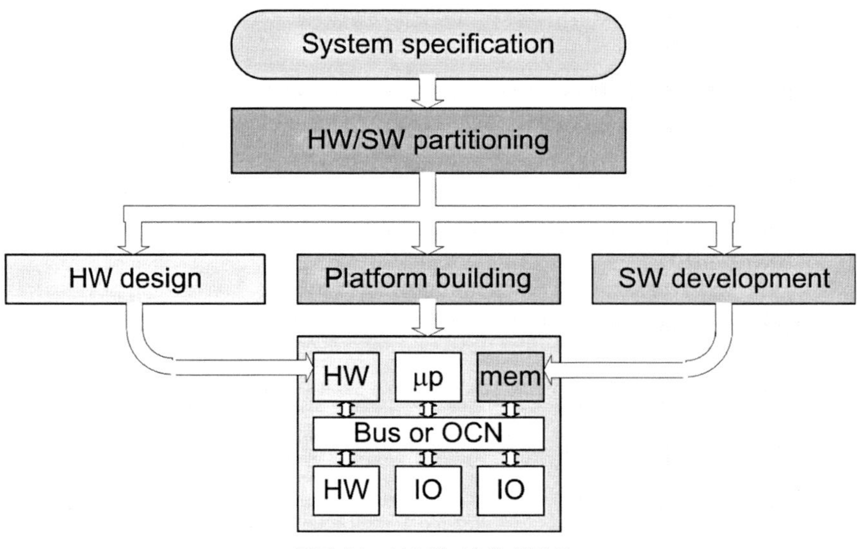

그림 11 시스템 설계 흐름도

8 연습문제

1. 일반 운영체제와 실시간운영체제의 차이를 정리해 본다.
2. 많이 사용되고 있는 실시간운영체제를 조사하고, 그 특징과 장단점을 정리해 본다.
3. 원천코드가 공개되고 사용료가 없는 실시간운영체제를 조사하여 그 특징과 장단점을 정리해 본다. 그리고 이들의 라이센스 조건이 어떻게 되는지 정리해 본다.
4. [그림 5]는 문맥저장(context save)에 대한 것을 표현한 것이다. 같은 방식으로 문맥복구(context restore)의 경우를 표현해 본다.
5. ARM 어셈블리 코드 중, branch(b 또는 B)와 branch and link(bl 또는 BL)의 차이에 대해 정리해 보고, 어디에서 사용되고 있는지 살펴본다.

9 참고자료

[1] Jean J. Labrosse, MicroC/OS-II - The Real-Time Kernel, 2nd Ed., CMP Books, 2002.

[2] SDL: Simple Directmedia Layer, www.libsdl.org

[3] Jean J. Labrosse, Chapter 13. Porting uC/OS-II, MicroC/OS-II - The Real-Time Kernel, 2nd Ed., CMP Books, 2002.

[4] uC/OS-II and the ARM Processor, Application Note, AN-1011 Rev. D, Micrium, 2004. (www.micrium.com)

[5] uC/OS-II and ARM Processors, Application Note, AN-1014 Rev. F, Micrium, 2007. (www.micrium.com)

[6] OpenCores Coding Guidelines, Rev. 1.2, September 2007.

[7] Dean Elsner and Jay Fenlason, Using as - The GNU Assembler, Free Software Foundation, Jan. 1994.

CHAPTER 14

시스템집적반도체 통합설계[1]

시스템집적반도체를 설계하는 방법론을 통합설계 관점에서 정리하고, 이 책에서 다룬 내용들이 어떻게 연관이 있는지 살펴본다.

1 System-on-Chip co-design

1 통합설계

시스템집적반도체란, 한 개 이상의 프로세싱 코어와 중요기능들을 효율적으로 수행할 수 있는 하드웨어 블록들로 구성되며, 소프트웨어와 하드웨어가 상호 연동하는 시스템이다. 따라서 시스템집적반도체를 설계하는 것은 HW/SW 통합설계(co-design)라 할 수 있다. HW/SW 통합설계란, 하드웨어와 소프트웨어가 연동하는 시스템을 기능과 성능을 동시에 만족하도록 체계적이고 효율적으로 설계하는 것이다. 여기서 소프트웨어란, CPU 또는 DSP와 같은 프로세싱 코어에서 실행되는 프로그램을 의미하고, 하드웨어란, 소프트웨어를 제외한 모든 기능블록을 의미하며, 체계적이고 효율적으로 설계한다는 것은 하드웨어와 소프트웨어를 동시에 고려하여 종합적으로 다룬다는 의미이다.

HW/SW 통합설계는 HW/SW 분할(partitioning), HW/SW 인터페이스(interface), HW/SW 통합시뮬레이션(co-simulation)으로 크게 구분한다. HW/SW 분할은 성능과 제한조건을 만족하도록 가격대 성능이 최적 또는 적절한 수준이 되도록 하드웨어 부분과 소프트웨어 부분으로 구별하는 과정으로, 설계공간탐색(design space exploration) 과정이 필요하며, 이를 위해 하드웨어와 소프트웨어를 일관되게 표현할 수 있는 방법과 이들을 동시에 시뮬레이션 하여 그 성능자료를 얻을 수 있어야 한다. HW/SW 인터페이스는 분할된 하드웨어와 소프트웨어가 상호 연동할 수 있도록 통신 방법을 구현하는 과정이며, 데이터 전송과 사건 전송으로 구분할 수 있고, 데이터 전송에는 공유메모리나 FIFO 또는 버퍼 등을 이용하고, 사건 전송은 인터럽트 기능으로 구현한다. HW/SW 통합시뮬레이션은 소프트웨어 부분과 하드웨어 부분을 동시에 시뮬레이션 하여 기능적으로 올바르게 동작하는지 그리고 시뮬레이션 과정에서 수집되는 성능 자료를 통해 목표 성능과 제한조건을 만족하는지 등을 확인한다.

2 통합설계 흐름

[그림 1]에 시스템집적반도체 설계의 개념적인 흐름을 정리하였다. 'System-Level Design'에서는 구현할 기능을 명세하고, 시스템의 가능한 구성들에 대해 시뮬레이션하고 분석하여, 하드웨어와 소프트웨어로 구분하는 일을 하게 된다. 'HW

Development'에서는 하드웨어로 구현할 부분에 대한 설계를 하게 된다. 'SW Development'에서는 하드웨어에 포함될 프로세서에서 수행될 프로그램을 준비하게 된다. 'HW-SW Co-Verification'에서는 하드웨어와 소프트웨어를 같이 검증하고, 더 나아가 실동작 속도에 근접하게 동작시키기 위한 프로토타이핑을 하게 된다. 마지막으로 시스템집적반도체가 실제 칩으로 구현되고 이것을 시스템에 통합하여 제품을 만들거나 시제품을 만들어 시험한다.

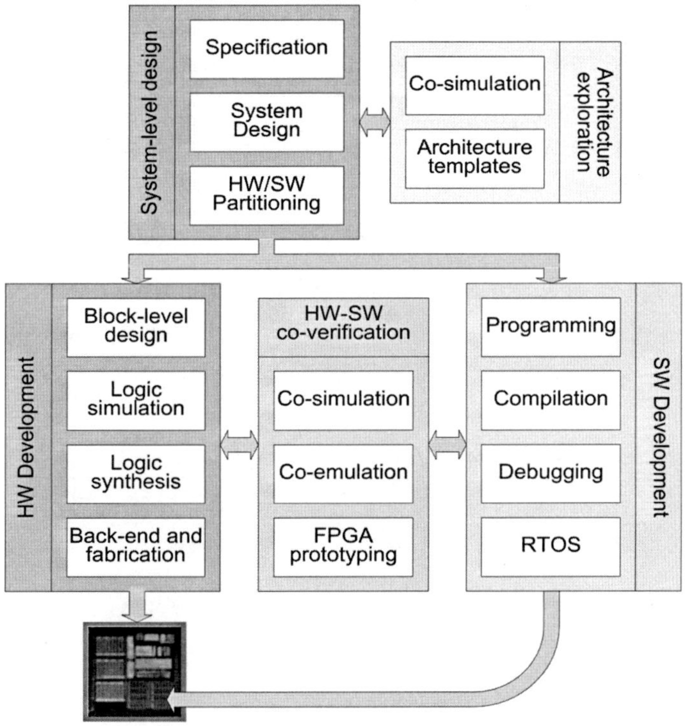

그림 1 시스템집적반도체 통합설계 흐름

시스템 수준 설계(system-level design)의 목적은 최적 또는 적정수준으로 하드웨어와 소프트웨어를 분할하는 것이므로 전체 시스템을 정확하게 기술 또는 명세할 수 있어야 하고, 성능과 가용 자원을 바탕으로 성능을 측정하여 다양한 구성에 대한 분석이 가능해야 된다. 이를 위해 구현할 시스템집적반도체의 기능을 행위수준에서 명세를 하고, 이것을 기준플랫폼(basic platform, architecture template)을 통해 시뮬레이션 하여 가능한 설계공간을 탐색하여 성능 관련 정보(performance data)를 수집하고, 이를 바탕으로 하드웨어와 소프트웨어로 구현될 부분을 분할한다. 이 책에서는 정형기법을 이용한 시스템 명세부분은 다루지 못하였다. 그러나 설계공간 탐색을 위해 반드시 필요한 하드웨어-소프트웨어 통합시뮬레이션 환경을 심도 있게 다루었고, 내장형 메모리 모델을 이용한 ISS를 활용해 성능정보를 얻을 수 있음을 보였다.

하드웨어 개발(HW Development)의 목적은 합성 가능한 HDL 설계를 창출하고 시스템 수준 설계에서 명세한 시스템의 한 부분으로 기능을 하도록 준비하는 것이다. 따라서 HDL 코딩과 시뮬레이션 그리고 합성 등의 방법을 사용하게 된다. 이 책에서는 이를 위해서는 기능검증의 생산성을 고려한 설계와 검증이 가능하도록 BFM을 활용한 시뮬레이션 방법과 HW/SW 통합시뮬레이션을 이용한 방법 그리고 FPGA를 이용한 에뮬레이션 방법 등을 설명하고 여러 예를 통해 살펴보았다.

소프트웨어 개발(SW Development)의 목적은 시스템에 내장될 프로세서에서 수행될 프로그램을 만드는 것이며, 이는 다양한 하드웨어 블록들과 여러 소프트웨어 패키지들이 효과적으로 연동되도록 해야 한다. 이 책에서는 HW/SW 통합시뮬레이션 및 에뮬레이션 환경에서 원 프로그램을 이용하거나 ISS를 이용하여 소프트웨어를 수행하는 방법을 설명하고 여러 예에 적용해 보았다. 특히 간단한 SoC를 모델링하고 RTOS을 이식하여 소프트웨어 실행 환경을 확인해 보았다.

하드웨어-소프트웨어 통합검증(HW-SW Co-Verification)의 목적은 하드웨어 설계를 소프트웨어 환경으로 기능을 검증할 수 있게 하고, 다른 한편으로 소프트웨어를 하드웨어 환경에서 기능을 검증할 수 있도록 통합검증환경을 제공하는 것이다. 이 책에서는 BFM, 원 프로그램, ISS를 HDL 시뮬레이터와 연동되는 방법과 환경을 설명하였고, 더 나아가 FPGA와 연동하는 방법과 환경 등을 여러 예를 통해 살펴보았다.

3 종 합

하드웨어와 소프트웨어가 공존하는 시스템집적반도체는 설계하고 기능을 검증하는데 매우 다양한 지식과 환경이 필요하다. 또한 반도체 칩으로 구현할 기능들이 복잡해짐에 따라 기능검증에 대한 부담이 더욱 커졌다. 이 책에서는 이러한 부분에 초점을 맞추어 하드웨어와 소프트웨어를 동시에 다루기 위해 필요한 다양한 지식과 방법 그리고 환경에 대해 설명하였고 여러 예를 통해 실제 동작하는 것을 확인해 보았다.

부 록

Contents of the companion CD

The companion CD contains examples used in this book and additional materials on related topics. The 'Codes' directory contains example codes and the 'Appendix' directory contains additional materials.

- ReadMeFirst.txt
- Codes
  - Clean.bat: DOS script to remove all un-necessary files in the sub-directories
  - HowToUseInGeneral.txt: General comments on how to run examples
  - License.txt: License terms
  - Prerequisites.txt: What are required in order to run examples.

ch03	ex_amba	AMBA bus
ch04	ex_bfm_task_ssram	Task-based BFM example for SSRAM verification
	ex_bfm_file_ssram	File-driven BFM example for SSRAM verification
	ex_bfm_native_ssram	Native-code driven BFM example for SSAM verification
ch05	arm_cc	ARM cross-compiler
	standalone	ARM application programs
ch06	arm_iss	ARM ISS
	ex_hello	Running 'Hello World' example using ISS
	ex_hello_gdb	Running 'Hello World' example using ISS and GDB
ch07	ex_native	Native code co-simulation example
	ex_integrated_iss	Integrated-ISS co-simulation example
	ex_decoupled_iss	Decoupled-ISS co-simulation example
ch08	ex_mul32x32_sim	Pure software simulation example for 32-bit multiplier
	ex_mul32x32_emul	Cycle-level co-emulation example for 32-bit multiplier
	ex_mul32x32_tran	Transaction-level co-emulation example for 32-bit multiplier
ch09	ex_uart_task	Task-based verification for UART
	ex_uart_native	Native-code driven verification for UART
	ex_uart_iss	ISS-driven verification for UART
	ex_uart_emul_cycle	Cycle-level co-emulation for UART
	ex_uart_emul_tran	Transaction-level co-emulation for UART
ch10	ex_i2c_task	Task-based verification for I2C master/salve
	ex_i2c_native	Native-code driven verification for I2C master/slave
	ex_i2c_iss	ISS-driven verification for I2C master/slave
	ex_i2c_emul_cycle	Cycle-level co-emulation for I2C master/slave
	ex_i2c_emul_tran	Transaction-level co-emulation for I2C master/slave

ch11	ex_flash_task	Task-based verification for NOR flash controller
	ex_flash_native	Native-code driven verification for NOR flash controller
	ex_flash_iss	ISS-driven verification for NOR flash controller
	ex_flash_emul_tran	Cycle-level co-emulation for NOR flash controller
	ex_flash_emul_iss	Transaction-level co-emulation for NOR flash controller
	ex_remap	Memory re-map (code reallocation) example
ch12	ex_pic_task	Task-based verification for PIC
	ex_pic_native	Native-code driven verification PIC
	ex_pic_iss	ISS-driven verification for PIC
	ex_pic_emul_cycle	Cycle-level co-emulation for PIC
	ex_pic_emul_tran	Native-code driven transaction-level co-emulation for PIC
	ex_pic_emul_iss	ISS-driven transaction-level co-emulation for PIC
ch13	ex_soc_lcd	LCD behavioral model example
	ex_mcos1011	MicroC/OS-II example
	ex_mcos1014	MicroC/OS-II example
	ex_mcos_emul	Running MicroC/OS-II with FPGA
	ex_mcos_lcd	Running multi-task example on MicroC/OS-II

- Appendix

ap01_modelsim_xe_install.pdf		ModelSim XE Starter installation guide
ap02_ModelSimXeInstall.pdf		ModelSim XE Starter installation guide slide
ap03_verilog_introduction		Directory contains Verilog introduction slides
	ap02_01_hdl_introduction.pdf	HDL introduction slide
	ap02_02_verilog_introduction.pdf	Verilog-HDL introduction slide
	ap02_03_verilog_gate_switch.pdf	Verilog gate and switch level introduction slide
	ap02_04_verilog_module.pdf	Verilog module introduction slide
	ap02_05_verilog_system_task.pdf	Verilog system task introduction slide
	ap02_06_verilog_behavioral.pdf	Verilog behavioral level introduction slide
	ap02_07_verilog_coding_guideline.pdf	Verilog coding guideline slide
ap04_vpi_introduction		Directory contains VPI introduction slides
	code	Example codes
	ap03_01_vpi_tutorial.pdf	Quick tutorial on VPI
	ap03_02_vpi_intro.pdf	VPI introduction slide
	ap03_03_vpi_advanced.pdf	VPI advanced topic slide
	ap03_04_vpi_cmode.pdf	VPI and C model
	ap03_05_vpi_usages.pdf	VPI usage
	ap03_vpi_introduction.pdf	VPI introduction document

ap05_arm_introduction.pdf	ARM introduction slide
ap06_amba_introduction.pdf	AMBA introduction slide
ap07_building_arm_cc.pdf	Building ARM CC on Cygwin
ap08_InstallGtkWave.pdf	GTKWave installation slide
ap09_InstallWebPACK.pdf	WebPACK installation slide
ap10_incite_introduction.pdf	iNCITE introduction slide
ap11_inspire_introduction.pdf	iNSPIRE introduction slide
ap12_ispire_install.pdf	iNSPIRE installation slide
ap13_incite_cycle_hdl	iNCITE cycle-level quick tutorial with Verilog
ap14_incite_cycle_c	iNCITE cycle-level quick tutorial with C
ap15_incite_trans	iNCITE transaction-level quick tutorial

찾아보기

(B)

(J)

(K)

(L)

(R)

정가 19,000원

시스템 집적 반도체 설계검증 환경과 기법

2008년 11월 14일 초판 인쇄
2008년 11월 24일 초판 발행
저 자 : 기안도
발행자 : 우명찬·송 준
발행처 : 홍릉과학출판사
주 소 : 서울시 강북구 수유5동 455-60
142-885
등 록 : 1976년 10월 21일 제5-66호
전 화 : (02) 999-2274, 996-8341, 903-7037
팩 스 : (02) 905-6729
e-mail: hongpub@hongpub.co.kr
http://www.hongpub.co.kr